大数据技术丛书

大规模分布式存储系统

原理解析与架构实战

杨传辉◎著

U0378580

机械工业出版社

CHINA MACHINE PRESS

图书在版编目（CIP）数据

大规模分布式存储系统：原理解析与架构实战 / 杨传辉著 . —北京：机械工业出版社，2013.7（2024.2 重印）

ISBN 978-7-111-43052-0

Ⅰ. 大⋯　Ⅱ. 杨⋯　Ⅲ. 大规模−分布式存储器−研究　Ⅳ. TP333.2

中国版本图书馆 CIP 数据核字（2013）第 141737 号

本书是分布式系统领域的经典著作，由阿里巴巴高级技术专家"阿里日照"（OceanBase 核心开发人员）撰写，阳振坤、章文嵩、杨卫华、汪源、余锋（褚霸）、赖春波等来自阿里、新浪、网易和百度的资深技术专家联袂推荐。理论方面，不仅讲解了大规模分布式存储系统的核心技术和基本原理，而且对谷歌、亚马逊、微软和阿里巴巴等国际型大互联网公司的大规模分布式存储系统进行了分析；实战方面，首先通过对阿里巴巴的分布式数据库 OceanBase 的实现细节的深入剖析完整地展示了大规模分布式存储系统的架构与设计过程，然后讲解了大规模分布式存储技术在云计算和大数据领域的实践与应用。

本书内容分为四个部分：基础篇——分布式存储系统的基础知识，包含单机存储系统的知识，如数据模型、事务与并发控制、故障恢复、存储引擎、压缩 / 解压缩等；分布式系统的数据分布、复制、一致性、容错、可扩展性等。范型篇——介绍谷歌、亚马逊、微软、阿里巴巴等著名互联网公司的大规模分布式存储系统架构，涉及分布式文件系统、分布式键值系统、分布式表格系统以及分布式数据库技术等。实践篇——以阿里巴巴的分布式数据库 OceanBase 为例，详细介绍分布式数据库内部实现，以及实践过程中的经验。专题篇——介绍分布式系统的主要应用：云存储和大数据，这些是近年来的热门领域，本书介绍了云存储平台、技术与安全，以及大数据的概念、流式计算、实时分析等。

机械工业出版社（北京市西城区百万庄大街 22 号　　邮政编码　100037）

责任编辑：吴　怡

北京捷迅佳彩印刷有限公司印刷

2024 年 2 月第 1 版第 19 次印刷

186mm×240mm • 19 印张

标准书号：ISBN 978-7-111-43052-0

定　　价：59.00 元

序　言

关于分布式系统的知识，可以从大学教科书上找到，许多人还知道 Andrew S. Tanenbaum 等人在 2002 年出版的"分布式系统原理与范型"(Distributed Systems: Principles and Paradigms) 这本书。其实分布式系统的理论出现于上个世纪 70 年代，"Symposium on Principles of Distributed Computing (PODC)"和"International Symposium on Distributed Computing (DISC)"这两个分布式领域的学术会议分别创立于 1982 年和 1985 年。然而，分布式系统的广泛应用却是最近十多年的事情，其中的一个原因就是人类活动创造出的数据量远远超出了单个计算机的存储和处理能力。比如，2008 年全球互联网的网页超过了 1 万亿，按平均单个网页 10KB 计算，就是 10PB；又如，一个 2 亿用户的电信运营商，如果平均每个用户每天拨打接听总共 10 个电话，每个电话 400 字节，5 年的话费记录总量即为 $0.2G \times 10 \times 0.4K \times 365 \times 5 = 1.46PB$。除了分布式系统，人们还很难有其他高效的手段来存储和处理这些 PB 级甚至更多的数据。另外一个原因，其实是一个可悲的事实，那就是分布式环境下的编程十分困难。

与单机环境下的编程相比，分布式环境下的编程有两个明显的不同：首先，分布式环境下会出现一部分计算机工作正常，另一部分计算机工作不正常的情况，程序需要在这种情况下尽可能地正常工作，这个挑战非常大。其次，单机环境下的函数调用常常可以在微秒级内返回，所以除了少数访问外部设备（例如磁盘、网卡等）的函数采用异步方式调用外，大部分函数采用同步调用的方式，编译器和操作系统在调用前后自动保存与恢复程序的上下文；在分布式环境下，计算机之间的函数调用（远程调用，即 RPC）的返回时间通常是毫秒或亚毫秒（0.1~1.0 毫秒）级，差不多是单机环境的 100 倍，使用同步方式远远不能发挥现代 CPU 处理器的性能，所以分布式环境下的 RPC 通常采用异步调用方式，程序需要自己保存和恢复调用前后的上下文，并需要处理更多的异常。

基于上述原因，很多从事分布式系统相关的开发、测试、维护的朋友十分渴望了解和学习其他分布式系统的实践，可是，这些信息分散在浩瀚的知识海洋中，获取感兴趣的内容相当困难。因此，传辉的"大规模分布式存储系统"一书出现得恰如其时，这是我见过的讲解分布式系统实践最全面的一本书。它不仅介绍了当前业界最常见的分布式系统，还结合了作者自己六年多来的分布式系统开发实践。虽然这本书没有、也不可能包含分布式系统实践的所有内容，但阅读这本书的人一定会深受启发，并且还能够知道去何处获取更深层次的信息和知识。

阳振坤

阿里巴巴高级研究员，基础数据部负责人

前　言

　　随着社交网络、移动互联网、电子商务等技术的不断发展，互联网的使用者贡献了越来越多的内容。为了处理这些内容，每个互联网公司在后端都有一套成熟的分布式系统用于数据的存储、计算以及价值提取。Google 是全球最大的互联网公司，也是在分布式技术上相对成熟的公司，其公布的 Google 分布式文件系统 GFS、分布式计算系统 MapReduce、分布式表格系统 Bigtable 都成为业界竞相模仿的对象，最近公布的全球数据库 Spanner 更是能够支持分布在世界各地上百个数据中心的上百万台服务器。Google 的核心技术正是后端这些处理海量数据的分布式系统。和 Google 类似，国外的亚马逊、微软以及国内互联网三巨头阿里巴巴、百度和腾讯的核心技术也是其后端的海量数据处理系统。

　　本书的内容是介绍互联网公司的大规模分布式存储系统。与传统的高端服务器、高端存储器和高端处理器不同的是，互联网公司的分布式存储系统由数量众多的、低成本和高性价比的普通 PC 服务器通过网络连接而成。互联网的业务发展很快，而且注重成本，这就使得存储系统不能依靠传统的纵向扩展的方式，即先买小型机，不够时再买中型机，甚至大型机。互联网后端的分布式系统要求支持横向扩展，即通过增加普通 PC 服务器来提高系统的整体处理能力。普通 PC 服务器性价比高，故障率也高，需要在软件层面实现自动容错，保证数据的一致性。另外，随着服务器的不断加入，需要能够在软件层面实现自动负载均衡，使得系统的处理能力得到线性扩展。

　　分布式存储和当今同样备受关注的云存储和大数据又是什么关系呢？分布式存储是基础，云存储和大数据是构建在分布式存储之上的应用。移动终端的计算能力和存储空间有限，而且有在多个设备之间共享资源的强烈的需求，这就使得网盘、相册等云存储应用很快流行起来。然而，万变不离其宗，云存储的核心还是后端的大规模分布式存储系统。大数据则更近一步，不仅需要存储海量数据，还需要通过合适的计算框架或者工具对这些数据进行分析，抽取其中有价值的部分。如果没有分布式存储，便谈不上对大数据进行分析。仔细分析还会发现，分布式存储技术是互联网后端架构的"九阳神功"，掌握了这项技能，以后理解其他技术的本质会变得非常容易。

　　分布式存储技术如此重要，市面上也有很多分布式系统相关的书籍。然而，这些书籍往往注重理论不重实践，且所述理论也不太适合互联网公司的大规模存储系统。这是因为，虽然分布式系统研究了很多年，但是大规模分布式存储系统是在近几年才流行起来，而且起源于以 Google 为首的企业界而非学术界。笔者 2007 年年底加入百度公司，师从阳振坤老师，从事大规模分布式存储的研究和实践工作，曾经开发过类似 GFS、MapReduce 和 Bigtable 的分布式系统，后来转战阿里巴巴继续开发分布式数据库 OceanBase，维护分布式技术博客 NosqlNotes（http://www.nosqlnotes.net）。笔者在业余时间阅读并理解了绝大部分分布式系统原理和各大互联网公司的系统范型相关论文,深知分布式存储系统的复杂性,也能够体会到广大读者渴望弄清楚分布式存储技术本质和实现细节的迫切心情,因而集中精力编写了这本书,希望对从事分布式存储应用的技术人员有所裨益。

本书的目标是介绍互联网公司的大规模分布式存储系统,共分为四篇:

- **基础篇**。基础知识包含两个部分:单机存储系统以及分布式系统。其中,单机存储系统的理论基础是数据库技术,包括数据模型、事务与并发控制、故障恢复、存储引擎、数据压缩等;分布式系统涉及数据分布、复制、一致性、容错、可扩展性等分布式技术。另外,分布式存储系统工程师还需要一项基础训练,即性能预估,因此,基础篇也会顺带介绍硬件基础知识以及性能预估方法。

- **范型篇**。这部分内容将介绍 Google、亚马逊、微软、阿里巴巴等各大互联网公司的大规模分布式存储系统,分为四章:分布式文件系统、分布式键值系统、分布式表格系统以及分布式数据库。

- **实践篇**。这部分内容将以笔者在阿里巴巴开发的分布式数据库 OceanBase 为例详细介绍分布式数据库内部实现以及实践过程中的经验总结。

- **专题篇**。云存储和大数据是近年来兴起的两大热门领域,其底层都依赖分布式存储技术,这部分将简单介绍这两方面的基础知识。

本书适合互联网行业或者其他从事分布式系统实践的工程人员,也适合大学高年级本科生和研究生作为分布式系统或者云计算相关课程的参考书籍。阅读本书之前,建议首先理解分布式系统和数据库相关基础理论,接着阅读第一篇。如果对各个互联网公司的系统架构感兴趣,可以选择阅读第二篇的某些章节;如果对阿里巴巴 OceanBase 的架构设计和实现感兴趣,可以顺序阅读第三篇。最后,如果对云存储或者大数据感兴趣,可以选择阅读第四篇的某个章节。

感谢阳振坤老师多年以来对我在云计算和分布式数据库这两个领域的研究实践工作的指导和鼓励。感谢在百度以及阿里巴巴与我共事多年的兄弟姐妹,我们患难与共,一起实现共同的梦想。感谢机械工业出版社的吴怡编辑、新浪微博的杨卫华先生、百度的侯震宇先生以及支付宝的童家旺先生在本书撰写过程中提出的宝贵意见。

由于分布式存储技术涉及一些公司的商业机密,加上笔者水平有限、时间较紧,所以书中难免存在谬误,很多技术点涉及的细节描述得还不够详尽,恳请读者批评指正。可将任何意见和建议发送到我的邮箱 knuthocean@163.com,本书相关的勘误和技术细节说明也会发布到我的个人博客 NosqlNotes。我的新浪微博账号是"阿里日照",欢迎读者通过邮件、博客或者微博与我交流分布式存储相关的任何问题。我也将密切跟踪分布式存储技术的发展,吸收您的意见,适时编写本书的升级版本。

杨传辉

2013 年 7 月于北京

目　录

前言

第1章　概述 /1

1.1　分布式存储概念 /1

1.2　分布式存储分类 /2

第一篇　基础篇

第2章　单机存储系统 /6

2.1　硬件基础 /6

　2.1.1　CPU 架构 /6

　2.1.2　IO 总线 /7

　2.1.3　网络拓扑 /9

　2.1.4　性能参数 /10

　2.1.5　存储层次架构 /11

2.2　单机存储引擎 /12

　2.2.1　哈希存储引擎 /12

　2.2.2　B 树存储引擎 /14

　2.2.3　LSM 树存储引擎 /15

2.3　数据模型 /17

　2.3.1　文件模型 /17

　2.3.2　关系模型 /18

　2.3.3　键值模型 /19

　2.3.4　SQL 与 NoSQL /20

2.4　事务与并发控制 /21

　2.4.1　事务 /21

　2.4.2　并发控制 /23

2.5　故障恢复 /26

　2.5.1　操作日志 /26

2.5.2　重做日志 /27

2.5.3　优化手段 /27

2.6　数据压缩 /29

　2.6.1　压缩算法 /29

　2.6.2　列式存储 /33

第3章　分布式系统 /36

3.1　基本概念 /36

　3.1.1　异常 /36

　3.1.2　一致性 /38

　3.1.3　衡量指标 /39

3.2　性能分析 /40

3.3　数据分布 /42

　3.3.1　哈希分布 /43

　3.3.2　顺序分布 /45

　3.3.3　负载均衡 /46

3.4　复制 /47

　3.4.1　复制的概述 /47

　3.4.2　一致性与可用性 /49

3.5　容错 /50

　3.5.1　常见故障 /50

　3.5.2　故障检测 /51

　3.5.3　故障恢复 /52

3.6　可扩展性 /53

　3.6.1　总控节点 /54

　3.6.2　数据库扩容 /54

　3.6.3　异构系统 /56

3.7　分布式协议 /57

　3.7.1　两阶段提交协议 /57

　3.7.2　Paxos 协议 /59

3.7.3　Paxos 与 2PC /60

3.8　跨机房部署 /60

第二篇　范型篇

第4章　分布式文件系统 /66

4.1　Google 文件系统 /66

4.1.1　系统架构 /66

4.1.2　关键问题 /67

4.1.3　Master 设计 /72

4.1.4　ChunkServer 设计 /74

4.1.5　讨论 /74

4.2　Taobao File System /75

4.2.1　系统架构 /75

4.2.2　讨论 /78

4.3　Facebook Haystack /78

4.3.1　系统架构 /79

4.3.2　讨论 /82

4.4　内容分发网络 /83

4.4.1　CDN 架构 /83

4.4.2　讨论 /85

第5章　分布式键值系统 /86

5.1　Amazon Dynamo /86

5.1.1　数据分布 /86

5.1.2　一致性与复制 /88

5.1.3　容错 /89

5.1.4　负载均衡 /90

5.1.5　读写流程 /91

5.1.6　单机实现 /92

5.1.7　讨论 /93

5.2　淘宝 Tair /93

5.2.1　系统架构 /93

5.2.2　关键问题 /94

5.2.3　讨论 /96

第6章　分布式表格系统 /97

6.1　Google Bigtable /97

6.1.1　架构 /98

6.1.2　数据分布 /100

6.1.3　复制与一致性 /101

6.1.4　容错 /101

6.1.5　负载均衡 /102

6.1.6　分裂与合并 /102

6.1.7　单机存储 /103

6.1.8　垃圾回收 /104

6.1.9　讨论 /105

6.2　Google Megastore /105

6.2.1　系统架构 /107

6.2.2　实体组 /108

6.2.3　并发控制 /109

6.2.4　复制 /110

6.2.5　索引 /111

6.2.6　协调者 /111

6.2.7　读取流程 /112

6.2.8　写入流程 /113

6.2.9　讨论 /115

6.3　Windows Azure Storage /115

6.3.1　整体架构 /115

6.3.2　文件流层 /117

6.3.3　分区层 /121

6.3.4　讨论 /125

第7章　分布式数据库 /126

7.1　数据库中间层 /126

7.1.1　架构 /126

7.1.2　扩容 /128

7.1.3　讨论 /128

7.2　Microsoft SQL Azure /129

7.2.1　数据模型 /129

7.2.2　架构 /131

7.2.3 复制与一致性 /132

7.2.4 容错 /132

7.2.5 负载均衡 /133

7.2.6 多租户 /133

7.2.7 讨论 /134

7.3 Google Spanner /134

7.3.1 数据模型 /134

7.3.2 架构 /135

7.3.3 复制与一致性 /136

7.3.4 TrueTime /137

7.3.5 并发控制 /138

7.3.6 数据迁移 /139

7.3.7 讨论 /139

第三篇 实践篇

第8章 OceanBase架构初探 /142

8.1 背景简介 /142

8.2 设计思路 /143

8.3 系统架构 /144

8.3.1 整体架构图 /144

8.3.2 客户端 /145

8.3.3 RootServer /147

8.3.4 MergeServer /148

8.3.5 ChunkServer /149

8.3.6 UpdateServer /149

8.3.7 定期合并 & 数据分发 /150

8.4 架构剖析 /151

8.4.1 一致性选择 /151

8.4.2 数据结构 /152

8.4.3 可靠性与可用性 /154

8.4.4 读写事务 /154

8.4.5 单点性能 /155

8.4.6 SSD 支持 /156

8.4.7 数据正确性 /157

8.4.8 分层结构 /158

第9章 分布式存储引擎 /159

9.1 公共模块 /159

9.1.1 内存管理 /159

9.1.2 基础数据结构 /161

9.1.3 锁 /164

9.1.4 任务队列 /165

9.1.5 网络框架 /166

9.1.6 压缩与解压缩 /167

9.2 RootServer 实现机制 /168

9.2.1 数据结构 /168

9.2.2 子表复制与负载均衡 /170

9.2.3 子表分裂与合并 /171

9.2.4 UpdateServer 选主 /172

9.2.5 RootServer 主备 /173

9.3 UpdateServer 实现机制 /174

9.3.1 存储引擎 /174

9.3.2 任务模型 /179

9.3.3 主备同步 /181

9.4 ChunkServer 实现机制 /183

9.4.1 子表管理 /183

9.4.2 SSTable /184

9.4.3 缓存实现 /188

9.4.4 IO 实现 /190

9.4.5 定期合并 & 数据分发 /191

9.4.6 定期合并限速 /192

9.5 消除更新瓶颈 /193

9.5.1 读写优化回顾 /193

9.5.2 数据旁路导入 /195

9.5.3 数据分区 /195

第10章 数据库功能 /197

10.1 整体结构 /197

10.2 只读事务 /199

   10.2.1 物理操作符接口 /201

   10.2.2 单表操作 /202

   10.2.3 多表操作 /203

   10.2.4 SQL 执行本地化 /205

10.3 写事务 /206

   10.3.1 写事务执行流程 /206

   10.3.2 多版本并发控制 /208

10.4 OLAP 业务支持 /212

   10.4.1 并发查询 /212

   10.4.2 列式存储 /214

10.5 特色功能 /215

   10.5.1 大表左连接 /215

   10.5.2 数据过期与批量删除 /216

第11章 质量保证、运维及实践 /218

11.1 质量保证 /218

   11.1.1 RD 开发 /219

   11.1.2 QA 测试 /222

   11.1.3 试运行 /224

11.2 使用与运维 /225

   11.2.1 使用 /225

   11.2.2 运维 /227

11.3 应用 /228

   11.3.1 收藏夹 /229

   11.3.2 天猫评价 /230

   11.3.3 直通车报表 /231

11.4 最佳实践 /232

   11.4.1 系统发展路径 /232

   11.4.2 人员成长 /234

   11.4.3 系统设计 /236

   11.4.4 系统实现 /237

   11.4.5 使用与运维 /238

   11.4.6 工程现象 /239

   11.4.7 经验法则 /240

第四篇 专题篇

第12章 云存储 /242

12.1 云存储的概念 /242

12.2 云存储的产品形态 /245

12.3 云存储技术 /247

12.4 云存储的核心优势 /249

12.5 云平台整体架构 /251

   12.5.1 Amazon 云平台 /252

   12.5.2 Google 云平台 /253

   12.5.3 Microsoft 云平台 /255

   12.5.4 云平台架构 /258

12.6 云存储技术体系 /261

12.7 云存储安全 /263

第13章 大数据 /267

13.1 大数据的概念 /267

13.2 MapReduce /269

13.3 MapReduce 扩展 /270

   13.3.1 Google Tenzing /271

   13.3.2 Microsoft Dryad /274

   13.3.3 Google Pregel /275

13.4 流式计算 /276

   13.4.1 原理 /276

   13.4.2 Yahoo S4 /278

   13.4.3 Twitter Storm /279

13.5 实时分析 /281

   13.5.1 MPP 架构 /281

   13.5.2 EMC Greenplum /282

   13.5.3 HP Vertica /285

   13.5.4 Google Dremel /286

参考资料 /288

第1章 概　　述

Google、Amazon、Alibaba 等互联网公司的成功催生了云计算和大数据两大热门领域。无论是云计算、大数据还是互联网公司的各种应用，其后台基础设施的主要目标都是构建低成本、高性能、可扩展、易用的分布式存储系统。

虽然分布式系统研究了很多年，但是，直到近年来，互联网大数据应用的兴起才使得它大规模地应用到工程实践中。相比传统的分布式系统，互联网公司的分布式系统具有两个特点：一个特点是规模大，另一个特点是成本低。不同的需求造就了不同的设计方案，可以这么说，Google 等互联网公司重新定义了大规模分布式系统。本章介绍大规模分布式系统的定义与分类。

1.1　分布式存储概念

大规模分布式存储系统的定义如下：

"分布式存储系统是大量普通 PC 服务器通过 Internet 互联，对外作为一个整体提供存储服务。"

分布式存储系统具有如下几个特性：

- □ 可扩展。分布式存储系统可以扩展到几百台甚至几千台的集群规模，而且，随着集群规模的增长，系统整体性能表现为线性增长。
- □ 低成本。分布式存储系统的自动容错、自动负载均衡机制使其可以构建在普通 PC 机之上。另外，线性扩展能力也使得增加、减少机器非常方便，可以实现自动运维。
- □ 高性能。无论是针对整个集群还是单台服务器，都要求分布式存储系统具备高性能。
- □ 易用。分布式存储系统需要能够提供易用的对外接口，另外，也要求具备完善的监控、运维工具，并能够方便地与其他系统集成，例如，从 Hadoop 云计算系统导入数据。

分布式存储系统的挑战主要在于数据、状态信息的持久化，要求在自动迁移、自动容错、并发读写的过程中保证数据的一致性。分布式存储涉及的技术主要来自两个领域：分布式系统以及数据库，如下所示：

□ 数据分布：如何将数据分布到多台服务器才能够保证数据分布均匀？数据分布到多台服务器后如何实现跨服务器读写操作？

□ 一致性：如何将数据的多个副本复制到多台服务器，即使在异常情况下，也能够保证不同副本之间的数据一致性？

□ 容错：如何检测到服务器故障？如何自动将出现故障的服务器上的数据和服务迁移到集群中其他服务器？

□ 负载均衡：新增服务器和集群正常运行过程中如何实现自动负载均衡？数据迁移的过程中如何保证不影响已有服务？

□ 事务与并发控制：如何实现分布式事务？如何实现多版本并发控制？

□ 易用性：如何设计对外接口使得系统容易使用？如何设计监控系统并将系统的内部状态以方便的形式暴露给运维人员？

□ 压缩/解压缩：如何根据数据的特点设计合理的压缩/解压算法？如何平衡压缩算法节省的存储空间和消耗的 CPU 计算资源？

分布式存储系统挑战大，研发周期长，涉及的知识面广。一般来讲，工程师如果能够深入理解分布式存储系统，理解其他互联网后台架构不会再有任何困难。

1.2 分布式存储分类

分布式存储面临的数据需求比较复杂，大致可以分为三类：

□ 非结构化数据：包括所有格式的办公文档、文本、图片、图像、音频和视频信息等。

□ 结构化数据：一般存储在关系数据库中，可以用二维关系表结构来表示。结构化数据的模式（Schema，包括属性、数据类型以及数据之间的联系）和内容是分开的，数据的模式需要预先定义。

□ 半结构化数据：介于非结构化数据和结构化数据之间，HTML 文档就属于半结构化数据。它一般是自描述的，与结构化数据最大的区别在于，半结构化数据的模式结构和内容混在一起，没有明显的区分，也不需要预先定义数据的模式结构。

不同的分布式存储系统适合处理不同类型的数据，本书将分布式存储系统分为四类：分布式文件系统、分布式键值（Key-Value）系统、分布式表格系统和分布式数据库。

1. 分布式文件系统

互联网应用需要存储大量的图片、照片、视频等非结构化数据对象，这类数据以对象的形式组织，对象之间没有关联，这样的数据一般称为 Blob（Binary Large Object，二进制大对象）数据。

分布式文件系统用于存储 Blob 对象，典型的系统有 Facebook Haystack 以及 Taobao File System（TFS）。另外，分布式文件系统也常作为分布式表格系统以及分布式数据库的底层存储，如谷歌的 GFS（Google File System，存储大文件）可以作为分布式表格系统 Google Bigtable 的底层存储，Amazon 的 EBS（Elastic Block Store，弹性块存储）系统可以作为分布式数据库（Amazon RDS）的底层存储。

总体上看，分布式文件系统存储三种类型的数据：Blob 对象、定长块以及大文件。在系统实现层面，分布式文件系统内部按照数据块（chunk）来组织数据，每个数据块的大小大致相同，每个数据块可以包含多个 Blob 对象或者定长块，一个大文件也可以拆分为多个数据块，如图 1-1 所示。分布式文件系统将这些数据块分散到存储集群，处理数据复制、一致性、负载均衡、容错等分布式系统难题，并将用户对 Blob 对象、定长块以及大文件的操作映射为对底层数据块的操作。

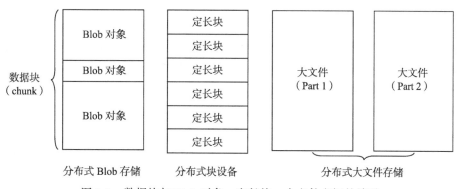

图 1-1　数据块与 Blob 对象、定长块、大文件之间的关系

2. 分布式键值系统

分布式键值系统用于存储关系简单的半结构化数据，它只提供基于主键的 CRUD（Create/Read/Update/Delete）功能，即根据主键创建、读取、更新或者删除一条键值记录。

典型的系统有 Amazon Dynamo 以及 Taobao Tair。从数据结构的角度看，分布式键值系统与传统的哈希表比较类似，不同的是，分布式键值系统支持将数据分布到集群中的多个存储节点。分布式键值系统是分布式表格系统的一种简化实现，一般用作缓存，比如淘宝 Tair 以及 Memcache。一致性哈希是分布式键值系统中常用的数据分布技术，因其被 Amazon DynamoDB 系统使用而变得相当有名。

3. 分布式表格系统

分布式表格系统用于存储关系较为复杂的半结构化数据，与分布式键值系统相比，分布式表格系统不仅仅支持简单的 CRUD 操作，而且支持扫描某个主键范围。分布式表格系统以表格为单位组织数据，每个表格包括很多行，通过主键标识一行，支持根据主键的 CRUD 功能以及范围查找功能。

分布式表格系统借鉴了很多关系数据库的技术，例如支持某种程度上的事务，比如单行事务，某个实体组（Entity Group，一个用户下的所有数据往往构成一个实体组）下的多行事务。典型的系统包括 Google Bigtable 以及 Megastore，Microsoft Azure Table Storage，Amazon DynamoDB 等。与分布式数据库相比，分布式表格系统主要支持针对单张表格的操作，不支持一些特别复杂的操作，比如多表关联，多表联接，嵌套子查询；另外，在分布式表格系统中，同一个表格的多个数据行也不要求包含相同类型的列，适合半结构化数据。分布式表格系统是一种很好的权衡，这类系统可以做到超大规模，而且支持较多的功能，但实现往往比较复杂，而且有一定的使用门槛。

4. 分布式数据库

分布式数据库一般是从单机关系数据库扩展而来，用于存储结构化数据。分布式数据库采用二维表格组织数据，提供 SQL 关系查询语言，支持多表关联，嵌套子查询等复杂操作，并提供数据库事务以及并发控制。

典型的系统包括 MySQL 数据库分片（MySQL Sharding）集群，Amazon RDS 以及 Microsoft SQL Azure。分布式数据库支持的功能最为丰富，符合用户使用习惯，但可扩展性往往受到限制。当然，这一点并不是绝对的。Google Spanner 系统是一个支持多数据中心的分布式数据库，它不仅支持丰富的关系数据库功能，还能扩展到多个数据中心的成千上万台机器。除此之外，阿里巴巴 OceanBase 系统也是一个支持自动扩展的分布式关系数据库。

关系数据库是目前为止最为成熟的存储技术，它的功能极其丰富，产生了商业的关系数据库软件（例如 Oracle，Microsoft SQL Server，IBM DB2，MySQL）以及上层的工具及应用软件生态链。然而，关系数据库在可扩展性上面临着巨大的挑战。传统关系数据库的事务以及二维关系模型很难高效地扩展到多个存储节点上，另外，关系数据库对于要求高并发的应用在性能上优化空间较大。为了解决关系数据库面临的可扩展性、高并发以及性能方面的问题，各种各样的非关系数据库风起云涌，这类系统称为 NoSQL 系统，可以理解为"Not Only SQL"系统。NoSQL 系统多得让人眼花缭乱，每个系统都有自己的独到之处，适合解决某种特定的问题。这些系统变化很快，本书不会尝试去探寻某种 NoSQL 系统的实现，而是从分布式存储技术的角度探寻大规模存储系统背后的原理。

第一篇
基 础 篇

本篇内容

第 2 章　单机存储系统

第 3 章　分布式系统

第 2 章　单机存储系统

单机存储引擎就是哈希表、B 树等数据结构在机械磁盘、SSD 等持久化介质上的实现。单机存储系统是单机存储引擎的一种封装，对外提供文件、键值、表格或者关系模型。单机存储系统的理论来源于关系数据库。数据库将一个或多个操作组成一组，称作事务，事务必须满足原子性（Atomicity）、一致性（Consistency）、隔离性（Isolation）以及持久性（Durability），简称为 ACID 特性。多个事务并发执行时，数据库的并发控制管理器必须能够保证多个事务的执行结果不能破坏某种约定，如不能出现事务执行到一半的情况，不能读取到未提交的事务，等等。为了保证持久性，对于数据库的每一个变化都要在磁盘上记录日志，当数据库系统突然发生故障，重启后能够恢复到之前一致的状态。

本章首先介绍 CPU、IO、网络等硬件基础知识及性能参数，接着介绍主流的单机存储引擎。其中，哈希存储引擎是哈希表的持久化实现，B 树存储引擎是 B 树的持久化实现，而 LSM 树（Log Structure Merge Tree）存储引擎采用批量转储技术来避免磁盘随机写入。最后，介绍关系数据库理论基础，包括事务、并发控制、故障恢复、数据压缩等。

2.1　硬件基础

硬件发展很快，摩尔定律告诉我们：每 18 个月计算机等 IT 产品的性能会翻一番；或者说相同性能的计算机等 IT 产品，每 18 个月价钱会降一半。但是，计算机的硬件体系架构保持相对稳定。架构设计很重要的一点就是合理选择并且能够最大限度地发挥底层硬件的价值。

2.1.1　CPU 架构

早期的 CPU 为单核芯片，工程师们很快意识到，仅仅提高单核的速度会产生过多的热量且无法带来相应的性能改善。因此，现代服务器基本为多核或多个 CPU。经典的多 CPU 架构为对称多处理结构（Symmetric Multi-Processing，SMP），即在一个计算机上汇集了一组处理器，它们之间对称工作，无主次或从属关系，共享相同的物理内存及总线，如图 2-1 所示。

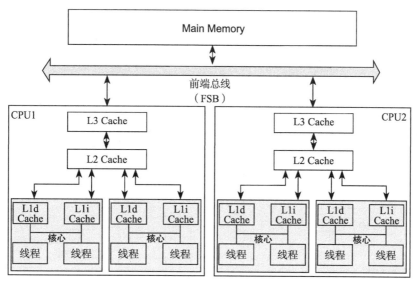

图 2-1　SMP 系统结构

图 2-1 中的 SMP 系统由两个 CPU 组成，每个 CPU 有两个核心（core），CPU 与内存之间通过总线通信。每个核心有各自的 L1d Cache（L1 数据缓存）及 L1i Cache（L1 指令缓存），同一个 CPU 的多个核心共享 L2 以及 L3 缓存，另外，某些 CPU 还可以通过超线程技术（Hyper-Threading Technology）使得一个核心具有同时执行两个线程的能力。

SMP 架构的主要特征是共享，系统中所有资源（CPU、内存、I/O 等）都是共享的，由于多 CPU 对前端总线的竞争，SMP 的扩展能力非常有限。为了提高可扩展性，现在的主流服务器架构一般为 NUMA（Non-Uniform Memory Access，非一致存储访问）架构。它具有多个 NUMA 节点，每个 NUMA 节点是一个 SMP 结构，一般由多个 CPU（如 4 个）组成，并且具有独立的本地内存、IO 槽口等。

图 2-2 为包含 4 个 NUMA 节点的服务器架构图，NUMA 节点可以直接快速访问本地内存，也可以通过 NUMA 互联互通模块访问其他 NUMA 节点的内存，访问本地内存的速度远远高于远程访问的速度。由于这个特点，为了更好地发挥系统性能，开发应用程序时需要尽量减少不同 NUMA 节点之间的信息交互。

2.1.2　IO 总线

存储系统的性能瓶颈一般在于 IO，因此，有必要对 IO 子系统的架构有一个大致的了解。以 Intel x48 主板为例，它是典型的南、北桥架构，如图 2-3 所示。北桥芯片通过前端总线（Front Side Bus，FSB）与 CPU 相连，内存模块以及 PCI-E 设备（如高端的 SSD 设备 Fusion-IO）挂接在北桥上。北桥与南桥之间通过 DMI 连接，DMI 的带宽为 1GB/s，网卡（包括千兆以及万兆网卡），硬盘以及中低端固态盘（如 Intel 320 系列 SSD）挂接在南桥上。如果采用 SATA2 接口，那么最大带宽为 300MB/s。

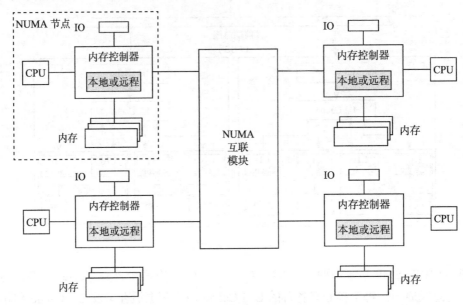

图 2-2　NUMA 架构示例

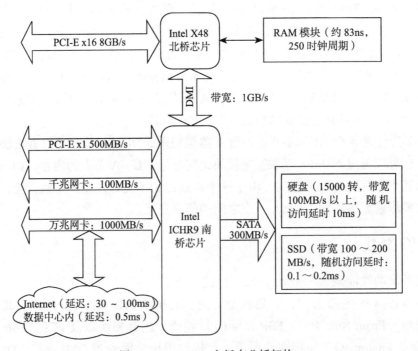

图 2-3　Intel X48 主板南北桥架构

2.1.3　网络拓扑

图 2-4 为传统的数据中心网络拓扑，思科过去一直提倡这样的拓扑，分为三层，最下面是接入层（Edge），中间是汇聚层（Aggregation），上面是核心层（Core）。典型的接入层交换机包含 48 个 1Gb 端口以及 4 个 10Gb 上行端口，汇聚层以及核心层的交换机包含 128 个 10Gb 的端口。传统三层结构的问题在于可能有很多接入层的交换机接到汇聚层，很多的汇聚层交换机接到核心层。同一个接入层下的服务器之间带宽为 1Gb，不同接入层交换机下的服务器之间的带宽小于 1Gb。由于同一个接入层的服务器往往部署在一个机架内，因此，设计系统的时候需要考虑服务器是否在一个机架内，减少跨机架拷贝大量数据。例如，Hadoop HDFS 默认存储三个副本，其中两个副本放在同一个机架，就是这个原因。

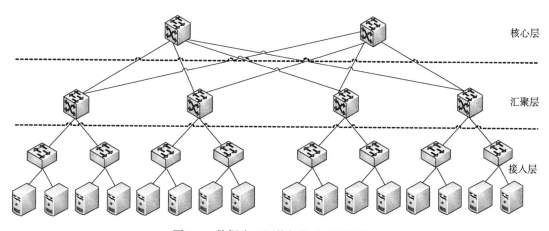

图 2-4　数据中心网络拓扑（三层结构）

为了减少系统对网络拓扑结构的依赖，Google 在 2008 年的时候将网络改造为扁平化拓扑结构，即三级 CLOS 网络，同一个集群内最多支持 20480 台服务器，且任何两台都有 1Gb 带宽。CLOS 网络需要额外投入更多的交换机，带来的好处也是明显的，设计系统时不需要考虑底层网络拓扑，从而很方便地将整个集群做成一个计算资源池。

同一个数据中心内部的传输延时是比较小的，网络一次来回的时间在 1 毫秒之内。数据中心之间的传输延迟是很大的，取决于光在光纤中的传输时间。例如，北京与杭州之间的直线距离大约为 1300 公里，光在信息传输中走折线，假设折线距离为直线距离的 1.5 倍，那么光传输一次网络来回延时的理论值为 1300 × 1.5 × 2 / 300 000= 13 毫秒，实际测试值大约为 40 毫秒。

2.1.4 性能参数

常见硬件的大致性能参数如表 2-1 所示。

表 2-1 常用硬件性能参数

类 别	消耗的时间
访问 L1 Cache	0.5 ns
分支预测失败	5 ns
访问 L2 Cache	7 ns
Mutex 加锁 / 解锁	100 ns
内存访问	100 ns
千兆网络发送 1MB 数据	10 ms
从内存顺序读取 1MB 数据	0.25 ms
机房内网络来回	0.5 ms
异地机房之间网络来回	30~100 ms
SATA 磁盘寻道	10 ms
从 SATA 磁盘顺序读取 1MB 数据	20 ms
固态盘 SSD 访问延迟	0.1~0.2 ms

磁盘读写带宽还是不错的，15000 转的 SATA 盘的顺序读取带宽可以达到 100MB 以上，由于磁盘寻道的时间大约为 10ms，顺序读取 1MB 数据的时间为：磁盘寻道时间 + 数据读取时间，即 10ms + 1MB / 100MB/s×1000 = 20ms。存储系统的性能瓶颈主要在于磁盘随机读写。设计存储引擎的时候会针对磁盘的特性做很多的处理，比如将随机写操作转化为顺序写，通过缓存减少磁盘随机读操作。

固态磁盘（SSD）在最近几年得到越来越多的关注，各大互联网公司都有大量基于 SSD 的应用。SSD 的特点是随机读取延迟小，能够提供很高的 IOPS（每秒读写次数，Input/Output Per Second）性能。它的主要问题在于容量和价格，设计存储系统的时候一般可以用来做缓存或者性能要求较高的关键业务。

不同的存储介质对比如表 2-2 所示。

表 2-2 存储介质对比

类别	每秒读写（IOPS）次数	每 GB 价格（元）	随机读取	随机写入
内存	千万级	150	友好	友好
SSD 盘	35000	20	友好	写入放大问题
SAS 磁盘	180	3	磁盘寻道	磁盘寻道
SATA 磁盘	90	0.5	磁盘寻道	磁盘寻道

从表 2-2 可以看出，SSD 单位成本提供的 IOPS 比传统的 SAS 或者 SATA 磁盘都要大得多，而且 SSD 功耗低，更加环保，适合小数据量并且对性能要求更高的场景。

2.1.5　存储层次架构

从分布式系统的角度看，整个集群中所有服务器上的存储介质（内存、机械硬盘，SSD）构成一个整体，其他服务器上的存储介质与本机存储介质一样都是可访问的，区别仅仅在于需要额外的网络传输及网络协议栈等访问开销。

如图 2-5 所示，假设集群中有 30 个机架，每个机架接入 40 台服务器，同一个机架的服务器接入到同一个接入交换机，不同机架的服务器接入到不同的接入交换机。每台服务器的内存为 24GB，磁盘为 10×1TB 的 SATA 机械硬盘（15000 转）或者 10×160GB 的 SSD 固态硬盘。那么，对于每台服务器，本地内存大小为 24GB，访问延时为 100ns，本地 SATA 磁盘的大小为 4TB（假设利用率为 40%），随机访问的寻道时间为 10ms，本地 SSD 磁盘的大小为 1TB（假设利用率为 60%），访问延时为 0.1ms，SATA 磁盘和 SSD 的访问带宽受限于 SATA 接口，最大不超过 300MB/s。同一个机架下的服务器的内存总量大致为 1TB，访问延时和带宽受限于网络，访问延时大约为 300μs，带宽为 100MB/s，磁盘总容量为 160TB，访问延时为网络延时加上磁盘寻道时间，大约为 11ms，SSD 容量为 40TB，访问延时为网络延时加上 SSD 访问延时，大约为 2ms。整个集群下所有服务器的内存总量为 30TB，访问延时和带宽受限于网络，跨机架访问需要经过聚合层或者核心层的交换机，访问延时大约为 500μs，带宽大约为 10MB/s，磁盘和 SSD 的访问延时分别为 11ms 以及 2ms，带宽为 10MB/s。

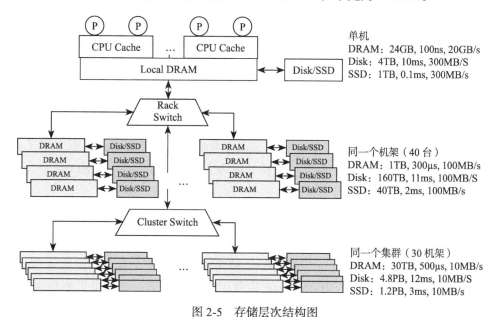

图 2-5　存储层次结构图

存储系统的性能主要包括两个维度：吞吐量以及访问延时，设计系统时要求能够在保证访问延时的基础上，通过最低的成本实现尽可能高的吞吐量。磁盘和 SSD 的访问延时差别很大，但带宽差别不大，因此，磁盘适合大块顺序访问的存储系统，SSD 适合随机访问较多或者对延时比较敏感的关键系统。二者也常常组合在一起进行混合存储，热数据（访问频繁）存储到 SSD 中，冷数据（访问不频繁）存储到磁盘中。

2.2 单机存储引擎

存储引擎是存储系统的发动机，直接决定了存储系统能够提供的性能和功能。存储系统的基本功能包括：增、删、读、改，其中，读取操作又分为随机读取和顺序扫描。哈希存储引擎是哈希表的持久化实现，支持增、删、改，以及随机读取操作，但不支持顺序扫描，对应的存储系统为键值（Key-Value）存储系统；B 树（B-Tree）存储引擎是 B 树的持久化实现，不仅支持单条记录的增、删、读、改操作，还支持顺序扫描，对应的存储系统是关系数据库。当然，键值系统也可以通过 B 树存储引擎实现；LSM 树（Log-Structured Merge Tree）存储引擎和 B 树存储引擎一样，支持增、删、改、随机读取以及顺序扫描。它通过批量转储技术规避磁盘随机写入问题，广泛应用于互联网的后台存储系统，例如 Google Bigtable、Google LevelDB 以及 Facebook 开源的 Cassandra 系统。本节分别以 Bitcask、MySQL InnoDB 以及 Google LevelDB 系统为例介绍这三种存储引擎。

2.2.1 哈希存储引擎

Bitcask 是一个基于哈希表结构的键值存储系统，它仅支持追加操作（Append-only），即所有的写操作只追加而不修改老的数据。在 Bitcask 系统中，每个文件有一定的大小限制，当文件增加到相应的大小时，就会产生一个新的文件，老的文件只读不写。在任意时刻，只有一个文件是可写的，用于数据追加，称为活跃数据文件（active data file）。而其他已经达到大小限制的文件，称为老数据文件（older data file）。

1. 数据结构

如图 2-6 所示，Bitcask 数据文件中的数据是一条一条的写入操作，每一条记录的数据项分别为主键（key）、value 内容（value）、主键长度（key_sz）、value 长度（value_sz）、时间戳（timestamp）以及 crc 校验值。（数据删除操作也不会删除旧的条目，而是将 value 设定为一个特殊的值用作标识）。内存中采用基于哈希表的索引数据结构，哈希表的作用是通过主键快速地定位到 value 的位置。哈希表结构中的每一项包含了三个用于定位数据的信息，分别是文件编号（file id），value 在文件中的位置（value_pos）， value 长度（value_sz），通过读取 file_id 对应文件的 value_pos 开始的 value_sz 个字节，这就得到了最终的 value 值。写入时首先将 Key-Value 记录追加到活跃数据文件的末尾，接着更新内存哈希表，因此，每个写操作总共需要进行一次顺序的磁盘写入和一次内存操作。

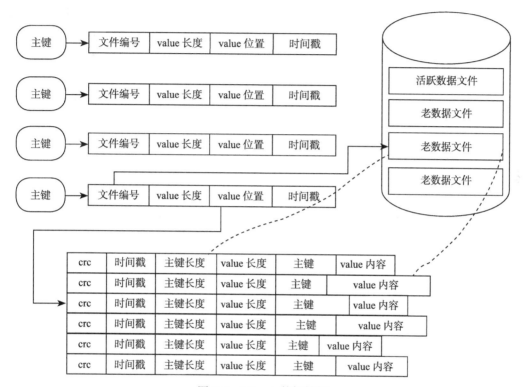

图 2-6　Bitcask 数据结构

Bitcask 在内存中存储了主键和 value 的索引信息，磁盘文件中存储了主键和 value 的实际内容。系统基于一个假设，value 的长度远大于主键的长度。假如 value 的平均长度为 1KB，每条记录在内存中的索引信息为 32 字节，那么，磁盘内存比为 32 : 1。这样，32GB 内存索引的数据量为 32GB×32 = 1TB。

2. 定期合并

Bitcask 系统中的记录删除或者更新后，原来的记录成为垃圾数据。如果这些数据一直保存下去，文件会无限膨胀下去，为了解决这个问题，Bitcask 需要定期执行合并（Compaction）操作以实现垃圾回收。所谓合并操作，即将所有老数据文件中的数据扫描一遍并生成新的数据文件，这里的合并其实就是对同一个 key 的多个操作以只保留最新一个的原则进行删除，每次合并后，新生成的数据文件就不再有冗余数据了。

3. 快速恢复

Bitcask 系统中的哈希索引存储在内存中，如果不做额外的工作，服务器断电重启重建哈希表需要扫描一遍数据文件，如果数据文件很大，这是一个非常耗时的过程。Bitcask 通过索引文件（hint file）来提高重建哈希表的速度。

简单来说，索引文件就是将内存中的哈希索引表转储到磁盘生成的结果文件。Bitcask 对老数据文件进行合并操作时，会产生新的数据文件，这个过程中还会产生一个索引文件，这个索引文件记录每一条记录的哈希索引信息。与数据文件不同的是，索引文件并不存储具体的 value 值，只存储 value 的位置（与内存哈希表一样）。这样，在重建哈希表时，就不需要扫描所有数据文件，而仅仅需要将索引文件中的数据一行行读取并重建即可，大大减少了重启后的恢复时间。

2.2.2　B 树存储引擎

相比哈希存储引擎，B 树存储引擎不仅支持随机读取，还支持范围扫描。关系数据库中通过索引访问数据，在 Mysql InnoDB 中，有一个称为聚集索引的特殊索引，行的数据存于其中，组织成 B+ 树（B 树的一种）数据结构。

1. 数据结构

如图 2-7 所示，MySQL InnoDB 按照页面（Page）来组织数据，每个页面对应 B+ 树的一个节点。其中，叶子节点保存每行的完整数据，非叶子节点保存索引信息。数据在每个节点中有序存储，数据库查询时需要从根节点开始二分查找直到叶子节点，每次

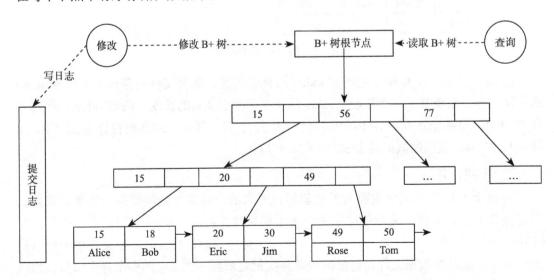

图 2-7　B+ 树存储引擎

读取一个节点，如果对应的页面不在内存中，需要从磁盘中读取并缓存起来。B+ 树的根节点是常驻内存的，因此，B+ 树一次检索最多需要 h−1 次磁盘 IO，复杂度为 $O(h)=O(\log_d^N)$（N 为元素个数，d 为每个节点的出度，h 为 B+ 树高度）。修改操作首先需要记录提交日志，接着修改内存中的 B+ 树。如果内存中的被修改过的页面超过一定的比率，后台线程会将这些页面刷到磁盘中持久化。当然，InnoDB 实现时做了大量的优化，这部分内容已经超出了本书的范围。

2. 缓冲区管理

缓冲区管理器负责将可用的内存划分成缓冲区，缓冲区是与页面同等大小的区域，磁盘块的内容可以传送到缓冲区中。缓冲区管理器的关键在于替换策略，即选择将哪些页面淘汰出缓冲池。常见的算法有以下两种。

（1）LRU

LRU 算法淘汰最长时间没有读或者写过的块。这种方法要求缓冲区管理器按照页面最后一次被访问的时间组成一个链表，每次淘汰链表尾部的页面。直觉上，长时间没有读写的页面比那些最近访问过的页面有更小的最近访问的可能性。

（2）LIRS

LRU 算法在大多数情况下表现是不错的，但有一个问题：假如某一个查询做了一次全表扫描，将导致缓冲池中的大量页面（可能包含很多很快被访问的热点页面）被替换，从而污染缓冲池。现代数据库一般采用 LIRS 算法，将缓冲池分为两级，数据首先进入第一级，如果数据在较短的时间内被访问两次或者以上，则成为热点数据进入第二级，每一级内部还是采用 LRU 替换算法。Oracle 数据库中的 Touch Count 算法和 MySQL InnoDB 中的替换算法都采用了类似的分级思想。以 MySQL InnoDB 为例，InnoDB 内部的 LRU 链表分为两部分：新子链表（new sublist）和老子链表（old sublist），默认情况下，前者占 5/8，后者占 3/8。页面首先插入到老子链表，InnoDB 要求页面在老子链表停留时间超过一定值，比如 1 秒，才有可能被转移到新子链表。当出现全表扫描时，InnoDB 将数据页面载入到老子链表，由于数据页面在老子链表中的停留时间不够，不会被转移到新子链表中，这就避免了新子链表中的页面被替换出去的情况。

2.2.3　LSM 树存储引擎

LSM 树（Log Structured Merge Tree）的思想非常朴素，就是将对数据的修改增量保持在内存中，达到指定的大小限制后将这些修改操作批量写入磁盘，读取时需要合并磁盘中的历史数据和内存中最近的修改操作。LSM 树的优势在于有效地规避了磁盘随机写入问题，但读取时可能需要访问较多的磁盘文件。本节介绍 LevelDB 中的 LSM 树存储引擎。

1. 存储结构

如图 2-8 所示，LevelDB 存储引擎主要包括：内存中的 MemTable 和不可变 MemTable（Immutable MemTable，也称为 Frozen MemTable，即冻结 MemTable）以及磁盘上的几种主要文件：当前（Current）文件、清单（Manifest）文件、操作日志（Commit Log，也称为提交日志）文件以及 SSTable 文件。当应用写入一条记录时，LevelDB 会首先将修改操作写入到操作日志文件，成功后再将修改操作应用到 MemTable，这样就完成了写入操作。

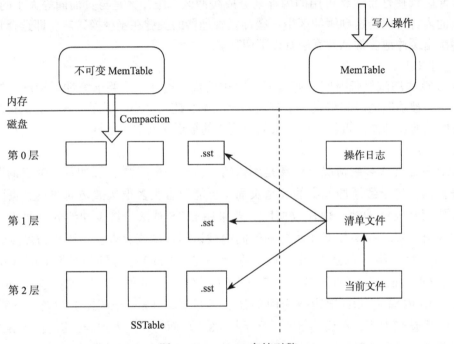

图 2-8　LevelDB 存储引擎

当 MemTable 占用的内存达到一个上限值后，需要将内存的数据转储到外存文件中。LevelDB 会将原先的 MemTable 冻结成为不可变 MemTable，并生成一个新的 MemTable。新到来的数据被记入新的操作日志文件和新生成的 MemTable 中。顾名思义，不可变 MemTable 的内容是不可更改的，只能读取不能写入或者删除。LevelDB 后台线程会将不可变 MemTable 的数据排序后转储到磁盘，形成一个新的 SSTable 文件，这个操作称为 Compaction。SSTable 文件是内存中的数据不断进行 Compaction 操作后形成的，且 SSTable 的所有文件是一种层级结构，第 0 层为 Level 0，第 1 层为 Level 1，以此类推。

SSTable 中的文件是按照记录的主键排序的，每个文件有最小的主键和最大的主键。LevelDB 的清单文件记录了这些元数据，包括属于哪个层级、文件名称、最小主键和最大主键。当前文件记录了当前使用的清单文件名。在 LevelDB 的运行过程中，随着 Compaction 的进行，SSTable 文件会发生变化，新的文件会产生，老的文件被废弃，此时往往会生成新的清单文件来记载这种变化，而当前文件则用来指出哪个清单文件才是当前有效的。

直观上，LevelDB 每次查询都需要从老到新读取每个层级的 SSTable 文件以及内存中的 MemTable。LevelDB 做了一个优化，由于 LevelDB 对外只支持随机读取单条记录，查询时 LevelDB 首先会去查看内存中的 MemTable，如果 MemTable 包含记录的主键及其对应的值，则返回记录即可；如果 MemTable 没有读到该主键，则接下来到同样处于内存中的不可变 Memtable 中去读取；类似地，如果还是没有读到，只能依次从新到老读取磁盘中的 SSTable 文件。

2. 合并

LevelDB 写入操作很简单，但是读取操作比较复杂，需要在内存以及各个层级文件中按照从新到老依次查找，代价很高。为了加快读取速度，LevelDB 内部会执行 Compaction 操作来对已有的记录进行整理压缩，从而删除一些不再有效的记录，减少数据规模和文件数量。

LevelDB 的 Compaction 操作分为两种：minor compaction 和 major compaction。Minor compaction 是指当内存中的 MemTable 大小到了一定值时，将内存数据转储到 SSTable 文件中。每个层级下有多个 SSTable，当某个层级下的 SSTable 文件数目超过一定设置值后，levelDB 会从这个层级中选择 SSTable 文件，将其和高一层级的 SSTable 文件合并，这就是 major compaction。major compaction 相当于执行一次多路归并：按照主键顺序依次迭代出所有 SSTable 文件中的记录，如果没有保存价值，则直接抛弃；否则，将其写入到新生成的 SSTable 文件中。

2.3　数据模型

如果说存储引擎相当于存储系统的发动机，那么，数据模型就是存储系统的外壳。存储系统的数据模型主要包括三类：文件、关系以及随着 NoSQL 技术流行起来的键值模型。传统的文件系统和关系数据库系统分别采用文件和关系模型。关系模型描述能力强，产业链完整，是存储系统的业界标准。然而，随着应用在可扩展性、高并发以及性能上提出越来越高的要求，大而全的关系数据库有时显得力不从心，因此，产生了一些新的数据模型，比如键值模型，关系弱化的表格模型，等等。

2.3.1　文件模型

文件系统以目录树的形式组织文件，以类 UNIX 操作系统为例，根目录为 /，包

含 /usr、/bin、/home 等子目录，每个子目录又包含其他子目录或者文件。文件系统的操作涉及目录以及文件，例如，打开 / 关闭文件、读写文件、遍历目录、设置文件属性等。POSIX(Portable Operating System Interface) 是应用程序访问文件系统的 API 标准，它定义了文件系统存储接口及操作集。POSIX 主要接口如下所示。

❑ Open/close：打开 / 关闭一个文件，获取文件描述符；

❑ Read/write：读取一个文件或者往文件中写入数据；

❑ Opendir/closedir：打开或者关闭一个目录；

❑ Readdir：遍历目录。

POSIX 标准不仅定义了文件操作接口，而且还定义了读写操作语义。例如，POSIX 标准要求读写并发时能够保证操作的原子性，即读操作要么读到所有结果，要么什么也读不到；另外，要求读操作能够读到之前所有写操作的结果。POSIX 标准适合单机文件系统，在分布式文件系统中，出于性能考虑，一般不会完全遵守这个标准。NFS (Network File System) 文件系统允许客户端缓存文件数据，多个客户端并发修改同一个文件时可能出现不一致的情况。举个例子，NFS 客户端 A 和 B 需要同时修改 NFS 服务器的某个文件，每个客户端都在本地缓存了文件的副本，A 修改后先提交，B 后提交，那么，即使 A 和 B 修改的是文件的不同位置，也会出现 B 的修改覆盖 A 的情况。

对象模型与文件模型比较类似，用于存储图片、视频、文档等二进制数据块，典型的系统包括 Amazon Simple Storage (S3)，Taobao File System (TFS)。这些系统弱化了目录树的概念，Amazon S3 只支持一级目录，不支持子目录，Taobao TFS 甚至不支持目录结构。与文件模型不同的是，对象模型要求对象一次性写入到系统，只能删除整个对象，不允许修改其中某个部分。

2.3.2 关系模型

每个关系是一个表格，由多个元组（行）构成，而每个元组又包含多个属性（列）。关系名、属性名以及属性类型称作该关系的模式（schema）。例如，Movie 关系的模式为 Movie (title, year, length)，其中，title、year、length 是属性，假设它们的类型分别为字符串、整数、整数。

数据库语言 SQL 用于描述查询以及修改操作。数据库修改包含三条命令：INSERT、DELETE 以及 UPDATE，查询通常通过 select-from-where 语句来表达，它具有图 2-9 所示的一般形式。Select 查询语句计算过程大致如下（不考虑查询优化）：

SELECT	<属性表>
FROM	<关系表>
WHERE	<条件>
GROUP BY	<属性表>
HAVING	<条件>
ORDER BY	<属性表>

图 2-9 SQL 查询

1）取 FROM 子句中列出的各个关系的元组的所有可能的组合。

2）将不符合 WHERE 子句中给出的条件的元组去掉。

3）如果有 GROUP BY 子句，则将剩下的元组按 GROUP BY 子句中给出的属性的值分组。

4）如果有 HAVING 子句，则按照 HAVING 子句中给出的条件检查每一个组，去掉不符合条件的组。

5）按照 SELECT 子句的说明，对于指定的属性和属性上的聚集（例如求和）计算出结果元组。

6）按照 ORDER BY 子句中的属性列的值对结果元组进行排序。

SQL 查询还有一个强大的特性是允许在 WHERE、FROM 和 HAVING 子句中使用子查询，子查询又是一个完整的 select-from-where 语句。

另外，SQL 还包括两个重要的特性：索引以及事务。其中，数据库索引用于减少 SQL 执行时扫描的数据量，提高读取性能；数据库事务则规定了各个数据库操作的语义，保证了多个操作并发执行时的 ACID 特性（原子性、一致性、隔离性、持久性），后续会专门介绍。

2.3.3 键值模型

大量的 NoSQL 系统采用了键值模型（也称为 Key-Value 模型），每行记录由主键和值两个部分组成，支持基于主键的如下操作：

❑ Put：保存一个 Key-Value 对。

❑ Get：读取一个 Key-Value 对。

❑ Delete：删除一个 Key-Value 对。

Key-Value 模型过于简单，支持的应用场景有限，NoSQL 系统中使用比较广泛的模型是表格模型。表格模型弱化了关系模型中的多表关联，支持基于单表的简单操作，典型的系统是 Google Bigtable 以及其开源 Java 实现 HBase。表格模型除了支持简单的基于主键的操作，还支持范围扫描，另外，也支持基于列的操作。主要操作如下：

❑ Insert：插入一行数据，每行包括若干列；

❑ Delete：删除一行数据；

❑ Update：更新整行或者其中的某些列的数据；

❑ Get：读取整行或者其中某些列数据；

❑ Scan：扫描一段范围的数据，根据主键确定扫描的范围，支持扫描部分列，支持按列过滤、排序、分组等。

与关系模型不同的是，表格模型一般不支持多表关联操作，Bigtable 这样的系统也不支持二级索引，事务操作支持也比较弱，各个系统支持的功能差异较大，没有统一的标准。另外，表格模型往往还支持无模式（schema-less）特性，也就是说，不需要预先定义每行包括哪些列以及每个列的类型，多行之间允许包含不同列。

2.3.4　SQL 与 NoSQL

随着互联网的飞速发展，数据规模越来越大，并发量越来越高，传统的关系数据库有时显得力不从心，非关系型数据库（NoSQL，Not Only SQL）应运而生。NoSQL 系统带来了很多新的理念，比如良好的可扩展性，弱化数据库的设计范式，弱化一致性要求，在一定程度上解决了海量数据和高并发的问题，以至于很多人对"NoSQL 是否会取代 SQL"存在疑虑。然而，NoSQL 只是对 SQL 特性的一种取舍和升华，使得 SQL 更加适应海量数据的应用场景，二者的优势将不断融合，不存在谁取代谁的问题。

关系数据库在海量数据场景面临如下挑战：

- **事务**　关系模型要求多个 SQL 操作满足 ACID 特性，所有的 SQL 操作要么全部成功，要么全部失败。在分布式系统中，如果多个操作属于不同的服务器，保证它们的原子性需要用到两阶段提交协议，而这个协议的性能很低，且不能容忍服务器故障，很难应用在海量数据场景。
- **联表**　传统的数据库设计时需要满足范式要求，例如，第三范式要求在一个关系中不能出现在其他关系中已包含的非主键信息。假设存在一个部门信息表，其中每个部门有部门编号、部门名称、部门简介等信息，那么在员工信息表中列出部门编号后就不能加入部门名称、部门简介等部门有关的信息，否则就会有大量的数据冗余。而在海量数据的场景，为了避免数据库多表关联操作，往往会使用数据冗余等违反数据库范式的手段。实践表明，这些手段带来的收益远高于成本。
- **性能**　关系数据库采用 B 树存储引擎，更新操作性能不如 LSM 树这样的存储引擎。另外，如果只有基于主键的增、删、查、改操作，关系数据库的性能也不如专门定制的 Key-Value 存储系统。

随着数据规模越来越大，可扩展性以及性能提升可以带来越来越明显的收益，而 NoSQL 系统要么可扩展性好，要么在特定的应用场景性能很高，广泛应用于互联网业务中。然而，NoSQL 系统也面临如下问题：

- **缺少统一标准**。经过几十年的发展，关系数据库已经形成了 SQL 语言这样的业界标准，并拥有完整的生态链。然而，各个 NoSQL 系统使用方法不同，切换成本高，很难通用。

❑ **使用以及运维复杂**。NoSQL 系统无论是选型，还是使用方式，都有很大的学问，往往需要理解系统的实现，另外，缺乏专业的运维工具和运维人员。而关系数据库具有完整的生态链和丰富的运维工具，也有大量经验丰富的运维人员。

总而言之，关系数据库很通用，是业界标准，但是在一些特定的应用场景存在可扩展性和性能的问题，NoSQL 系统也有一定的用武之地。从技术学习的角度看，不必纠结 SQL 与 NoSQL 的区别，而是借鉴二者各自不同的优势，着重理解关系数据库的原理以及 NoSQL 系统的高可扩展性。

2.4 事务与并发控制

事务规范了数据库操作的语义，每个事务使得数据库从一个一致的状态原子地转移到另一个一致的状态。数据库事务具有原子性（Atomicity）、一致性（Consistency）、隔离性（Isolation）以及持久性（Durability），即 ACID 属性，这些特性使得多个数据库事务并发执行时互不干扰，也不会获取到中间状态的错误结果。

多个事务并发执行时，如果它们的执行结果和按照某种顺序一个接着一个串行执行的效果等同，这种隔离级别称为可串行化。可串行化是比较理想的情况，商业数据库为了性能考虑，往往会定义多种隔离级别。事务的并发控制一般通过锁机制来实现，锁可以有不同的粒度，可以锁住行，也可以锁住数据块甚至锁住整个表格。由于互联网业务中读事务的比例往往远远高于写事务，为了提高读事务性能，可以采用写时复制（Copy-On-Write，COW）或者多版本并发控制（Multi-Version Concurrency Control，MVCC）技术来避免写事务阻塞读事务。

2.4.1 事务

事务是数据库操作的基本单位，它具有原子性、一致性、隔离性和持久性这四个基本属性。

（1）原子性

事务的原子性首先体现在事务对数据的修改，即要么全都执行，要么全都不执行，例如，从银行账户 A 转一笔款项 a 到账户 B，结果必须是从 A 的账户上扣除款项 a 并且在 B 的账户上增加款项 a，不能只是其中一个账户的修改。但是，事务的原子性并不总是能够保证修改一定完成了或者一定没有进行，例如，在 ATM 机器上进行上述转账，转账指令提交后通信中断或者数据库主机异常了，那么转账可能完成了也可能没有进行：如果通信中断发生前数据库主机完整接收到了转账指令且后续执行也正常，那么转账成功完成了；如果转账指令没有到达数据库主机或者虽然到达但后续执行异常（例如写操作日志失败或者账户余额不足），那么转账就没有进行。要确定转账是否成功，需要待通信恢复或者数据库主机恢复后查询账户交易历史或余额。事务的原子性也体现在事务对数据的读取上，例如，一个事务对同一数据项的多次读取的结果一定是相同的。

（2）一致性

事务需要保持数据库数据的正确性、完整性和一致性，有些时候这种一致性由数据库的内部规则保证，例如数据的类型必须正确，数据值必须在规定的范围内，等等；另外一些时候这种一致性由应用保证，例如一般情况下银行账务余额不能是负数，信用卡消费不能超过该卡的信用额度等。

（3）隔离性

许多时候数据库在并发执行多个事务，每个事务可能需要对多个表项进行修改和查询，与此同时，更多的查询请求可能也在执行中。数据库需要保证每一个事务在它的修改全部完成之前，对其他的事务是不可见的，换句话说，不能让其他事务看到该事务的中间状态，例如，从银行账户 A 转一笔款项 a 到账户 B，不能让其他事务（例如账户查询）看到 A 账户已经扣除款项 a 但 B 账户却还没有增加款项 a 的状态。

（4）持久性

事务完成后，它对于数据库的影响是永久性的，即使系统出现各种异常也是如此。

出于性能考虑，许多数据库允许使用者选择牺牲隔离属性来换取并发度，从而获得性能的提升。SQL 定义了 4 种隔离级别。

- Read Uncommitted (RU)：读取未提交的数据，即其他事务已经修改但还未提交的数据，这是最低的隔离级别；
- Read Committed (RC)：读取已提交的数据，但是，在一个事务中，对同一个项，前后两次读取的结果可能不一样，例如第一次读取时另一个事务的修改还没有提交，第二次读取时已经提交了；
- Repeatable Read (RR)：可重复读取，在一个事务中，对同一个项，确保前后两次读取的结果一样；
- Serializable (S)：可序列化，即数据库的事务是可串行化执行的，就像一个事务执行的时候没有别的事务同时在执行，这是最高的隔离级别。

隔离级别的降低可能导致读到脏数据或者事务执行异常，例如：

- Lost Update (LU)：第一类丢失更新：两个事务同时修改一个数据项，但后一个事务中途失败回滚，则前一个事务已提交的修改都可能丢失；
- Dirty Reads (DR)：一个事务读取了另外一个事务更新却没有提交的数据项；
- Non-Repeatable Reads (NRR)：一个事务对同一数据项的多次读取可能得到不同的结果；

- Second Lost Updates problem (SLU)：第二类丢失更新：两个并发事务同时读取和修改同一数据项，则后面的修改可能使得前面的修改失效；
- Phantom Reads (PR)：事务执行过程中，由于前面的查询和后面的查询的期间有另外一个事务插入数据，后面的查询结果出现了前面查询结果中未出现的数据。

表 2-3 说明了隔离级别与读写异常 (不一致) 的关系。容易发现，所有的隔离级别都保证不会出现第一类丢失更新，另外，在最高隔离级别（Serializable）下，数据不会出现读写的不一致。

表 2-3　隔离级别与读写异常的关系

	LU	DR	NRR	SLU	PR
RU	N	Y	Y	Y	Y
RC	N	N	Y	Y	Y
RR	N	N	N	N	Y
S	N	N	N	N	N

2.4.2　并发控制

1. 数据库锁

事务分为几种类型：读事务，写事务以及读写混合事务。相应地，锁也分为两种类型：读锁以及写锁，允许对同一个元素加多个读锁，但只允许加一个写锁，且写事务将阻塞读事务。这里的元素可以是一行，也可以是一个数据块甚至一个表格。事务如果只操作一行，可以对该行加相应的读锁或者写锁；如果操作多行，需要锁住整个行范围。

表 2-4 中 T1 和 T2 两个事务操作不同行，初始时 A = B = 25，T1 将 A 加 100，T2 将 B 乘以 2，由于 T1 和 T2 操作不同行，两个事务没有锁冲突，可以并行执行而不会破坏系统的一致性。

表 2-4　两个事务操作不同行

T1	T2	A	B
READ(A, t)		25	25
t := t + 100	READ(B, s)		
WRITE(A,t)	s = s * 2;	125	
	WRITE(B, s)		50

表 2-5 中 T1 扫描从 A 到 C 的所有行，将它们的结果相加后更新 A，初始时 A = C = 25，假设在 T1 执行过程中 T2 插入一行 B，那么，事务 T1 和 T2 无法做到可串行化。为了保证数据库一致性，T1 执行范围扫描时需要锁住从 A 到 C 这个范围的所有更新，T2 插入 B 时，由于整个范围被锁住，T2 获取锁失败而等待 T1 先执行完成。

表 2-5　事务读取一段数据范围

T1	T2	A	B	C
SCAN([A=>C], {t1,t3})		25		25
t = t1+t3	INSERT(B, t2)		25	
WRITE(A, t)		50		

多个事务并发执行可能引入死锁。表 2-6 中 T1 读取 A，然后将 A 的值加 100 后更新 B，T2 读取 B，然后将 B 的值乘以 2 更新 A，初始时 A = B = 25。T1 持有 A 的读锁，需要获取 B 的写锁，而 T2 持有 B 的读锁，需要 A 的写锁。T1 和 T2 这两个事务循环依赖，任何一个事务都无法顺利完成。

表 2-6　数据库死锁

T1	T2	A	B
READ(A, t)		25	25
t := t + 100	READ(B, s)		
WRITE(B,t)	s = s * 2;		
	WRITE(A, s)		

解决死锁的思路主要有两种：第一种思路是为每个事务设置一个超时时间，超时后自动回滚，表 2-6 中如果 T1 或 T2 二者之中的某个事务回滚，则另外一个事务可以成功执行。第二种思路是死锁检测。死锁出现的原因在于事务之间互相依赖，T1 依赖 T2，T2 又依赖 T1，依赖关系构成一个环路。检测到死锁后可以通过回滚其中某些事务来消除循环依赖。

2. 写时复制

互联网业务中读事务占的比例往往远远超过写事务，很多应用的读写比例达到 6:1，甚至 10:1。写时复制（Copy-On-Write，COW）读操作不用加锁，极大地提高了读取性能。

图 2-10 中写时复制 B+ 树执行写操作的步骤如下。

1）拷贝：将从叶子到根节点路径上的所有节点拷贝出来。

2）修改：对拷贝的节点执行修改。

3）提交：原子地切换根节点的指针，使之指向新的根节点。

如果读操作发生在第 3 步提交之前，那么，将读取老节点的数据，否则将读取新节点，读操作不需要加锁保护。写时复制技术涉及引用计数，对每个节点维护一个引用计数，表示被多少节点引用，如果引用计数变为 0，说明没有节点引用，可以被垃圾回收。

写时复制技术原理简单，问题是每次写操作都需要拷贝从叶子到根节点路径上的所有节点，写操作成本高，另外，多个写操作之间是互斥的，同一时刻只允许一个写操作。

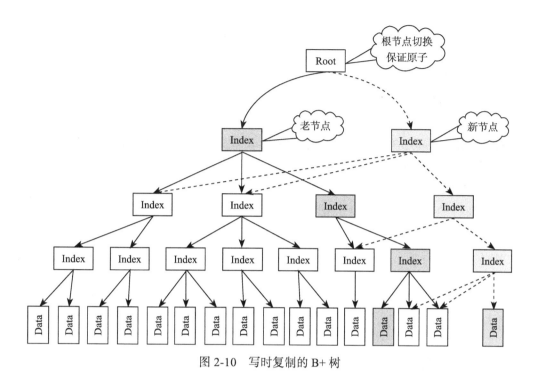

图 2-10　写时复制的 B+ 树

3．多版本并发控制

除了写时复制技术，多版本并发控制，即 MVCC（Multi-Version Concurrency Control），也能够实现读事务不加锁。MVCC 对每行数据维护多个版本，无论事务的执行时间有多长，MVCC 总是能够提供与事务开始时刻相一致的数据。

以 MySQL InnoDB 存储引擎为例，InnoDB 对每一行维护了两个隐含的列，其中一列存储行被修改的"时间"，另外一列存储行被删除的"时间"，注意，InnoDB 存储的并不是绝对时间，而是与时间对应的数据库系统的版本号，每当一个事务开始时，InnoDB 都会给这个事务分配一个递增的版本号，所以版本号也可以被认为是事务号。对于每一行查询语句，InnoDB 都会把这个查询语句的版本号同这个查询语句遇到的行的版本号进行对比，然后结合不同的事务隔离级别，来决定是否返回该行。

下面分别以 SELECT、DELETE、INSERT、UPDATE 语句来说明。

（1）SELECT

对于 SELECT 语句，只有同时满足了下面两个条件的行，才能被返回：

a）行的修改版本号小于等于该事务号。

b）行的删除版本号要么没有被定义，要么大于事务的版本号。

如果行的修改或者删除版本号大于事务号，说明行是被该事务后面启动的事务修改或者删除的。在可重复读取隔离级别下，后开始的事务对数据的影响不应该被先开始的事务看见，所以应该忽略后开始的事务的更新或者删除操作。

（2）INSERT

对新插入的行，行的修改版本号更新为该事务的事务号。

（3）DELETE

对于删除，InnoDB 直接把该行的删除版本号设置为当前的事务号，相当于标记为删除，而不是物理删除。

（4）UPDATE

在更新行的时候，InnoDB 会把原来的行复制一份，并把当前的事务号作为该行的修改版本号。

MVCC 读取数据的时候不用加锁，每个查询都通过版本检查，只获得自己需要的数据版本，从而大大提高了系统的并发度。当然，为了实现多版本，必须对每行存储额外的多个版本的数据。另外，MVCC 存储引擎还必须定期删除不再需要的版本，及时回收空间。

2.5 故障恢复

数据库运行过程中可能会发生故障，这个时候某些事务可能执行到一半但没有提交，当系统重启时，需要能够恢复到一致的状态，即要么提交整个事务，要么回滚。数据库系统以及其他的分布式存储系统一般采用操作日志（有时也称为提交日志，即 Commit Log）技术来实现故障恢复。操作日志分为回滚日志（UNDO Log）、重做日志（REDO Log）以及 UNDO/REDO 日志。如果记录事务修改前的状态，则为回滚日志；相应地，如果记录事务修改后的状态，则为重做日志。本节介绍操作日志及故障恢复基础知识。

2.5.1 操作日志

为了保证数据库的一致性，数据库操作需要持久化到磁盘，如果每次操作都随机更新磁盘的某个数据块，系统性能将会很差。因此，通过操作日志顺序记录每个数据库操作并在内存中执行这些操作，内存中的数据定期刷新到磁盘，实现将随机写请求转化为顺序写请求。

操作日志记录了事务的操作。例如，事务 T 对表格中的 X 执行加 10 操作，初始时 X = 5，更新后 X = 15，那么，UNDO 日志记为 <T, X, 5>，REDO 日志记为 <T, X, 15>，UNDO/REDO 日志记为 <T, X, 5, 15>。

关系数据库系统一般采用 UNDO/REDO 日志，相关技术可以参考数据库系统实现方面的资料。可以将关系数据库存储模型做一定程度的简化：

1）假设内存足够大，每次事务的修改操作都可以缓存在内存中。

2）数据库的每个事务只包含一个操作，即每个事务都必须立即提交（Auto Commit）。

REDO 日志要求我们将所有未提交事务修改的数据块保留在内存中。简化后的存储模型可以采用单一的 REDO 日志，大大简化了存储系统故障恢复。

2.5.2　重做日志

存储系统如果采用 REDO 日志，其写操作流程如下：

1）将 REDO 日志以追加写的方式写入磁盘的日志文件。

2）将 REDO 日志的修改操作应用到内存中。

3）返回操作成功或者失败。

REDO 日志的约束规则为：在修改内存中的元素 X 之前，要确保与这一修改相关的操作日志必须先刷入到磁盘中。顾名思义，用 REDO 日志进行故障恢复，只需要从头到尾读取日志文件中的修改操作，并将它们逐个应用到内存中，即重做一遍。

为什么需要先写操作日志再修改内存中的数据呢？假如先修改内存中的数据，那么用户就能立刻读到修改后的结果，一旦在完成内存修改与写入日志之间发生故障，那么最近的修改操作无法恢复。然而，之前的用户可能已经读取了修改后的结果，这就会产生不一致的情况。

2.5.3　优化手段

1. 成组提交

存储系统要求先将 REDO 日志刷入磁盘才可以更新内存中的数据，如果每个事务都要求将日志立即刷入磁盘，系统的吞吐量将会很差。因此，存储系统往往有一个是否立即刷入磁盘的选项，对于一致性要求很高的应用，可以设置为立即刷入；相应地，对于一致性要求不太高的应用，可以设置为不要求立即刷入，首先将 REDO 日志缓存到操作系统或者存储系统的内存缓冲区中，定期刷入磁盘。这种做法有一个问题，如果存储系统意外故障，可能丢失最后一部分更新操作。

成组提交（Group Commit）技术是一种有效的优化手段。REDO 日志首先写入到存储系统的日志缓冲区中：

a）日志缓冲区中的数据量超过一定大小，比如 512KB；

b）距离上次刷入磁盘超过一定时间，比如 10ms。

当满足以上两个条件中的某一个时，将日志缓冲区中的多个事务操作一次性刷入磁盘，接着一次性将多个事务的修改操作应用到内存中并逐个返回客户端操作结果。与定期刷入磁盘不同的是，成组提交技术保证 REDO 日志成功刷入磁盘后才返回写操作成功。这种做法可能会牺牲写事务的延时，但大大提高了系统的吞吐量。

2. 检查点

如果所有的数据都保存在内存中，那么可能出现两个问题：

❑ 故障恢复时需要回放所有的 REDO 日志，效率较低。如果 REDO 日志较多，比如超过 100GB，那么，故障恢复时间是无法接受的。

❑ 内存不足。即使内存足够大，存储系统往往也只能够缓存最近较长一段时间的更新操作，很难缓存所有的数据。

因此，需要将内存中的数据定期转储（Dump）到磁盘，这种技术称为 checkpoint（检查点）技术。系统定期将内存中的操作以某种易于加载的形式（checkpoint 文件）转储到磁盘中，并记录 checkpoint 时刻的日志回放点，以后故障恢复只需要回放 checkpoint 时刻的日志回放点之后的 REDO 日志。

由于将内存数据转储到磁盘需要很长的时间，而这段时间还可能有新的更新操作，checkpoint 必须找到一个一致的状态。checkpoint 流程如下：

1）日志文件中记录"START CKPT"。

2）将内存中的数据以某种易于加载的组织方式转储到磁盘中，形成 checkpoint 文件。checkpoint 文件中往往记录"START CKPT"的日志回放点，用于故障恢复。

3）日志文件中记录"END CKPT"。

故障恢复流程如下：

1）将 checkpoint 文件加载到内存中，这一步操作往往只需要加载索引数据，加载效率很高。

2）读取 checkpoint 文件中记录的"START CKPT"日志回放点，回放之后的 REDO 日志。

上述 checkpoint 故障恢复方式依赖 REDO 日志中记录的都是修改后的结果这一特性，也就是说，即使 checkpoint 文件中已经包含了某些操作的结果，重新回放一次或者多次这些操作的 REDO 日志也不会造成数据错误。如果同一个操作执行一次与重复执行多次的效果相同，这种操作具有"幂等性"。有些操作不具备这种特性，例如，加法操作、追加操作。如果 REDO 日志记录的是这种操作，那么 checkpoint 文件中的数据

一定不能包含 "START CKPT" 与 "END CKPT" 之间的操作。为此，主要有两种处理方法：

- ❑ checkpoint 过程中停止写服务，所有的修改操作直接失败。这种方法实现简单，但不适合在线业务。
- ❑ 内存数据结构支持快照。执行 checkpoint 操作时首先对内存数据结构做一次快照，接着将快照中的数据转储到磁盘生成 checkpoint 文件，并记录此时对应的 REDO 日志回放点。生成 checkpoint 文件的过程中允许写操作，但 checkpoint 文件中的快照数据不会包含这些操作的结果。

2.6　数据压缩

数据压缩分为有损压缩与无损压缩两种，有损压缩算法压缩比率高，但数据可能失真，一般用于压缩图片、音频、视频；而无损压缩算法能够完全还原原始数据，本文只讨论无损压缩算法。早期的数据压缩技术就是基于编码上的优化技术，其中以 Huffman 编码最为知名，它通过统计字符出现的频率计算最优前缀编码。1977 年，以色列人 Jacob Ziv 和 Abraham Lempel 发表论文《顺序数据压缩的一个通用算法》，从此，LZ 系列压缩算法几乎垄断了通用无损压缩领域，常用的 Gzip 算法中使用的 LZ77，GIF 图片格式中使用的 LZW，以及 LZO 等压缩算法都属于这个系列。设计压缩算法时不仅要考虑压缩比，还要考虑压缩算法的执行效率。Google Bigtable 系统中采用 BMDiff 和 Zippy 压缩算法，这两个算法也是 LZ 算法的变种，它们通过牺牲一定的压缩比，换来执行效率的大幅提升。

压缩算法的核心是找重复数据，列式存储技术通过把相同列的数据组织在一起，不仅减少了大数据分析需要查询的数据量，还大大地提高了数据的压缩比。传统的 OLAP（Online Analytical Processing）数据库，如 Sybase IQ、Teradata，以及 Bigtable、HBase 等分布式表格系统都实现了列式存储。本节介绍数据压缩以及列式存储相关的基础知识。

2.6.1　压缩算法

压缩是一个专门的研究课题，没有通用的做法，需要根据数据的特点选择或者自己开发合适的算法。压缩的本质就是找数据的重复或者规律，用尽量少的字节表示。

Huffman 编码是一种基于编码的优化技术，通过统计字符出现的频率来计算最优前缀编码。LZ 系列算法一般有一个窗口的概念，在窗口内部找重复并维护数据字典。常用的压缩算法包括 Gzip、LZW、LZO，这些算法都借鉴或改进了原始的 LZ77 算法，如

Gzip 压缩混合使用了 LZ77 以及 Huffman 编码，LZW 以及 LZO 算法是 LZ77 思想在实现手段的进一步优化。存储系统在选择压缩算法时需要考虑压缩比和效率。读操作需要先读取磁盘中的内容再解压缩，写操作需要先压缩再将压缩结果写入到磁盘，整个操作的延时包括压缩 / 解压缩和磁盘读写的延迟，压缩比越大，磁盘读写的数据量越小，而压缩 / 解压缩的时间也会越长，所以这里需要一个很好的权衡点。Google Bigtable 系统中使用了 BMDiff 以及 Zippy 两种压缩算法，它们通过牺牲一定的压缩比换取算法执行速度的大幅提升，从而获得更好的折衷。

1. Huffman 编码

前缀编码要求一个字符的编码不能是另一个字符的前缀。假设有三个字符 A、B、C，它们的二进制编码分别是 0、1、01，如果我们收到一段信息是 01010，解码时我们如何区分是 CCA 还是 ABABA，或者 ABCA 呢？一种解决方案就是前缀编码，要求一个字符编码不能是另外一个字符编码的前缀。如果使用前缀编码将 A、B、C 编码为：

A：0　B：10　C：110

这样，01010 就只能被翻译成 ABB。Huffman 编码需要解决的问题是，如何找出一种前缀编码方式，使得编码的长度最短。

假设有一个字符串 333444455555666666777777，它是由 3 个 3，4 个 4，5 个 5，6 个 6，7 个 7 组成的。那么，对应的前缀编码可能是：

1）3：000　4：001　5：010　6：011　7：1

2）3：000　4：001　7：01　5：10　6：11

第 1 种编码方式的权值为（3 + 4 + 5 + 6）* 3 + 7 * 1 = 61，而第 2 种编码方式的权值为（3 + 4）* 3 +（5 + 6 + 7）* 2 = 57。可以看出，第 2 种编码方式的长度更短，而且我们还可以知道，第 2 种编码方式是最优的 Huffman 编码。Huffman 编码的构造过程不在本书讨论范围之内，感兴趣的读者可以参考数据结构的相关图书。

2. LZ 系列压缩算法

LZ 系列压缩算法是基于字典的压缩算法。假设需要压缩一篇英文文章，最容易想到的压缩算法是构造一本英文字典，这样，我们只需要保存每个单词在字典中出现的页码和位置就可以了。页码用两个字节，位置用一个字节，那么一个单词需要使用三个字节表示，而我们知道一般的英语单词长度都在三个字节以上。因此，我们实现了对这篇英文文章的压缩。当然，实际的通用压缩算法不能这么做，因为我们在解压时需要一本英文字典，而这部分信息是压缩程序不可预知的，同时也不能保存在压缩信息里面。LZ 系列的算法是一种动态创建字典的方法，压缩过程中动态创建字典并保存在压缩信息里面。

LZ77 是第一个 LZ 系列的算法，比如字符串 ABCABCDABC 中 ABC 重复出现了三次，压缩信息中只需要保存第一个 ABC，后面两个 ABC 只需要把第一个出现 ABC 的位置和长度存储下来就可以了。这样，保存后面两个 ABC 就只需要一个二元数组 < 匹配串的相对位置，匹配长度 >。解压的时候，根据匹配串的相对位置，向前找到第一个 ABC 的位置，然后根据匹配的长度，直接把第一个 ABC 复制到当前解压缓冲区里面就可以了。

如表 2-7 所示，{S}* 表示字符串 S 的所有子串构成的集合，例如，{ABC}* 是字符串 A、B、C、AB、BC、ABC 构成的集合。每一步执行时如果能够在压缩字典中找到匹配串，则输出匹配信息；否则，输出源信息。执行第 1 步时，压缩字典为空，输出字符 'A'，并将 'A' 加入到压缩字典；执行第 2 步时，压缩字典为 {A}*，输出字符 'B'，并将 'B' 加入到压缩字典；依次类推。执行到第 4 步和第 6 步时发现字符 ABC 之前已经出现过，输出匹配的位置和长度。

表 2-7　字符串 ABCABCDABC 的 LZ 压缩过程

步　　骤	当前输入缓冲	压 缩 字 典	输 出 信 息
1	ABCABCDABC	空	A
2	BCABCDABC	{A}*	B
3	CABCDABC	{AB}*	C
4	ABCDABC	{ABC}*	<0, 3>
5	DABC	{ABCABC}*	D
6	ABC	{ABCABCD}*	<0, 3>
7	空	{ABCABCDABC}*	空

LZ 系列压缩算法有如下几个问题：

1）如何区分匹配信息和源信息？通用的解决方法是额外使用一个位（bit）来区分压缩信息里面的源信息和匹配信息。

2）需要使用多少个字节表示匹配信息？记录重复信息的匹配信息包含两项，一个是匹配串的相对位置，另一个是匹配的长度。例如，可以采用固定的两个字节来表示匹配信息，其中，1 位用来区分源信息和匹配信息，11 位表示匹配位置，4 位表示匹配长度。这样，压缩算法支持的最大数据窗口为 $2^{11} = 2048$ 字节，支持重复串的最大长度为 $2^4 = 16$ 字节。当然，也可以采用变长的方式表示匹配信息。

3）如何快速查找最长匹配串？最容易想到的做法是把字符串的所有子串都存放到一张哈希表中，表 2-7 中第 4 步执行前哈希表中包含 ABC 的所有子串，即 A、AB、

BC、ABC。这种做法的运行效率很低，实际的做法往往会做一些改进。例如，哈希表中只保存所有长度为 3 的子串，如果在数据字典中找到匹配串，即前 3 个字节相同，接着再往后顺序遍历找出最长匹配。

3. BMDiff 与 Zippy

在 Google 的 Bigtable 系统中，设计了 BMDiff 和 Zippy 两种压缩算法。BMDiff 和 Zippy（也称为 Snappy）也属于 LZ 系列，相比传统的 LZW 或者 Gzip，这两种算法的压缩比不算高，但是处理速度非常快。如表 2-8 所示，Zippy 和 BMDiff 的压缩 / 解压缩速度是 Gzip 算法的 5 ~ 10 倍。

表 2-8　各种压缩算法对比

算　　法	压　缩　比	压 缩 速 度	解压缩速度
Gzip	13.4%	21MB/s	118MB/s
LZO	20.5%	135MB/s	410MB/s
Zippy	22.2%	172MB/s	409MB/s
BMDiff	数据相关	100MB/s	1000MB/s

相比原始的 LZ77，Zippy 实现时主要做了如下改进：

1）压缩字典中只保存所有长度为 4 的子串，只有重复匹配的长度大于等于 4，才输出匹配信息；否则，输出源信息。另外，Zippy 算法中的压缩字典只保存最后一个长度等于 4 的子串的位置，以 ABCDEABCDABCDE 为例，Zippy 算法的过程参见表 2-9。

表 2-9　Google Zippy 压缩算法

步　　骤	当前输入缓冲	Hash["ABCD"]	输　　出
1	ABCDEABCDABCDE	空	A
2	BCDEABCDABCDE	空	B
3	CDEABCDABCDE	空	C
4	DEABCDABCDE	空	D
5	EABCDABCDE	0	E
6	ABCDABCDE	0	<0, 4>
7	ABCDE	5	<5, 4>
8	E	9	E
9	空	9	空

Zippy 算法执行完第 4 步后，发现 "ABCD" 出现过，于是在压缩字典中记录 "ABCD" 第一次出现的位置，即位置 0。执行到第 6 步时发现 ABCD 之前出现过，输出匹配信息，同时将数据字典中记录的 ABCD 的位置更新为第二个 ABCD 的位置，即位置 5；执行到第 7 步时，虽然 ABCDE 之前都出现过，但由于数据字典中记录的是第

二个 ABCD 的位置，因此，重复串为 ABCD，而不是理想的 ABCDE。Zippy 的这种实现方式牺牲了压缩比，但是提升了性能。

2）Zippy 内部将数据划分为一个一个长度为 32KB 的数据块，每个数据块分别压缩，多个数据块之间没有联系，因此，只需要两个字节（确切地说，15 个位）就可以表示匹配串的相对位置。另外，Zippy 内部还对匹配信息的表示进行了精心的设计，采用变长的表示方法。如果匹配长度小于 12 个字节（由于前面 4 个字节总是相同，所以 4 <= 匹配长度 < 12，可以通过 3 个位来表示）且匹配位置小于 2048，则使用两个字节表示；否则，使用更多的字节表示。总而言之，Zippy 对匹配信息的编码和实现都非常精妙，感兴趣的读者可以阅读开源的 Snappy 项目的源代码。

相比 Zippy，BMDiff 算法实现显得更为激进。BMDiff 算法将待压缩数据拆分为长度为 b（默认情况下 b = 32）的小段 0 … b–1，b … 2b–1，2b … 3b–1，以此类推。BMDiff 的字典中保存了每个小段的哈希值，因此，长度为 N 的字符串需要的哈希表大小为 N / b。与 Zippy 算法不同的是，BMDiff 算法并没有保存每个长度为 b 的子串的哈希值，这种方式带来的问题是，某些重复长度超过 b 的子串可能无法被压缩。例如，待压缩字符串为 EABCDABCD，b = 4，字典中保存了 EABC 和 DABC 两个子串，虽然 ABCD 重复出现了两次，但无法被压缩。然而，可以证明，只要重复长度超过 2b – 1，那么一定能够在字典中找到。假如待压缩字符串还是 EABCDABCD，b = 2，那么字典中保存了 EA、BC、DA、BC，压缩程序处理第二个 BC 的时候，发现之前 BC 已经出现过，因此，往前往后找到最长的匹配串，即 ABCD，并输出相应的匹配信息。BMDiff 适合压缩重复度很高的速度，例如网页，Google 的 Bigtable 系统中实现了列存储，相同列的数据存放到一起，重复度很高。

2.6.2　列式存储

传统的行式数据库将一个个完整的数据行存储在数据页中。如果处理查询时需要用到大部分的数据列，这种方式在磁盘 IO 上是比较高效的。一般来说，OLTP（Online Transaction Processing，联机事务处理）应用适合采用这种方式。

一个 OLAP 类型的查询可能需要访问几百万甚至几十亿个数据行，且该查询往往只关心少数几个数据列。例如，查询今年销量最高的前 20 个商品，这个查询只关心三个数据列：时间（date）、商品（item）以及销售量（sales amount）。商品的其他数据列，例如商品 URL、商品描述、商品所属店铺，等等，对这个查询都是没有意义的。

如图 2-11 所示，列式数据库是将同一个数据列的各个值存放在一起。插入某个数据行时，该行的各个数据列的值也会存放到不同的地方。上例中列式数据库只需要读取存储着"时间、商品、销量"的数据列，而行式数据库需要读取所有的数据列。因此，列式数据库大大地提高了 OLAP 大数据量查询的效率。当然，列式数据库不是万能的，每次读取某个数据行时，需要分别从不同的地方读取各个数据列的值，然后合并在一起形成数据行。因此，如果每次查询涉及的数据量较小或者大部分查询都需要整行的数据，列式数据库并不适用。

很多列式数据库还支持列组（column group，Bigtable 系统中称为 locality group），即将多个经常一起访问的数据列的各个值存放在一起。如果读取的数据列属于相同的列组，列式数据库可以从相同的地方一次性读取多个数据列的值，避免了多个数据列的合并。列组是一种行列混合存储模式，这种模式能够同时满足 OLTP 和 OLAP 的查询需求。

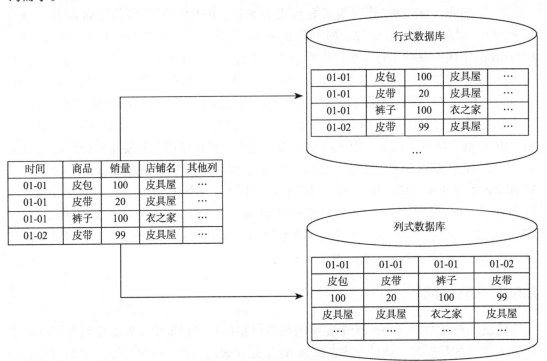

图 2-11　列式数据库示意图

由于同一个数据列的数据重复度很高，因此，列式数据库压缩时有很大的优势。例如，Google Bigtable 列式数据库对网页库压缩可以达到 15 倍以上的压缩率。另外，可以针对列式存储做专门的索引优化。比如，性别列只有两个值，"男"和"女"，可以对这一列建立位图索引：

如图 2-12 所示，"男"对应的位图为 100101，表示第 1、4、6 行值为"男"；"女"对应的位图为 011010，表示第 2、3、5 行值为"女"。如果需要查找男性或者女性的个

数，只需要统计相应的位图中 1 出现的次数即可。另外，建立位图索引后 0 和 1 的重复
度高，可以采用专门的编码方式对其进行压缩。

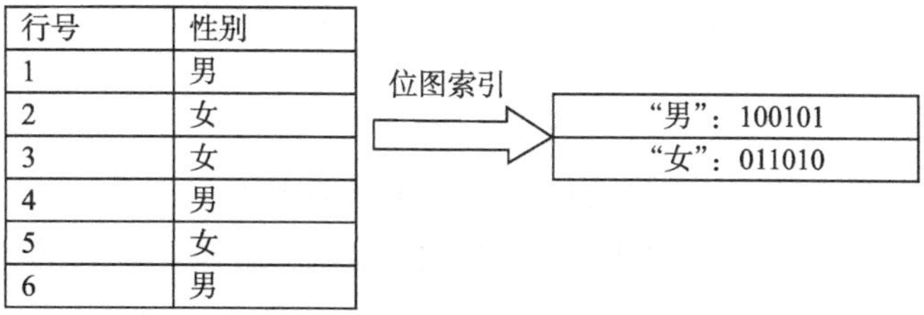

行号	性别
1	男
2	女
3	女
4	男
5	女
6	男

位图索引 →

| "男"：100101 |
| "女"：011010 |

图 2-12　位图索引示意图

第3章　分布式系统

水桶无论有多高，其盛水的高度取决于其中最短的那块木板，这就是著名的"木桶效应"。架构设计之初要求我们能够估算系统的性能从而权衡不同的设计方法。本章首先介绍分布式系统相关的基础概念和性能估算方法。接着，介绍分布式系统的基础理论知识，包括数据分布、复制、一致性、容错等。最后，介绍常见的分布式协议。

分布式系统面临的第一个问题就是数据分布，即将数据均匀地分布到多个存储节点。另外，为了保证可靠性和可用性，需要将数据复制多个副本，这就带来了多个副本之间的数据一致性问题。大规模分布式存储系统的重要目标就是节省成本，因而只能采用性价比较高的 PC 服务器。这些服务器性能很好，但是故障率很高，要求系统能够在软件层面实现自动容错。当存储节点出现故障时，系统能够自动检测出来，并将原有的数据和服务迁移到集群中其他正常工作的节点。

分布式系统中有两个重要的协议，包括 Paxos 选举协议以及两阶段提交协议。Paxos 协议用于多个节点之间达成一致，往往用于实现总控节点选举。两阶段提交协议用于保证跨多个节点操作的原子性，这些操作要么全部成功，要么全部失败。理解了这两个分布式协议之后，学习其他分布式协议会变得相当容易。

3.1　基本概念

3.1.1　异常

在分布式存储系统中，往往将一台服务器或者服务器上运行的一个进程称为一个节点，节点与节点之间通过网络互联。大规模分布式存储系统的一个核心问题在于自动容错。然而，服务器节点是不可靠的，网络也是不可靠的，本节介绍系统运行过程中可能会遇到的各种异常。

1. 异常类型

（1）服务器宕机

引发服务器宕机的原因可能是内存错误、服务器停电等。服务器宕机可能随时发生，当发生宕机时，节点无法正常工作，称为"不可用"（unavailable）。服务器重启后，节点将失去所有的内存信息。因此，设计存储系统时需要考虑如何通过读取持久化介质（如机械硬盘，固态硬盘）中的数据来恢复内存信息，从而恢复到宕机前的某个一致的状态。进程运行过程中也可能随时因为 core dump 等原因退出，和服务器宕机一样，进程重启后也需要恢复内存信息。

（2）网络异常

引发网络异常的原因可能是消息丢失、消息乱序（如采用 UDP 方式通信）或者网络包数据错误。有一种特殊的网络异常称为"网络分区"，即集群的所有节点被划分为多个区域，每个区域内部可以正常通信，但是区域之间无法通信。例如，某分布式系统部署在两个数据中心，由于网络调整，导致数据中心之间无法通信，但是，数据中心内部可以正常通信。

设计容错系统的一个基本原则是：网络永远是不可靠的，任何一个消息只有收到对方的回复后才可以认为发送成功，系统设计时总是假设网络将会出现异常并采取相应的处理措施。

（3）磁盘故障

磁盘故障是一种发生概率很高的异常。磁盘故障分为两种情况：磁盘损坏和磁盘数据错误。磁盘损坏时，将会丢失存储在上面的数据，因而，分布式存储系统需要考虑将数据存储到多台服务器，即使其中一台服务器磁盘出现故障，也能从其他服务器上恢复数据。对于磁盘数据错误，往往可以采用校验和（checksum）机制来解决，这样的机制既可以在操作系统层面实现，又可以在上层的分布式存储系统层面实现。

2. "超时"

由于网络异常的存在，分布式存储系统中请求结果存在"三态"的概念。在单机系统中，只要服务器没有发生异常，每个函数的执行结果是确定的，要么成功，要么失败。然而，在分布式系统中，如果某个节点向另外一个节点发起 RPC（Remote Procedure Call）调用，这个 RPC 执行的结果有三种状态："成功"、"失败"、"超时"（未知状态），也称为分布式存储系统的三态。

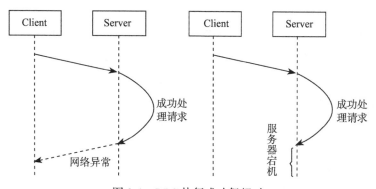

图 3-1　RPC 执行成功但超时

图 3-1 给出了 RPC 执行成功但超时的例子。服务器（Server）收到并成功处理完成客户端（Client）的请求，但是由于网络异常或者服务器宕机，客户端没有收到服务器端的回复。此时，RPC 的执行结果为超时，客户端不能简单地认为服务器端处理失败。

一个更加通俗的例子是 2.4.1 节介绍的 ATM 取款。ATM 取款时 ATM 机有时会提示："无法打印凭条，是否继续取款？"。这是因为 ATM 机需要和银行服务器端通信，二者之间的网络可能出现故障，此时 ATM 机发往银行服务器端的 RPC 请求如果发生超时，ATM 机无法确定 RPC 请求成功还是失败。正常情况下，ATM 机会打印凭条，用于后续与银行服务器端对账。如果无法打印凭条，存在资金安全风险，因此，ATM 机有一个提示。

当出现超时状态时，只能通过不断读取之前操作的状态来验证 RPC 操作是否成功。当然，设计分布式存储系统时可以将操作设计为"幂等"的，也就是说，操作执行一次与执行多次的结果相同，例如，覆盖写就是一种常见的幂等操作。如果采用这种设计，当出现失败和超时时，都可以采用相同的处理方式，即一直重试直到成功。

3.1.2　一致性

由于异常的存在，分布式存储系统设计时往往会将数据冗余存储多份，每一份称为一个副本（replica/copy）。这样，当某一个节点出现故障时，可以从其他副本上读到数据。可以这么认为，副本是分布式存储系统容错技术的唯一手段。由于多个副本的存在，如何保证副本之间的一致性是整个分布式系统的理论核心。

可以从两个角度理解一致性：第一个角度是用户，或者说是客户端，即客户端读写操作是否符合某种特性；第二个角度是存储系统，即存储系统的多个副本之间是否一致，更新的顺序是否相同，等等。

首先定义如下场景，这个场景包含三个组成部分：

❑ 存储系统：存储系统可以理解为一个黑盒子，它为我们提供了可用性和持久性的保证。

❑ 客户端 A：客户端 A 主要实现从存储系统 write 和 read 操作。

❑ 客户端 B 和客户端 C：客户端 B 和 C 是独立于 A，并且 B 和 C 也相互独立的，它们同时也实现对存储系统的 write 和 read 操作。

从客户端的角度来看，一致性包含如下三种情况：

❑ 强一致性：假如 A 先写入了一个值到存储系统，存储系统保证后续 A，B，C 的读取操作都将返回最新值。当然，如果写入操作"超时"，那么成功或者失败都是可能的，客户端 A 不应该做任何假设。

❑ 弱一致性：假如 A 先写入了一个值到存储系统，存储系统不能保证后续 A，B，

C 的读取操作是否能够读取到最新值。

- **最终一致性**：最终一致性是弱一致性的一种特例。假如 A 首先写入一个值到存储系统，存储系统保证如果后续没有写操作更新同样的值，A，B，C 的读取操作"最终"都会读取到 A 写入的最新值。"最终"一致性有一个"不一致窗口"的概念，它特指从 A 写入值，到后续 A，B，C 读取到最新值的这段时间。"不一致性窗口"的大小依赖于以下的几个因素：交互延迟，系统的负载，以及复制协议要求同步的副本数。

最终一致性描述比较粗略，其他常见的变体如下：

- **读写（Read-your-writes）一致性**：如果客户端 A 写入了最新的值，那么 A 的后续操作都会读取到最新值。但是其他用户（比如 B 或者 C）可能要过一会才能看到。
- **会话（Session）一致性**：要求客户端和存储系统交互的整个会话期间保证读写一致性。如果原有会话因为某种原因失效而创建了新的会话，原有会话和新会话之间的操作不保证读写一致性。
- **单调读（Monotonic read）一致性**：如果客户端 A 已经读取了对象的某个值，那么后续操作将不会读取到更早的值。
- **单调写（Monotonic write）一致性**：客户端 A 的写操作按顺序完成，这就意味着，对于同一个客户端的操作，存储系统的多个副本需要按照与客户端相同的顺序完成。

从存储系统的角度看，一致性主要包含如下几个方面：

- **副本一致性**：存储系统的多个副本之间的数据是否一致，不一致的时间窗口等；
- **更新顺序一致性**：存储系统的多个副本之间是否按照相同的顺序执行更新操作。

一般来说，存储系统可以支持强一致性，也可以为了性能考虑只支持最终一致性。从客户端的角度看，一般要求存储系统能够支持读写一致性，会话一致性，单调读，单调写等特性，否则，使用比较麻烦，适用的场景也比较有限。

3.1.3 衡量指标

评价分布式存储系统有一些常用的指标，下面分别介绍。

（1）性能

常见的性能指标有：系统的吞吐能力以及系统的响应时间。其中，系统的吞吐能力指系统在某一段时间可以处理的请求总数，通常用每秒处理的读操作数（QPS，Query Per Second）或者写操作数（TPS，Transaction Per Second）来衡量；系统的响应延迟，指从某个请求发出到接收到返回结果消耗的时间，通常用平均延时或者 99.9% 以上请求的最大延时来衡量。这两个指标往往是矛盾的，追求高吞吐的系统，往往很难做到低延迟；追求低延迟的系统，吞吐量也会受到限制。因此，设计系统时需要权衡这两个指标。

（2）可用性

系统的可用性（availability）是指系统在面对各种异常时可以提供正常服务的能力。系统的可用性可以用系统停服务的时间与正常服务的时间的比例来衡量，例如某系统的可用性为 4 个 9（99.99%），相当于系统一年停服务的时间不能超过 365 × 24 × 60 / 10000 = 52.56 分钟。系统可用性往往体现了系统的整体代码质量以及容错能力。

（3）一致性

3.1.2 节说明了系统的一致性。一般来说，越是强的一致性模型，用户使用起来越简单。笔者认为，如果系统部署在同一个数据中心，只要系统设计合理，在保证强一致性的前提下，不会对性能和可用性造成太大的影响。后文中笔者在 Alibaba 参与开发的 OceanBase 系统以及 Google 的分布式存储系统都倾向强一致性。

（4）可扩展性

系统的可扩展性（scalability）指分布式存储系统通过扩展集群服务器规模来提高系统存储容量、计算量和性能的能力。随着业务的发展，对底层存储系统的性能需求不断增加，比较好的方式就是通过自动增加服务器提高系统的能力。理想的分布式存储系统实现了"线性可扩展"，也就是说，随着集群规模的增加，系统的整体性能与服务器数量呈线性关系。

3.2　性能分析

给定一个问题，往往会有多种设计方案，而方案评估的一个重要指标就是性能，如何在系统设计之初估算存储系统的性能是存储工程师的必备技能。性能分析用来判断设计方案是否存在瓶颈点，权衡多种设计方案，另外，性能分析也可作为后续性能优化的依据。性能分析与性能优化是相对的，系统设计之初通过性能分析确定设计目标，防止出现重大的设计失误，等到系统试运行后，需要通过性能优化方法找出系统中的瓶颈点并逐步消除，使得系统达到设计之初确定的设计目标。

性能分析的结果是不精确的，然而，至少可以保证，估算的结果与实际值不会相差一个数量级。设计之初首先分析整体架构，接着重点分析可能成为瓶颈的单机模块。系统中的资源（CPU、内存、磁盘、网络）是有限的，性能分析就是需要找出可能出现的资源瓶颈。本节通过几个实例说明性能分析方法。

1.　生成一张有 30 张缩略图（假设图片原始大小为 256KB）的页面需要多少时间？

❑ 方案 1：顺序操作，每次先从磁盘中读取图片，再执行生成缩略图操作，执行时间为：30×10ms（磁盘随机读取时间）+ 30×256K / 30MB/s（假设缩略图生成速度为 30MB/s）= 560ms

- 方案 2：并行操作，一次性发送 30 个请求，每个请求读取一张图片并生成缩略图，执行时间为：10ms + 256K / 300MB/s = 18ms

当然，系统实际运行的时候可能有缓存以及其他因素的干扰，这些因素在性能估算阶段可以先不考虑，简单地将估算结果乘以一个系数即为实际值。

2. 1GB 的 4 字节整数，执行一次快速排序需要多少时间？

Google 的 Jeff Dean 提出了一种排序性能分析方法：排序时间 = 比较时间（分支预测错误）+ 内存访问时间。快速排序过程中会发生大量的分支预测错误，所以比较次数为 $2^{28} \times \log (2^{28}) \approx 2^{33}$，其中，约 1/2 的比较会发生分支预测错误，所以比较时间为 $1/2 \times 2^{33} \times 5ns = 21s$，另外，快速排序每次分割操作都需要扫描一遍内存，假设内存顺序访问性能为 4GB/s，所以内存访问时间为 $28 \times 1GB / 4GB = 7s$。因此，单线程排序 1GB 4 字节整数总时间约为 28s。

3. Bigtable 系统性能分析

Bigtable 是 Google 的分布式表格系统，它的优势是可扩展性好，可随时增加或者减少集群中的服务器，但支持的功能有限，支持的操作主要包括：

- 单行操作：基于主键的随机读取，插入，更新，删除（CRUD）操作；
- 多行扫描：扫描一段主键范围内的数据。Bigtable 中每行包括多个列，每一行的某一列对应一个数据单元，每个数据单元包括多个版本，可以按照列名或者版本对扫描结果进行过滤。

假设某类 Bigtable 系统的总体设计中给出的性能指标为：

- 系统配置：同一个机架下 40 台服务器（8 核，24GB 内存，10 路 15000 转 SATA 硬盘）；
- 表格：每行数据 1KB，64KB 一个数据块，不压缩。

a）随机读取（缓存不命中）：1KB/item×300item/s=300KB/s

Bigtable 系统中每次随机读取需要首先从 GFS 中读取一个 64KB 的数据块，经过 CPU 处理后返回用户一行数据（大小为 1KB）。因此，性能受限于 GFS 中 ChunkServer（GFS 系统中的工作节点）的磁盘 IOPS 以及 Bigtable Tablet Server（Bigtable 系统中的工作节点）的网络带宽。先看底层的 GFS，每台机器拥有 10 块 SATA 盘，每块 SATA 盘的 IOPS 约为 100，因此，每台机器的 IOPS 理论值约为 1000，考虑到负载均衡等因素，将随机读取的 QPS 设计目标定为 300，保留一定的余量。另外，每台机器每秒从 GFS 中读取的数据量为 300×64KB = 19.2MB，由于所有的服务器分布在同一个机架下，网络不会成为瓶颈。

b）随机读取（内存表）：1KB/item×20000items/s=20MB/s

Bigtable 中支持内存表，内存表的数据全部加载到内存中，读取时不需要读取底层的 GFS。随机读取内存表的性能受限于 CPU 以及网络，内存型服务的 QPS 一般在10W，由于网络发送小数据有较多 overhead 且 Bigtable 内存操作有较多的 CPU 开销，保守估计每个节点的 QPS 为 20000，客户端和 Tablet Server 之间的网络流量为 20MB/s。

c）随机写 / 顺序写：1KB/item×8000item/s=8MB/s

Bigtable 中随机写和顺序写的性能是差不多的，写入操作需要首先将操作日志写入到 GFS，接着修改本地内存。为了提高性能，Bigtable 实现了成组提交技术，即将很多写操作凑成一批（比如 512KB ~ 2MB）一次性提交到 GFS 中。Bigtable 每次写一份数据需要在 GFS 系统中重复写入 3 份到 10 份，当写入速度达到 8000 QPS，即 8MB/s 后 Tablet Server 的网络将成为瓶颈。

d）扫描：1KB/item×30000item/s=30MB/s

Bigtable 扫描操作一次性从 GFS 中读取大量的数据（比如 512KB ~ 2MB），GFS 的磁盘 IO 不会成为瓶颈。另外，批量操作减少了 CPU 以及网络收发包的开销，扫描操作的瓶颈在于 Tablet Server 读取底层 GFS 的带宽，估计为 30MB/s，对应 30000 QPS。

如果集群规模超过 40 台，不能保证所有的服务器在同一个机架下，系统设计以及性能分析都会有所不同。性能分析可能会很复杂，因为不同情况下系统的瓶颈点不同，有的时候是网络，有的时候是磁盘，有的时候甚至是机房的交换机或者 CPU，另外，负载均衡以及其他因素的干扰也会使得性能更加难以量化。只有理解存储系统的底层设计和实现，并在实践中不断地练习，性能估算才会越来越准。

3.3 数据分布

分布式系统区别于传统单机系统在于能够将数据分布到多个节点，并在多个节点之间实现负载均衡。数据分布的方式主要有两种，一种是哈希分布，如一致性哈希，代表系统为 Amazon 的 Dynamo 系统；另外一种方法是顺序分布，即每张表格上的数据按照主键整体有序，代表系统为 Google 的 Bigtable 系统。Bigtable 将一张大表根据主键切分为有序的范围，每个有序范围是一个子表。

将数据分散到多台机器后，需要尽量保证多台机器之间的负载是比较均衡的。衡量机器负载涉及的因素很多，如机器 Load 值，CPU，内存，磁盘以及网络等资源使用情况，读写请求数及请求量，等等，分布式存储系统需要能够自动识别负载高的节点，当某台机器的负载较高时，将它服务的部分数据迁移到其他机器，实现自动负载均衡。

分布式存储系统的一个基本要求就是透明性，包括数据分布透明性，数据迁移透明性，数据复制透明性，故障处理透明性。本节介绍数据分布以及数据迁移相关的基础知识。

3.3.1　哈希分布

哈希取模的方法很常见，其方法是根据数据的某一种特征计算哈希值，并将哈希值与集群中的服务器建立映射关系，从而将不同哈希值的数据分布到不同的服务器上。所谓数据特征可以是 key-value 系统中的主键（key），也可以是其他与业务逻辑相关的值。例如，将集群中的服务器按 0 到 N−1 编号（N 为服务器的数量），根据数据的主键（hash(key) % N）或者数据所属的用户 id（hash(user_id) % N）计算哈希值，来决定将数据映射到哪一台服务器。

如果哈希函数的散列特性很好，哈希方式可以将数据比较均匀地分布到集群中去。而且，哈希方式需要记录的元信息也非常简单，每个节点只需要知道哈希函数的计算方式以及模的服务器的个数就可以计算出处理的数据应该属于哪台机器。然而，找出一个散列特性很好的哈希函数是很难的。这是因为，如果按照主键散列，那么同一个用户 id 下的数据可能被分散到多台服务器，这会使得一次操作同一个用户 id 下的多条记录变得困难；如果按照用户 id 散列，容易出现"数据倾斜"（data skew）问题，即某些大用户的数据量很大，无论集群的规模有多大，这些用户始终由一台服务器处理。

处理大用户问题一般有两种方式，一种方式是手动拆分，即线下标记系统中的大用户（例如运行一次 MapReduce 作业），并根据这些大用户的数据量将其拆分到多台服务器上。这就相当于在哈希分布的基础上针对这些大用户特殊处理；另一种方式是自动拆分，即数据分布算法能够动态调整，自动将大用户的数据拆分到多台服务器上。

传统的哈希分布算法还有一个问题：当服务器上线或者下线时，N 值发生变化，数据映射完全被打乱，几乎所有的数据都需要重新分布，这将带来大量的数据迁移。

一种思路是不再简单地将哈希值和服务器个数做除法取模映射，而是将哈希值与服务器的对应关系作为元数据，交给专门的元数据服务器来管理。访问数据时，首先计算哈希值，再查询元数据服务器，获得该哈希值对应的服务器。这样，集群扩容时，可以将部分哈希值分配给新加入的机器并迁移对应的数据。

另一种思路就是采用一致性哈希（Distributed Hash Table，DHT）算法。算法思想如下：给系统中每个节点分配一个随机 token，这些 token 构成一个哈希环。执行数据存放操作时，先计算 Key（主键）的哈希值，然后存放到顺时针方向第一个大于或者等于该哈希值的 token 所在的节点。一致性哈希的优点在于节点加入 / 删除时只会影响到在哈希环中相邻的节点，而对其他节点没影响。

如图 3-2 所示，假设哈希空间为 $0\sim2^n$，一致性哈希算法如下：

☐ 首先求出每个服务器的 hash 值，将其配置到一个 $0\sim2^n$ 的圆环区间上；

☐ 其次使用同样的方法求出待存储对象的主键哈希值，也将其配置到这个圆环上；

☐ 然后从数据映射的位置开始顺时针查找，将数据分布到找到的第一个服务器节点。

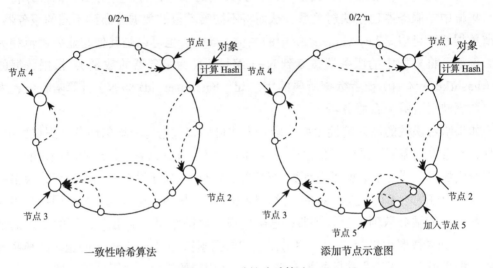

一致性哈希算法　　　　　　　　　　添加节点示意图

图 3-2　一致性哈希算法

增加服务节点 5 以后，某些原来分布到节点 3 的数据需要迁移到节点 5，其他数据分布均保持不变。可以看出，一致性哈希算法在很大程度上避免了数据迁移。

为了查找集群中的服务器，需要维护每台机器在哈希环中位置信息，常见的做法如下。

（1）O(1) 位置信息

每台服务器记录它的前一个以及后一个节点的位置信息。这种做法的维护的节点位置信息的空间复杂度为 O(1)，然而每一次查找都可能遍历整个哈希环中的所有服务器，即时间复杂度为 O(N)，其中，N 为服务器数量。

（2）O(logN) 位置信息

假设哈希空间为 $0\sim2^n$（即 $N=2^n$），以 Chord 系统为例，为了加速查找，它在每台服务器维护了一个大小为 n 的路由表（finger table），$FT_P[i]=succ(p+2^{i-1})$，其中 p 为服务器在哈希环中的编号，路由表中的第 i 个元素记录了编号为 $p+2^{i-1}$ 的后继节点。通过维护 O(logN) 的位置信息，查找的时间复杂度改进为 O(logN)。

（3）O(N) 位置信息

Dynamo 系统通过牺牲空间换时间，在每台服务器维护整个集群中所有服务器的位

置信息，将查找服务器的时间复杂度降为 O(1)。工程上一般都采用这种做法，Dynamo
这样的 P2P 系统在每个服务器节点上都维护了所有服务器的位置信息，而带有总控节点
的存储系统往往由总控节点统一维护。

一致性哈希还需要考虑负载均衡，增加服务节点 node5 后，虽然只影响到 node5 的
后继，即 node3 的数据分布，但 node3 节点需要迁移的数据过多，整个集群的负载不均
衡。一种自然的想法是将需要迁移的数据分散到整个集群，每台服务器只需要迁移 1/N
的数据量。为此，Dynamo 中引入虚拟节点的概念，5.1 节会详细讨论。

3.3.2　顺序分布

哈希散列破坏了数据的有序性，只支持随机读取操作，不能够支持顺序扫描。某些
系统可以在应用层做折衷，比如互联网应用经常按照用户来进行数据拆分，并通过哈希
方法进行数据分布，同一个用户的数据分布到相同的存储节点，允许对同一个用户的数
据执行顺序扫描，由应用层解决跨多个用户的操作问题。另外，这种方式可能出现某些
用户的数据量太大的问题，由于用户的数据限定在一个存储节点，无法发挥分布式存储
系统的多机并行处理能力。

顺序分布在分布式表格系统中比较常见，一般的做法是将大表顺序划分为连续的范
围，每个范围称为一个子表，总控服务器负责将这些子表按照一定的策略分配到存储节
点上。如图 3-3 所示，用户表 (User 表) 的主键范围为 1 ～ 7000，在分布式存储系统中
划分为多个子表，分别对应数据范围 1 ～ 1000, 1001 ～ 2000, …6001 ～ 7000。Meta
表是可选的，某些系统只有根表（Root 表）一级索引，在 Root 表中维护用户表的位置
信息，即每个 User 子表在哪个存储节点上。为了支持更大的集群规模，Bigtable 这样的
系统将索引分为两级：根表以及元数据表（Meta 表），由 Meta 表维护 User 表的位置信

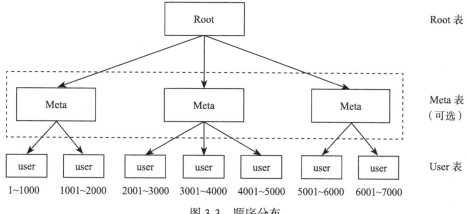

图 3-3　顺序分布

息，而 Root 表用来维护 Meta 表的位置信息。读 User 表时，需要通过 Meta 表查找相应的 User 子表所在的存储节点，而读取 Meta 表又需要通过 Root 表查找相应的 Meta 子表所在的存储节点。

顺序分布与 B+ 树数据结构比较类似，每个子表相当于叶子节点，随着数据的插入和删除，某些子表可能变得很大，某些变得很小，数据分布不均匀。如果采用顺序分布，系统设计时需要考虑子表的分裂与合并，这将极大地增加系统复杂度。子表分裂指当一个子表太大超过一定阀值时需要分裂为两个子表，从而有机会通过系统的负载均衡机制分散到多个存储节点。子表合并一般由数据删除引起，当相邻的两个子表都很小时，可以合并为一个子表。一般来说，单个服务节点能够服务的子表数量是有限的，比如 4000~10000 个，子表合并的目的是为了防止系统中出现过多太小的子表，减少系统中的元数据。

3.3.3　负载均衡

分布式存储系统的每个集群中一般有一个总控节点，其他节点为工作节点，由总控节点根据全局负载信息进行整体调度。工作节点刚上线时，总控节点需要将数据迁移到该节点，另外，系统运行过程中也需要不断地执行迁移任务，将数据从负载较高的工作节点迁移到负载较低的工作节点。

工作节点通过心跳包（Heartbeat，定时发送）将节点负载相关的信息，如 CPU，内存，磁盘，网络等资源使用率，读写次数及读写数据量等发送给主控节点。主控节点计算出工作节点的负载以及需要迁移的数据，生成迁移任务放入迁移队列中等待执行。需要注意的是，负载均衡操作需要控制节奏，比如一台全新的工作节点刚上线的时候，由于负载最低，如果主控节点将大量的数据同时迁移到这台新加入的机器，整个系统在新增机器的过程中服务能力会大幅下降。负载均衡操作需要做到比较平滑，一般来说，从新机器加入到集群负载达到比较均衡的状态需要较长一段时间，比如 30 分钟到一个小时。

负载均衡需要执行数据迁移操作。在分布式存储系统中往往会存储数据的多个副本，其中一个副本为主副本，其他副本为备副本，由主副本对外提供服务。迁移备副本不会对服务造成影响，迁移主副本也可以首先将数据的读写服务切换到其他备副本。整个迁移过程可以做到无缝，对用户完全透明。

假设数据分片 D 有两个副本 D1 和 D2，分别存储在工作节点 A1 和 A2，其中，D1 为主副本，提供读写服务，D2 为备副本。如果需要将 D1 从工作节点 A1 中迁移出去，大致的操作步骤如下：

1）将数据分片 D 的读写服务由工作节点 A1 切换到 A2，D2 变成主副本；

2）增加副本：选择某个节点，例如 B 节点，增加 D 的副本，即 B 节点从 A2 节点获取 D 的副本数据（D2）并与之保持同步；

3）删除工作节点 A1 上的 D1 副本。

3.4 复制

为了保证分布式存储系统的高可靠和高可用，数据在系统中一般存储多个副本。当某个副本所在的存储节点出现故障时，分布式存储系统能够自动将服务切换到其他的副本，从而实现自动容错。分布式存储系统通过复制协议将数据同步到多个存储节点，并确保多个副本之间的数据一致性。

同一份数据的多个副本中往往有一个副本为主副本（Primary），其他副本为备副本（Backup），由主副本将数据复制到备份副本。复制协议分为两种，强同步复制以及异步复制，二者的区别在于用户的写请求是否需要同步到备副本才可以返回成功。假如备份副本不止一个，复制协议还会要求写请求至少需要同步到几个备副本。当主副本出现故障时，分布式存储系统能够将服务自动切换到某个备副本，实现自动容错。

一致性和可用性是矛盾的，强同步复制协议可以保证主备副本之间的一致性，但是当备副本出现故障时，也可能阻塞存储系统的正常写服务，系统的整体可用性受到影响；异步复制协议的可用性相对较好，但是一致性得不到保障，主副本出现故障时还有数据丢失的可能。

本节首先介绍常见的数据复制协议，接着讨论如何在一致性与可用性之间的进行权衡。

3.4.1 复制的概述

分布式存储系统中数据保存多个副本，一般来说，其中一个副本为主副本，其他副本为备副本，常见的做法是数据写入到主副本，由主副本确定操作的顺序并复制到其他副本。

如图 3-4 所示，客户端将写请求发送给主副本，主副本将写请求复制到其他备副本，常见的做法是同步操作日志（Commit Log）。主副本首先将操作日志同步到备副本，备副本回放操作日志，完成后通知主副本。接着，主副本修改本机，等到所有的操作都完成后再通知客户端写成功。图 3-4 中的复制协议要求主备同步成功才可以返回客户端写成功，这种协议称为强同步协议。强同步协议提供了强一致性，但是，如果备副本出现问题将阻塞写操作，系统可用性较差。

假设所有副本的个数为 N，且 N > 2，即备副本个数大于 1。那么，实现强同步协议时，主副本可以将操作日志并发地发给所有备副本并等待回复，只要至少 1 个备副本返回成功就可以回复客户端操作成功。强同步的好处在于如果主副本出现故障，至少有 1 个备副本拥有完整的数据，分布式存储系统可以自动地将服务切换到最新的备副本而不用担心数据丢失的情况。

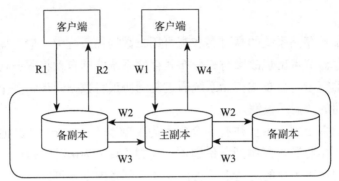

W1：写请求发给主副本   R1：读请求发送给其中一个副本
W2：主副本将写请求同步给备副本   R2：将读取结果返回客户端
W3：备副本通知主副本同步成功
W4：主副本返回客户端写成功

图 3-4 主备复制协议

与强同步对应的复制方式是异步复制。在异步模式下，主副本不需要等待备副本的回应，只需要本地修改成功就可以告知客户端写操作成功。另外，主副本通过异步机制，比如单独的复制线程将客户端修改操作推送到其他副本。异步复制的好处在于系统可用性较好，但是一致性较差，如果主副本发生不可恢复故障，可能丢失最后一部分更新操作。

强同步复制和异步复制都是将主副本的数据以某种形式发送到其他副本，这种复制协议称为基于主副本的复制协议（Primary-based protocol）。这种方法要求在任何时刻只能有一个副本为主副本，由它来确定写操作之间的顺序。如果主副本出现故障，需要选举一个备副本成为新的主副本，这步操作称为选举，经典的选举协议为 Paxos 协议，3.7.2 节将专门进行介绍。

主备副本之间的复制一般通过操作日志来实现。操作日志的原理很简单：为了利用好磁盘的顺序读写特性，将客户端的写操作先顺序写入到磁盘中，然后应用到内存中，由于内存是随机读写设备，可以很容易通过各种数据结构，比如 B+ 树将数据有效地组织起来。当服务器宕机重启时，只需要回放操作日志就可以恢复内存状态。为了提高系统的并发能力，系统会积攒一定的操作日志再批量写入到磁盘中，这种技术一般称为成组提交。

如果每次服务器出现故障都需要回放所有的操作日志，效率是无法忍受的，检查点（checkpoint）正是为了解决这个问题。系统定期将内存状态以检查点文件的形式 dump 到磁盘中，并记录检查点时刻对应的操作日志回放点。检查点文件成功创建后，回放点之前的日志可以被垃圾回收，以后如果服务器出现故障，只需要回放检查点之后的操作日志。

除了基于主副本的复制协议，分布式存储系统中还可能使用基于写多个存储节点的复制协议（Replicated-write protocol）。比如 Dynamo 系统中的 NWR 复制协议，其中，N 为副本数量，W 为写操作的副本数，R 为读操作的副本数。NWR 协议中多个副本不再区分主和备，客户端根据一定的策略往其中的 W 个副本写入数据，读取其中的 R 个副本。只要 W + R > N，可以保证读到的副本中至少有一个包含了最新的更新。然而，这种协议的问题在于不同副本的操作顺序可能不一致，从多个副本读取时可能出现冲突。这种方式在实际系统中比较少见，不建议使用。

3.4.2　一致性与可用性

来自 Berkerly 的 Eric Brewer 教授提出了一个著名的 CAP 理论：一致性（Consistency），可用性（Availability）以及分区可容忍性（Tolerance of network Partition）三者不能同时满足。笔者认为没有必要纠结 CAP 理论最初的定义，在工程实践中，可以将 C、A、P 三者按如下方式理解：

- 一致性：读操作总是能读取到之前完成的写操作结果，满足这个条件的系统称为强一致系统，这里的"之前"一般对同一个客户端而言；
- 可用性：读写操作在单台机器发生故障的情况下仍然能够正常执行，而不需要等待发生故障的机器重启或者其上的服务迁移到其他机器；
- 分区可容忍性：机器故障、网络故障、机房停电等异常情况下仍然能够满足一致性和可用性。

分布式存储系统要求能够自动容错，也就是说，分区可容忍性总是需要满足的，因此，一致性和写操作的可用性不能同时满足。

如果采用强同步复制，保证了存储系统的一致性，然而，当主备副本之间出现网络或者其他故障时，写操作将被阻塞，系统的可用性无法得到满足。如果采用异步复制，保证了存储系统的可用性，但是无法做到强一致性。

存储系统设计时需要在一致性和可用性之间权衡，在某些场景下，不允许丢失数据，在另外一些场景下，极小的概率丢失部分数据是允许的，可用性更加重要。例如，Oracle 数据库的 DataGuard 复制组件包含三种模式：

- 最大保护模式（Maximum Protection）：即强同步复制模式，写操作要求主库先将操作日志（数据库的 redo/undo 日志）同步到至少一个备库才可以返回客户端成功。这种模式保证即使主库出现无法恢复的故障，比如硬盘损坏，也不会丢失数据。

❑ 最大性能模式（Maximum Performance）：即异步复制模式，写操作只需要在主库上执行成功就可以返回客户端成功，主库上的后台线程会将操作日志通过异步的方式复制到备库。这种方式保证了性能及可用性，但是可能丢失数据。

❑ 最大可用性模式（Maximum Availability）：上述两种模式的折中。正常情况下相当于最大保护模式，如果主备之间的网络出现故障，切换为最大性能模式。这种模式在一致性和可用性之间做了一个很好的权衡，推荐大家在设计存储系统时使用。

3.5 容错

随着集群规模变得越来越大，故障发生的概率也越来越大，大规模集群每天都有故障发生。容错是分布式存储系统设计的重要目标，只有实现了自动化容错，才能减少人工运维成本，实现分布式存储的规模效应。

单台服务器故障的概率是不高的，然而，只要集群的规模足够大，每天都可能有机器故障发生，系统需要能够自动处理。首先，分布式存储系统需要能够检测到机器故障，在分布式系统中，故障检测往往通过租约（Lease）协议实现。接着，需要能够将服务复制或者迁移到集群中的其他正常服务的存储节点。

本节首先介绍 Google 某数据中心发生的故障，接着讨论分布式系统中的故障检测以及恢复方法。

3.5.1 常见故障

来自 Google 的 Jeff Dean 在 LADIS 2009 报告中介绍了 Google 某数据中心第一年运行发生的故障数据，如表 3-1 所示。

表 3-1 Google 某数据中心第一年运行故障

发生频率	故障类型	影响范围
0.5	数据中心过热	5 分钟之内大部分机器断电，一到两天恢复
1	配电装置（PDU）故障	大约 500 到 1000 台机器瞬间下线，6 小时恢复
1	机架调整	大量告警，500~1000 台机器断电，6 小时恢复
1	网络重新布线	大约 5% 机器下线超过两天
20	机架故障	40 到 80 台机器瞬间下线，1 到 6 小时恢复
5	机架不稳定	40 到 80 台机器发生 50% 丢包
12	路由器重启	DNS 和对外虚 IP 服务失效约几分钟

（续）

发生频率	故障类型	影响范围
3	路由器故障	需要立即切换流量，持续约 1 小时
几十	DNS 故障	持续约 30 秒
1000	单机故障	机器无法提供服务
几千	硬盘故障	硬盘数据丢失

从表 3-1 可以看出，单机故障和磁盘故障发生概率最高，几乎每天都有多起事故，系统设计首先需要对单台服务器故障进行容错处理。一般来说，分布式存储系统会保存多份数据，当其中一份数据所在服务器发生故障时，能通过其他副本继续提供服务。另外，机架故障发生的概率相对也是比较高的，需要避免将数据的所有副本都分布在同一个机架内。最后，还可能出现磁盘响应慢，内存错误，机器配置错误，数据中心之间网路连接不稳定，等等。

3.5.2　故障检测

容错处理的第一步是故障检测，心跳是一种很自然的想法。假设总控机 A 需要确认工作机 B 是否发生故障，那么总控机 A 每隔一段时间，比如 1 秒，向工作机 B 发送一个心跳包。如果一切正常，机器 B 将响应机器 A 的心跳包；否则，机器 A 重试一定次数后认为机器 B 发生了故障。然而，机器 A 收不到机器 B 的心跳并不能确保机器 B 发生故障并停止了服务，在系统运行过程中，可能发生各种错误，比如机器 A 与机器 B 之间网络发生问题，机器 B 过于繁忙导致无法响应机器 A 的心跳包。由于机器 B 发生故障后，往往需要将它上面的服务迁移到集群中的其他服务器，为了保证强一致性，需要确保机器 B 不再提供服务，否则将出现多台服务器同时服务同一份数据而导致数据不一致的情况。

这里的问题是机器 A 和机器 B 之间需要对"机器 B 是否应该被认为发生故障且停止服务"达成一致，Fisher 指出，异步网络中的多台机器无法达成一致。当然，在实践中，由于机器之间会进行时钟同步，我们总是假设 A 和 B 两台机器的本地时钟相差不大，比如相差不超过 0.5 秒。这样，我们可以通过租约（Lease）机制进行故障检测。租约机制就是带有超时时间的一种授权。假设机器 A 需要检测机器 B 是否发生故障，机器 A 可以给机器 B 发放租约，机器 B 持有的租约在有效期内才允许提供服务，否则主动停止服务。机器 B 的租约快要到期的时候向机器 A 重新申请租约。正常情况下，机器 B 通过不断申请租约来延长有效期，当机器 B 出现故障或者与机器 A 之间的网络发生故障时，机器 B 的租约将过期，从而机器 A 能够确保机器 B 不再提供服务，机器 B 的服务可以被安全地迁移到其他服务器。

需要注意的是，实现租约机制时需要考虑一个提前量。假设机器 B 的租约有效期为 10 秒，那么机器 A 需要加上一个提前量，比如 11 秒时，才可以认为机器 B 的租约过期。这样，即使机器 A 和机器 B 的时钟不一致，只要相差不会太大，都可以保证机器 B 的租约到期并且已经不再提供服务。

3.5.3 故障恢复

当总控机检测到工作机发生故障时，需要将服务迁移到其他工作机节点。常见的分布式存储系统分为两种结构：单层结构和双层结构。大部分系统为单层结构，在系统中对每个数据分片维护多个副本；只有类 Bigtable 系统为双层结构，将存储和服务分为两层，存储层对每个数据分片维护多个副本，服务层只有一个副本提供服务。单层结构和双层结构的故障恢复机制有所不同。

单层结构的分布式存储系统维护了多个副本，例如副本个数为 3，主备副本之间通过操作日志同步。如图 3-5 所示，某单层结构的分布式存储系统有 3 个数据分片 A、B、C，每个数据分片存储了三个副本。其中，A1，B1，C1 为主副本，分别存储在节点 1，节点 2 以及节点 3。假设节点 1 发生故障，将被总控节点检测到，总控节点选择一个最新的副本，比如 A2 或者 A3 替换 A1 成为新的主副本并提供写服务。节点下线分为两种情况：一种是临时故障，节点过一段时间将重新上线；另一种情况是是永久性故障，比如硬盘损坏。总控节点一般需要等待一段时间，比如 1 个小时，如果之前下线的节点重新上线，可以认为是临时性故障，否则，认为是永久性故障。如果发生永久性故障，需要执行增加副本操作，即选择某个节点拷贝 A 的数据，成为 A 的备副本。

两层结构的分布式存储系统会将所有的数据持久化写入底层的分布式文件系统，每个数据分片同一时刻只有一个提供服务的节点。如图 3-5 所示，某双层结构的分布式存储系统有 3 个数据分片，A、B 和 C。它们分别被节点 1，节点 2 和节点 3 所服务。当节点 1 发生故障时，总控节点将选择一个工作节点，比如节点 2，加载 A 的服务。由于 A 的所有数据都存储在共享的分布式文件系统中，节点 2 只需要从底层分布式文件系统读取 A 的数据并加载到内存中。

节点故障会影响系统服务，在故障检测以及故障恢复的过程中，不能提供写服务及强一致性读服务。停服务时间包含两个部分，故障检测时间以及故障恢复时间。故障检测时间一般在几秒到十几秒，和集群规模密切相关，集群规模越大，故障检测对总控节点造成的压力就越大，故障检测时间就越长。故障恢复时间一般很短，单层结构的备副本和主副本之间保持实时同步，切换为主副本的时间很短；两层结构故障恢复往往实现成只需要将数据的索引，而不是所有的数据，加载到内存中。

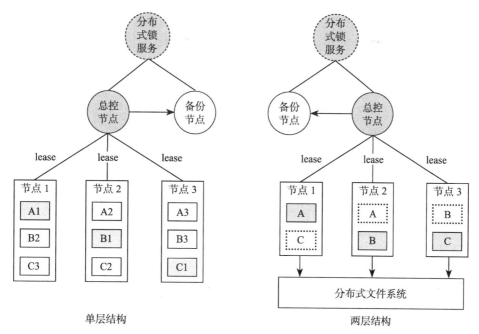

图 3-5　故障恢复

总控节点自身也可能出现故障，为了实现总控节点的高可用性（High Availability），总控节点的状态也将实时同步到备机，当故障发生时，可以通过外部服务选举某个备机作为新的总控节点，而这个外部服务也必须是高可用的。为了进行选主或者维护系统中重要的全局信息，可以维护一套通过 Paxos 协议实现的分布式锁服务，比如 Google Chubby 或者它的开源实现 Apache Zookeeper。

3.6　可扩展性

通过数据分布，复制以及容错等机制，能够将分布式存储系统部署到成千上万台服务器。可扩展性的实现手段很多，如通过增加副本个数或者缓存提高读取能力，将数据分片使得每个分片可以被分配到不同的工作节点以实现分布式处理，把数据复制到多个数据中心，等等。

分布式存储系统大多都带有总控节点，很多人会自然地联想到总控节点的瓶颈问题，认为 P2P 架构更有优势。然而，事实却并非如此，主流的分布式存储系统大多带有总控节点，且能够支持成千上万台的集群规模。

另外，传统的数据库也能够通过分库分表等方式对系统进行水平扩展，当系统处理能力不足时，可以通过增加存储节点来扩容。

那么，如何衡量分布式存储系统的可扩展性，它与传统数据库的可扩展性又有什么区别？可扩展性不能简单地通过系统是否为 P2P 架构或者是否能够将数据分布到多个存储节点来衡量，而应该综合考虑节点故障后的恢复时间，扩容的自动化程度，扩容的灵活性等。

本节首先讨论总控节点是否会成为性能瓶颈，接着介绍传统数据库的可扩展性，最后讨论同构系统与异构系统增加节点时的差别。

3.6.1　总控节点

分布式存储系统中往往有一个总控节点用于维护数据分布信息，执行工作机管理，数据定位，故障检测和恢复，负载均衡等全局调度工作。通过引入总控节点，可以使得系统的设计更加简单，并且更加容易做到强一致性，对用户友好。那么，总控节点是否会成为性能瓶颈呢？

分为两种情况：分布式文件系统的总控节点除了执行全局调度，还需要维护文件系统目录树，内存容量可能会率先成为性能瓶颈；而其他分布式存储系统的总控节点只需要维护数据分片的位置信息，一般不会成为瓶颈。另外，即使是分布式文件系统，只要设计合理，也能够扩展到几千台服务器。例如，Google 的分布式文件系统能够扩展到8000 台以上的集群，开源的 Hadoop 也能够扩展到 3000 台以上的集群。当然，设计时需要减少总控节点的负载，比如 Google 的 GFS 舍弃了对小文件的支持，并且把对数据的读写控制权下放到工作机 ChunkServer，通过客户端缓存元数据减少对总控节点的访问等。

如果总控节点成为瓶颈，例如需要支持超过一万台的集群规模，或者需要支持海量的小文件，那么，可以采用两级结构，如图 3-6 所示。在总控机与工作机之间增加一层元数据节点，每个元数据节点只维护一部分而不是整个分布式文件系统的元数据。这样，总控机也只需要维护元数据节点的元数据，不可能成为性能瓶颈。假设分布式文件系统（Distributed File System，DFS）中有 100 个元数据节点，每个元数据节点服务 1亿个文件，系统总共可以服务 100 亿个文件。图 3-6 中的 DFS 客户端定位 DFS 工作机时，需要首先访问 DFS 总控机找到 DFS 元数据服务器，再通过元数据服务器找到 DFS工作机。虽然看似增加了一次网络请求，但是客户端总是能够缓存 DFS 总控机上的元数据，因此并不会带来额外的开销。

3.6.2　数据库扩容

数据库可扩展性实现的手段包括：通过主从复制提高系统的读取能力，通过垂直拆分和水平拆分将数据分布到多个存储节点，通过主从复制将系统扩展到多个数据中心。当主节点出现故障时，可以将服务切换到从节点；另外，当数据库整体服务能力不足时，可以根据业务的特点重新拆分数据进行扩容。

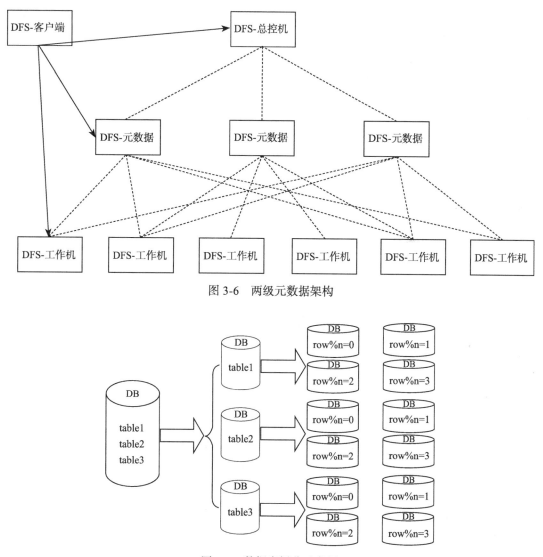

图 3-6　两级元数据架构

图 3-7　数据库拆分示意图

　　如图 3-7 所示，假设数据库中有三张表格 table1、table2 以及 table3，先按照业务将三张表垂直拆分到不同的 DB 中，再将每张表通过哈希的方式水平拆分到不同的存储节点。每个拆分后的 DB 通过主从复制维护多个副本，且允许分布到多个数据中心。如果系统的读取能力不足，可以通过增加副本的方式解决，如果系统的写入能力不足，可以根据业务的特点重新拆分数据，常见的做法为双倍扩容，即将每个分片的数据拆分为两个分片，扩容的过程中需要迁移一半的数据到新加入的存储节点。

传统的数据库架构在可扩展性上面临如下问题：

❑ 扩容不够灵活。传统数据库架构一般采用双倍扩容的做法，很难做到按需扩容。假设系统中已经有 16 个存储节点，如果希望将系统的服务能力提高 5%，只需要新增 1 个而不是 16 个存储节点。

❑ 扩容不够自动化。传统数据库架构扩容时需要迁移大量的数据，整个过程时间较长，容易发生异常情况，且数据划分的规则往往和业务相关，很难做到自动化。

❑ 增加副本时间长。如果某个主节点出现永久性故障，比如硬盘故障，需要增加一个副本，整个过程需要拷贝大量的数据，耗费的时间很长。

3.6.3 异构系统

传统数据库扩容与大规模存储系统的可扩展性有何区别呢？为了说明这一问题，我们首先定义同构系统，如图 3-8 所示。

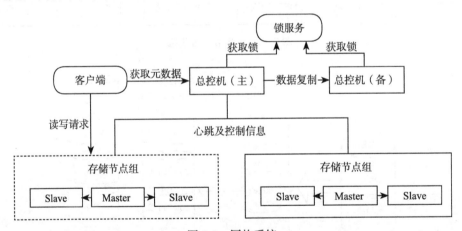

图 3-8 同构系统

将存储节点分为若干组，每个组内的节点服务完全相同的数据，其中有一个节点为主节点，其他节点为备节点。由于同一个组内的节点服务相同的数据，这样的系统称为同构系统。同构系统的问题在于增加副本需要迁移的数据量太大，假设每个存储节点服务的数据量为 1TB，内部传输带宽限制为 20MB/s，那么增加副本拷贝数据需要的时间为 1TB/20MB/s = 50000s，大约十几个小时，由于拷贝数据的过程中存储节点再次发生故障的概率很高，所以这样的架构很难做到自动化，不适用大规模分布式存储系统。

大规模分布式存储系统要求具有线性可扩展性，即随时加入或者删除一个或者多个存储节点，系统的处理能力与存储节点的个数成线性关系。为了实现线性可扩展性，存储系统的存储节点之间是异构的。否则，当集群规模达到一定程度后，增加节点将变得特别困难。异构系统将数据划分为很多大小接近的分片，每个分片的多个副本可以分布到集群中的任何一个存储节点。如果某个节点发生故障，原有的服务将由整个集群而不是某几个固定的存储节点来恢复。

如图 3-9 所示，系统中有五个分片（A，B，C，D，E），每个分片包含三个副本，如分片 A 的三个副本分别为 A1，A2 以及 A3。假设节点 1 发生永久性故障，那么可以从剩余的节点中任意选择健康的节点来增加 A，B 以及 E 的副本。由于整个集群都参与到节点 1 的故障恢复过程，故障恢复时间很短，而且集群规模越大，优势就会越明显。

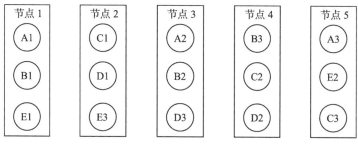

图 3-9 异构系统

3.7 分布式协议

分布式系统涉及的协议很多，例如租约，复制协议，一致性协议，其中以两阶段提交协议和 Paxos 协议最具有代表性。两阶段提交协议用于保证跨多个节点操作的原子性，也就是说，跨多个节点的操作要么在所有节点上全部执行成功，要么全部失败。Paxos 协议用于确保多个节点对某个投票（例如哪个节点为主节点）达成一致。本节介绍这两个分布式协议。

3.7.1 两阶段提交协议

两阶段提交协议（Two-phase Commit，2PC）经常用来实现分布式事务，在两阶段协议中，系统一般包含两类节点：一类为协调者（coordinator），通常一个系统中只有一个；另一类为事务参与者（participants，cohorts 或 workers），一般包含多个。协议中假设每个节点都会记录操作日志并持久化到非易失性存储介质，即使节点发生故障日志也不会丢失。顾名思义，两阶段提交协议由两个阶段组成。在正常的执行过程中，这两个阶段的执行过程如下所述：

❑ **阶段 1**：请求阶段（Prepare Phase）。在请求阶段，协调者通知事务参与者准备提交或者取消事务，然后进入表决过程。在表决过程中，参与者将告知协调者自己的决策：同意（事务参与者本地执行成功）或者取消（事务参与者本地执行失败）。

❑ **阶段 2**：提交阶段（Commit Phase）。在提交阶段，协调者将基于第一个阶段的投票结果进行决策：提交或者取消。当且仅当所有的参与者同意提交事务协调者才通知所有的参与者提交事务，否则协调者通知所有的参与者取消事务。参与者在接收到协调者发来的消息后将执行相应的操作。

例如，A 组织 B、C 和 D 三个人去爬长城：如果所有人都同意去爬长城，那么活动将举行；如果有一人不同意去爬长城，那么活动将取消。用 2PC 算法解决该问题的过程如下：

1）首先 A 将成为该活动的协调者，B、C 和 D 将成为该活动的参与者。

2）准备阶段：A 发邮件给 B、C 和 D，提出下周三去爬山，问是否同意。那么此时 A 需要等待 B、C 和 D 的回复。B、C 和 D 分别查看自己的日程安排表。B、C 发现自己在当日没有活动安排，则发邮件告诉 A 他们同意下周三去爬长城。由于某种原因，D 白天没有查看邮件。那么此时 A、B 和 C 均需要等待。到晚上的时候，D 发现了 A 的邮件，然后查看日程安排，发现下周三当天已经有别的安排，那么 D 回复 A 说活动取消吧。

3）此时 A 收到了所有活动参与者的邮件，并且 A 发现 D 下周三不能去爬山。那么 A 将发邮件通知 B、C 和 D，下周三爬长城活动取消。此时 B、C 回复 A "太可惜了"，D 回复 A "不好意思"。至此该事务终止。

通过该例子可以发现，2PC 协议存在明显的问题。假如 D 一直不能回复邮件，那么 A、B 和 C 将不得不处于一直等待的状态。并且 B 和 C 所持有的资源一直不能释放，即下周三不能安排其他活动。当然，A 可以发邮件告诉 D 如果晚上六点之前不回复活动就自动取消，通过引入事务的超时机制防止资源一直不能释放的情况。更为严重的是，假如 A 发完邮件后生病住院了，即使 B、C 和 D 都发邮件告诉 A 同意下周三去爬长城，如果 A 没有备份，事务将被阻塞，B、C 和 D 下周三都不能安排其他活动。

两阶段提交协议可能面临两种故障：

❑ 事务参与者发生故障。给每个事务设置一个超时时间，如果某个事务参与者一直不响应，到达超时时间后整个事务失败。

❑ 协调者发生故障。协调者需要将事务相关信息记录到操作日志并同步到备用协调者，假如协调者发生故障，备用协调者可以接替它完成后续的工作。如果没有备用协调者，协调者又发生了永久性故障，事务参与者将无法完成事务而一直等待下去。

总而言之，两阶段提交协议是阻塞协议，执行过程中需要锁住其他更新，且不能容错，大多数分布式存储系统都采用敬而远之的做法，放弃对分布式事务的支持。

3.7.2 Paxos 协议

Paxos 协议用于解决多个节点之间的一致性问题。多个节点之间通过操作日志同步数据，如果只有一个节点为主节点，那么，很容易确保多个节点之间操作日志的一致性。考虑到主节点可能出现故障，系统需要选举出新的主节点。Paxos 协议正是用来实现这个需求。只要保证了多个节点之间操作日志的一致性，就能够在这些节点上构建高可用的全局服务，例如分布式锁服务，全局命名和配置服务等。

为了实现高可用性，主节点往往将数据以操作日志的形式同步到备节点。如果主节点发生故障，备节点会提议自己成为主节点。这里存在的问题是网络分区的时候，可能会存在多个备节点提议（Proposer，提议者）自己成为主节点。Paxos 协议保证，即使同时存在多个 proposer，也能够保证所有节点最终达成一致，即选举出唯一的主节点。

大多数情况下，系统只有一个 proposer，他的提议也总是会很快地被大多数节点接受。Paxos 协议执行步骤如下：

1）批准（accept）：Proposer 发送 accept 消息要求所有其他节点（acceptor，接受者）接受某个提议值，acceptor 可以接受或者拒绝。

2）确认（acknowledge）：如果超过一半的 acceptor 接受，意味着提议值已经生效，proposer 发送 acknowledge 消息通知所有的 acceptor 提议生效。

当出现网络或者其他异常时，系统中可能存在多个 proposer，他们各自发起不同的提议。这里的提议可以是一个修改操作，也可以是提议自己成为主节点。如果 proposer 第一次发起的 accept 请求没有被 acceptor 中的多数派批准（例如与其他 proposer 的提议冲突），那么，需要完整地执行一轮 Paxos 协议。过程如下：

1）准备（prepare）：Proposer 首先选择一个提议序号 n 给其他的 acceptor 节点发送 prepare 消息。Acceptor 收到 prepare 消息后，如果提议的序号大于他已经回复的所有 prepare 消息，则 acceptor 将自己上次接受的提议回复给 proposer，并承诺不再回复小于 n 的提议。

2）批准（accept）：Proposer 收到了 acceptor 中的多数派对 prepare 的回复后，就进入批准阶段。如果在之前的 prepare 阶段 acceptor 回复了上次接受的提议，那么，proposer 选择其中序号最大的提议值发给 acceptor 批准；否则，proposer 生成一个新的提议值发给 acceptor 批准。Acceptor 在不违背他之前在 prepare 阶段的承诺的前提下，接受这个请求。

3）确认（acknowledge）：如果超过一半的 acceptor 接受，提议值生效。Proposer 发送 acknowledge 消息通知所有的 acceptor 提议生效。

Paxos 协议需要考虑两个问题：正确性，即只有一个提议值会生效；可终止性，即最后总会有一个提议值生效。Paxos 协议中要求每个生效的提议被 acceptor 中的多数派接受，并且每个 acceptor 不会接受两个不同的提议，因此可以保证正确性。Paxos 协议并不能够严格保证可终止性。但是，从 Paxos 协议的执行过程可以看出，只要超过一个 acceptor 接受了提议，proposer 很快就会发现，并重新提议其中序号最大的提议值。因此，随着协议不断运行，它会往“某个提议值被多数派接受并生效”这一最终目标靠拢。

3.7.3 Paxos 与 2PC

Paxos 协议和 2PC 协议在分布式系统中所起的作用并不相同。Paxos 协议用于保证同一个数据分片的多个副本之间的数据一致性。当这些副本分布到不同的数据中心时，这个需求尤其强烈。2PC 协议用于保证属于多个数据分片上的操作的原子性。这些数据分片可能分布在不同的服务器上，2PC 协议保证多台服务器上的操作要么全部成功，要么全部失败。

Paxos 协议有两种用法：一种用法是用它来实现全局的锁服务或者命名和配置服务，例如 Google Chubby 以及 Apache Zookeeper。另外一种用法是用它来将用户数据复制到多个数据中心，例如 Google Megastore 以及 Google Spanner。

2PC 协议最大的缺陷在于无法处理协调者宕机问题。如果协调者宕机，那么，2PC 协议中的每个参与者可能都不知道事务应该提交还是回滚，整个协议被阻塞，执行过程中申请的资源都无法释放。因此，常见的做法是将 2PC 和 Paxos 协议结合起来，通过 2PC 保证多个数据分片上的操作的原子性，通过 Paxos 协议实现同一个数据分片的多个副本之间的一致性。另外，通过 Paxos 协议解决 2PC 协议中协调者宕机问题。当 2PC 协议中的协调者出现故障时，通过 Paxos 协议选举出新的协调者继续提供服务。

3.8 跨机房部署

在分布式系统中，跨机房问题一直都是老大难问题。机房之间的网络延时较大，且不稳定。跨机房问题主要包含两个方面：数据同步以及服务切换。跨机房部署方案有三个：集群整体切换、单个集群跨机房、Paxos 选主副本。下面分别介绍。

1. 集群整体切换

集群整体切换是最为常见的方案。如图 3-10 所示，假设某系统部署在两个机房：

机房 1 和机房 2。两个机房保持独立，每个机房部署单独的总控节点，且每个总控节点各有一个备份节点。当总控节点出现故障时，能够自动将机房内的备份节点切换为总控节点继续提供服务。另外，两个机房部署了相同的副本数，例如数据分片 A 在机房 1 存储的副本为 A11 和 A12，在机房 2 存储的副本为 A21 和 A22。在某个时刻，机房 1 为主机房，机房 2 为备机房。

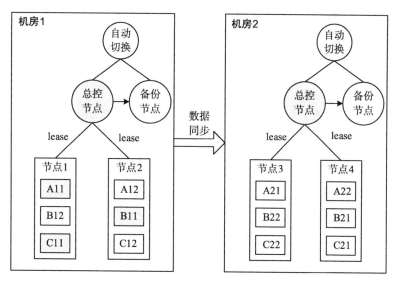

图 3-10 集群整体切换

机房之间的数据同步方式可能为强同步或者异步。如果采用异步模式，那么，备机房的数据总是落后于主机房。当主机房整体出现故障时，有两种选择：要么将服务切换到备机房，忍受数据丢失的风险；要么停止服务，直到主机房恢复为止。因此，如果数据同步为异步，那么，主备机房切换往往是手工的，允许用户根据业务的特点选择"丢失数据"或者"停止服务"。

如果采用强同步模式，那么，备机房的数据和主机房保持一致。当主机房出现故障时，除了手工切换，还可以采用自动切换的方式，即通过分布式锁服务检测主机房的服务，当主机房出现故障时，自动将备机房切换为主机房。

2. 单个集群跨机房

上一种方案的所有主副本只能同时存在于一个机房内，另二种方案是将单个集群部署到多个机房，允许不同数据分片的主副本位于不同的机房，如图 3-11 所示。每个数据分片在机房 1 和机房 2，总共包含 4 个副本，其中 A1、B1、C1 是主副本，A1 和 B1 在机房 1，C1 在机房 2。整个集群只有一个总控节点，它需要同机房 1 和机房 2 的所有工作节点保持通信。当总控节点出现故障时，分布式锁服务将检测到，并将机房 2 的备份节点切换为总控节点。

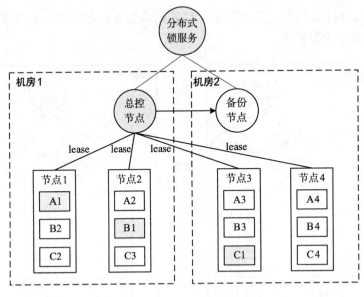

图 3-11 单个集群跨机房

如果采用这种部署方式，总控节点在执行数据分布时，需要考虑机房信息，也就是说，尽量将同一个数据分片的多个副本分布到多个机房，从而防止单个机房出现故障而影响正常服务。

3. Paxos 选主副本

在前两种方案中，总控节点需要和工作节点之间保持租约（lease），当工作节点出现故障时，自动将它上面服务的主副本切换到其他工作节点。

如果采用 Paxos 协议选主副本，那么，每个数据分片的多个副本构成一个 Paxos 复制组。如图 3-12 所示，B1、B2、B3、B4 构成一个复制组，某一时刻 B1 为复制组的主副本，当 B1 出现故障时，其他副本将尝试切换为主副本，Paxos 协议保证只有一个副本会成功。这样，总控节点与工作节点之间不再需要保持租约，总控节点出现故障也不会对工作节点产生影响。

Google 后续开发的系统，包括 Google Megastore 以及 Spanner，都采用了这种方式。它的优点在于能够降低对总控节点的依赖，缺点在于工程复杂度太高，很难在线下模拟所有的异常情况。

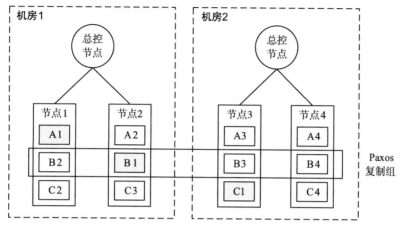

图 3-12 Paxos 选主副本

第二篇
范 型 篇

本篇内容

第 4 章　分布式文件系统

第 5 章　分布式键值系统

第 6 章　分布式表格系统

第 7 章　分布式数据库

第4章 分布式文件系统

分布式文件系统的主要功能有两个：一个是存储文档、图像、视频之类的 Blob 类型数据；另外一个是作为分布式表格系统的持久化层。

分布式文件系统中最为著名的莫过于 Google File System（GFS），它构建在廉价的普通 PC 服务器之上，支持自动容错。GFS 内部将大文件划分为大小约为 64MB 的数据块（chunk），并通过主控服务器（Master）实现元数据管理、副本管理、自动负载均衡等操作。其他文件系统，例如 Taobao File System（TFS）、Facebook Haystack 或多或少借鉴了 GFS 的思路，架构上都比较相近。

本章首先重点介绍 GFS 的内部实现机制，接着介绍 TFS 和 Facebook Haystack 的内部实现。最后，本章还会简单介绍内容分发网络（Content Delivery Network，CDN）技术，这种技术能够将图像、视频之类的数据缓存在离用户"最近"的网络节点上，从而降低访问延时，节省带宽。

4.1 Google 文件系统

Google 文件系统（GFS）是构建在廉价服务器之上的大型分布式系统。它将服务器故障视为正常现象，通过软件的方式自动容错，在保证系统可靠性和可用性的同时，大大降低系统的成本。

GFS 是 Google 分布式存储的基石，其他存储系统，如 Google Bigtable、Google Megastore、Google Percolator 均直接或者间接地构建在 GFS 之上。另外，Google 大规模批处理系统 MapReduce 也需要利用 GFS 作为海量数据的输入输出。

4.1.1 系统架构

如图 4-1 所示，GFS 系统的节点可分为三种角色：GFS Master（主控服务器）、GFS ChunkServer（CS，数据块服务器）以及 GFS 客户端。

GFS 文件被划分为固定大小的数据块（chunk），由主服务器在创建时分配一个 64 位全局唯一的 chunk 句柄。CS 以普通的 Linux 文件的形式将 chunk 存储在磁盘中。为了保证可靠性，chunk 在不同的机器中复制多份，默认为三份。

主控服务器中维护了系统的元数据，包括文件及 chunk 命名空间、文件到 chunk 之间的映射、chunk 位置信息。它也负责整个系统的全局控制，如 chunk 租约管理、垃圾回收无用 chunk、chunk 复制等。主控服务器会定期与 CS 通过心跳的方式交换信息。

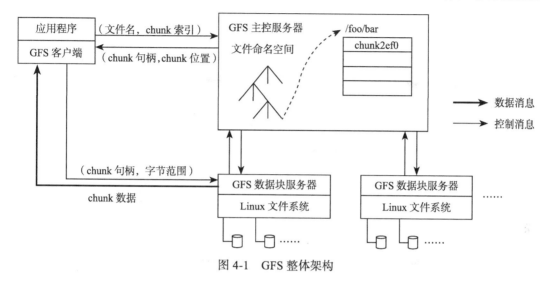

图 4-1 GFS 整体架构

客户端是 GFS 提供给应用程序的访问接口，它是一组专用接口，不遵循 POSIX 规范，以库文件的形式提供。客户端访问 GFS 时，首先访问主控服务器节点，获取与之进行交互的 CS 信息，然后直接访问这些 CS，完成数据存取工作。

需要注意的是，GFS 中的客户端不缓存文件数据，只缓存主控服务器中获取的元数据，这是由 GFS 的应用特点决定的。GFS 最主要的应用有两个：MapReduce 与 Bigtable。对于 MapReduce，GFS 客户端使用方式为顺序读写，没有缓存文件数据的必要；而 Bigtable 作为分布式表格系统，内部实现了一套缓存机制。另外，如何维护客户端缓存与实际数据之间的一致性是一个极其复杂的问题。

4.1.2 关键问题

1. 租约机制

GFS 数据追加以记录为单位，每个记录的大小为几十 KB 到几 MB 不等，如果每次记录追加都需要请求 Master，那么 Master 显然会成为系统的性能瓶颈，因此，GFS 系统中通过租约（lease）机制将 chunk 写操作授权给 ChunkServer。拥有租约授权的 ChunkServer 称为主 ChunkServer，其他副本所在的 ChunkServer 称为备 ChunkServer。租约授权针对单个 chunk，在租约有效期内，对该 chunk 的写操作都由主 ChunkServer 负责，从而减轻 Master 的负载。一般来说，租约的有效期比较长，比如 60 秒，只要没有出现异常，主 ChunkServer 可以不断向 Master 请求延长租约的有效期直到整个 chunk

写满。

假设 chunk A 在 GFS 中保存了三个副本 A1、A2、A3，其中，A1 是主副本。如果副本 A2 所在 ChunkServer 下线后又重新上线，并且在 A2 下线的过程中，副本 A1 和 A3 有更新，那么 A2 需要被 Master 当成垃圾回收掉。GFS 通过对每个 chunk 维护一个版本号来解决，每次给 chunk 进行租约授权或者主 ChunkServer 重新延长租约有效期时，Master 会将 chunk 的版本号加 1。A2 下线的过程中，副本 A1 和 A3 有更新，说明主 ChunkServer 向 Master 重新申请租约并增加了 A1 和 A3 的版本号，等到 A2 重新上线后，Master 能够发现 A2 的版本号太低，从而将 A2 标记为可删除的 chunk，Master 的垃圾回收任务会定时检查，并通知 ChunkServer 将 A2 回收掉。

2. 一致性模型

GFS 主要是为了追加（append）而不是改写（overwrite）而设计的。一方面是因为改写的需求比较少，或者可以通过追加来实现，比如可以只使用 GFS 的追加功能构建分布式表格系统 Bigtable；另一方面是因为追加的一致性模型相比改写要更加简单有效。考虑 chunk A 的三个副本 A1、A2、A3，有一个改写操作修改了 A1、A2 但没有修改 A3，这样，落到副本 A3 的读操作可能读到不正确的数据；相应地，如果有一个追加操作往 A1、A2 上追加了一个记录，但是追加 A3 失败，那么即使读操作落到副本 A3 也只是读到过期而不是错误的数据。

我们只讨论追加的一致性。如果不发生异常，追加成功的记录在 GFS 的各个副本中是确定并且严格一致的；但是如果出现了异常，可能出现某些副本追加成功而某些副本没有成功的情况，失败的副本可能会出现一些可识别的填充（padding）记录。GFS 客户端追加失败将重试，只要返回用户追加成功，说明在所有副本中都至少追加成功了一次。当然，可能出现记录在某些副本中被追加了多次，即重复记录；也可能出现一些可识别的填充记录，应用层需要能够处理这些问题。

另外，由于 GFS 支持多个客户端并发追加，多个客户端之间的顺序是无法保证的，同一个客户端连续追加成功的多个记录也可能被打断，比如客户端先后追加成功记录 R1 和 R2，由于追加 R1 和 R2 这两条记录的过程不是原子的，中途可能被其他客户端打断，那么 GFS 的 chunk 中记录的 R1 和 R2 可能不连续，中间夹杂着其他客户端追加的数据。

GFS 的这种一致性模型是追求性能导致的，这增加了应用程序开发的难度。对于 MapReduce 应用，由于其批处理特性，可以先将数据追加到一个临时文件，在临时文件中维护索引记录每个追加成功的记录的偏移，等到文件关闭时一次性将临时文件改名为最终文件。对于上层的 Bigtable，有两种处理方式，后面将会介绍。

3. 追加流程

追加流程是 GFS 系统中最为复杂的地方，而且，高效支持记录追加对基于 GFS 实现的分布式表格系统 Bigtable 是至关重要的。如图 4-2 所示，追加流程大致如下：

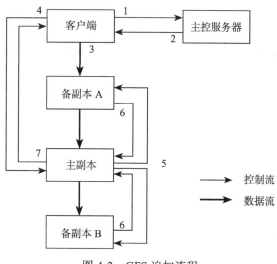

图 4-2 GFS 追加流程

1）客户端向 Master 请求 chunk 每个副本所在的 ChunkServer，其中主 ChunkServer 持有修改租约。如果没有 ChunkServer 持有租约，说明该 chunk 最近没有写操作，Master 会发起一个任务，按照一定的策略将 chunk 的租约授权给其中一台 ChunkServer。

2）Master 返回客户端主副本和备副本所在的 ChunkServer 的位置信息，客户端将缓存这些信息供以后使用。如果不出现故障，客户端以后读写该 chunk 都不需要再次请求 Master。

3）客户端将要追加的记录发送到每一个副本，每一个 ChunkServer 会在内部的 LRU 结构中缓存这些数据。GFS 中采用数据流和控制流分离的方法，从而能够基于网络拓扑结构更好地调度数据流的传输。

4）当所有副本都确认收到了数据，客户端发起一个写请求控制命令给主副本。由于主副本可能收到多个客户端对同一个 chunk 的并发追加操作，主副本将确定这些操作的顺序并写入本地。

5）主副本把写请求提交给所有的备副本。每一个备副本会根据主副本确定的顺序执行写操作。

6）备副本成功完成后应答主副本。

7）主副本应答客户端，如果有副本发生错误，将出现主副本写成功但是某些备本不成功的情况，客户端将重试。

GFS 追加流程有两个特色：流水线及分离数据流与控制流。流水线操作用来减少延时。当一个 ChunkServer 接收到一些数据，它就立即开始转发。由于采用全双工网络，立即发送数据并不会降低接收数据的速率。抛开网络阻塞，传输 B 个字节到 R 个副本的理想时间是 B/T + RL，其中 T 是网络吞吐量，L 是节点之间的延时。假设采用千兆网络，L 通常小于 1ms，传输 1MB 数据到多个副本的时间小于 13ms。分离数据流与控制流主要是为了优化数据传输，每一台机器都是把数据发送给网络拓扑图上"最近"的尚未收到数据的数据。举个例子，假设有三台 ChunkServer：S1、S2 和 S3，S1 与 S3 在同一个机架上，S2 在另外一个机架上，客户端部署在机器 S1 上。如果数据先从 S1 转发到 S2，再从 S2 转发到 S3，需要经历两次跨机架数据传输；相对地，按照 GFS 中的策略，数据先发送到 S1，接着从 S1 转发到 S3，最后转发到 S2，只需要一次跨机架数据传输。

分离数据流与控制流的前提是每次追加的数据都比较大，比如 MapReduce 批处理系统，而且这种分离增加了追加流程的复杂度。如果采用传统的主备复制方法，追加流程会在一定程度上得到简化，如图 4-3 所示：

1）同图 4-2 GFS 追加流程：客户端向 Master 请求 chunk 每个副本所在的 ChunkServer。

2）同图 4-2 GFS 追加流程：Master 返回客户端主副本和备副本所在 ChunkServer 的位置信息。

3）Client 将待追加数据发送到主副本，主副本可能收到多个客户端的并发追加请求，需要确定操作顺序，并写入本地。

4）主副本将数据通过流水线的方式转发给所有的备副本。

5）每个备副本收到待追加的记录数据后写入本地，所有副本都在本地写成功并且收到后一个副本的应答消息时向前一个副本回应，比如图 4-3 中备副本 A 需要等待备副本 B 应答成功且本地写成功后才可以应答主副本。

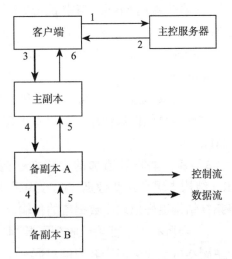

图 4-3　GFS 追加流程（数据流与控制流合并）

6）主副本应答客户端。如果客户端在超时时间之内没有收到主副本的应答，说明发生了错误，需要重试。

当然，实际的追加流程远远没有这么简单。追加的过程中可能出现主副本租约过期而失去 chunk 修改操作的授权，以及主副本或者备副本所在的 ChunkServer 出现故障，等等。由于篇幅有限，追加流程的异常处理留作读者思考。

4. 容错机制

（1）Master 容错

Master 容错与传统方法类似，通过操作日志加 checkpoint 的方式进行，并且有一台称为"Shadow Master"的实时热备。

Master 上保存了三种元数据信息：

❑ 命名空间（Name Space），也就是整个文件系统的目录结构以及 chunk 基本信息；
❑ 文件到 chunk 之间的映射；
❑ chunk 副本的位置信息，每个 chunk 通常有三个副本。

GFS Master 的修改操作总是先记录操作日志，然后修改内存。当 Master 发生故障重启时，可以通过磁盘中的操作日志恢复内存数据结构。另外，为了减少 Master 宕机恢复时间，Master 会定期将内存中的数据以 checkpoint 文件的形式转储到磁盘中，从而减少回放的日志量。为了进一步提高 Master 的可靠性和可用性，GFS 中还会执行实时热备，所有的元数据修改操作都必须保证发送到实时热备才算成功。远程的实时热备将实时接收 Master 发送的操作日志并在内存中回放这些元数据操作。如果 Master 宕机，还可以秒级切换到实时备机继续提供服务。为了保证同一时刻只有一台 Master，GFS 依赖 Google 内部的 Chubby 服务进行选主操作。

Master 需要持久化前两种元数据，即命名空间及文件到 chunk 之间的映射；对于第三种元数据，即 chunk 副本的位置信息，Master 可以选择不进行持久化，这是因为 ChunkServer 维护了这些信息，即使 Master 发生故障，也可以在重启时通过 ChunkServer 汇报来获取。

（2）ChunkServer 容错

GFS 采用复制多个副本的方式实现 ChunkServer 的容错，每个 chunk 有多个存储副本，分别存储在不同的 ChunkServer 上。对于每个 chunk，必须将所有的副本全部写入成功，才视为成功写入。如果相关的副本出现丢失或不可恢复的情况，Master 自动将副本复制到其他 ChunkServer，从而确保副本保持一定的个数。

另外，ChunkServer 会对存储的数据维持校验和。GFS 以 64MB 为 chunk 大小来划分文件，每个 chunk 又以 Block 为单位进行划分，Block 大小为 64KB，每个 Block 对应一个 32 位的校验和。当读取一个 chunk 副本时，ChunkServer 会将读取的数据和校验和进行比较，如果不匹配，就会返回错误，客户端将选择其他 ChunkServer 上的副本。

4.1.3　Master 设计

1.　Master 内存占用

Master 维护了系统中的元数据，包括文件及 chunk 命名空间、文件到 chunk 之间的映射、chunk 副本的位置信息。其中前两种元数据需要持久化到磁盘，chunk 副本的位置信息不需要持久化，可以通过 ChunkServer 汇报获取。

内存是 Master 的稀有资源，接下来介绍如何估算 Master 的内存使用量。chunk 的元信息包括全局唯一的 ID、版本号、每个副本所在的 ChunkServer 编号、引用计数等。GFS 系统中每个 chunk 大小为 64MB，默认存储 3 份，每个 chunk 的元数据小于 64 字节。那么 1PB 数据的 chunk 元信息大小不超过 1PB×3 / 64MB×64 = 3GB。另外，Master 对命名空间进行了压缩存储，例如有两个文件 foo1 和 foo2 都存放在目录 /home/very_long_directory_name/ 中，那么目录名在内存中只需要存放一次。压缩存储后，每个文件在文件命名空间的元数据也不超过 64 字节，由于 GFS 中的文件一般都是大文件，因此，文件命名空间占用内存不多。这也就说明了 Master 内存容量不会成为 GFS 的系统瓶颈。

2.　负载均衡

GFS 中副本的分布策略需要考虑多种因素，如网络拓扑、机架分布、磁盘利用率等。为了提高系统的可用性，GFS 会避免将同一个 chunk 的所有副本都存放在同一个机架的情况。

系统中需要创建 chunk 副本的情况有三种：chunk 创建、chunk 复制（re-replication）以及负载均衡（rebalancing）。

当 Master 创建了一个 chunk，它会根据如下因素来选择 chunk 副本的初始位置：1) 新副本所在的 ChunkServer 的磁盘利用率低于平均水平；2) 限制每个 Chunk-Server "最近" 创建的数量；3）每个 chunk 的所有副本不能在同一个机架。第二点容易忽略但却很重要，因为创建完 chunk 以后通常需要马上写入数据，如果不限制 "最近" 创建的数量，当一台空的 ChunkServer 上线时，由于磁盘利用率低，可能导致大量的 chunk 瞬间迁移到这台机器从而将它压垮。

当 chunk 的副本数量小于一定的数量后，Master 会尝试重新复制一个 chunk 副本。可能的原因包括 ChunkServer 宕机或者 ChunkServer 报告自己的副本损坏，或者 ChunkServer 的某个磁盘故障，或者用户动态增加了 chunk 的副本数，等等。每个 chunk 复制任务都有一个优先级，按照优先级从高到低在 Master 排队等待执行。例如，只有一个副本的 chunk 需要优先复制。另外，GFS 会提高所有阻塞客户端操作的 chunk 复制任务的优先级，例如客户端正在往一个只有一个副本的 chunk 追加数据，如果限制至少需要追加成功两个副本，那么这个 chunk 复制任务会阻塞客户端写操作，需要提高优先级。

最后，Master 会定期扫描当前副本的分布情况，如果发现磁盘使用量或者机器负载不均衡，将执行重新负载均衡操作。

无论是 chunk 创建，chunk 重新复制，还是重新负载均衡，这些操作选择 chunk 副本位置的策略都是相同的，并且需要限制重新复制和重新负载均衡任务的拷贝速度，否则可能影响系统正常的读写服务。

3. 垃圾回收

GFS 采用延迟删除的机制，也就是说，当删除文件后，GFS 并不要求立即归还可用的物理存储，而是在元数据中将文件改名为一个隐藏的名字，并且包含一个删除时间戳。Master 定时检查，如果发现文件删除超过一段时间（默认为 3 天，可配置），那么它会把文件从内存元数据中删除，以后 ChunkServer 和 Master 的心跳消息中，每一个 ChunkServer 都将报告自己的 chunk 集合，Master 会回复在 Master 元数据中已经不存在的 chunk 信息，这时，ChunkServer 会释放这些 chunk 副本。为了减轻系统的负载，垃圾回收一般在服务低峰期执行，比如每天晚上凌晨 1:00 开始。

另外，chunk 副本可能会因为 ChunkServer 失效期间丢失了对 chunk 的修改操作而导致过期。系统对每个 chunk 都维护了版本号，过期的 chunk 可以通过版本号检测出来。Master 仍然通过正常的垃圾回收机制来删除过期的副本。

4. 快照

快照（Snapshot）操作是对源文件 / 目录进行一个"快照"操作，生成该时刻源文件 / 目录的一个瞬间状态存放于目标文件 / 目录中。GFS 中使用标准的写时复制机制生成快照，也就是说，"快照"只是增加 GFS 中 chunk 的引用计数，表示这个 chunk 被快照文件引用了，等到客户端修改这个 chunk 时，才需要在 ChunkServer 中拷贝 chunk 的数据生成新的 chunk，后续的修改操作落到新生成的 chunk 上。

为了对某个文件做快照，首先需要停止这个文件的写服务，接着增加这个文件的所有 chunk 的引用计数，以后修改这些 chunk 时会拷贝生成新的 chunk。对某个文件执行快照的大致步骤如下：

1）通过租约机制收回对文件的每个 chunk 写权限，停止对文件的写服务；

2）Master 拷贝文件名等元数据生成一个新的快照文件；

3）对执行快照的文件的所有 chunk 增加引用计数。

例如，对文件 foo 执行快照操作生成 foo_backup，foo 在 GFS 中有三个 chunk：C1、C2 和 C3（简单起见，假设每个 chunk 只有一个副本）。Master 首先需要收回 C1、

C2 和 C3 的写租约，从而保证文件 foo 处于一致的状态，接着 Master 复制 foo 文件的元数据用于生成 foo_backup，foo_backup 同样指向 C1、C2 和 C3。快照前，C1、C2 和 C3 只被一个文件 foo 引用，因此引用计数为 1；执行快照操作后，这些 chunk 的引用计数增加为 2。以后客户端再次向 C3 追加数据时，Master 发现 C3 的引用计数大于 1，通知 C3 所在的 ChunkServer 本次拷贝 C3 生成 C3′，客户端的追加操作也相应地转向 C3′。

4.1.4 ChunkServer 设计

ChunkServer 管理大小约为 64MB 的 chunk，存储的时候需要保证 chunk 尽可能均匀地分布在不同的磁盘之中，需要考虑的可能因素包括磁盘空间、最近新建 chunk 数等。另外，Linux 文件系统删除 64MB 大文件消耗的时间太长且没有必要，因此，删除 chunk 时可以只将对应的 chunk 文件移动到每个磁盘的回收站，以后新建 chunk 的时候可以重用。

ChunkServer 是一个磁盘和网络 IO 密集型应用，为了最大限度地发挥机器性能，需要能够做到将磁盘和网络操作异步化，但这会增加代码实现的难度。

4.1.5 讨论

从 GFS 的架构设计可以看出，GFS 是一个具有良好可扩展性并能够在软件层面自动处理各种异常情况的系统。Google 是一家很重视自动化的公司，从早期的 GFS，再到 Bigtable、Megastore，以及最近的 Spanner，Google 的分布式存储系统在这一点上一脉相承。由于 Google 的系统一开始能很好地解决可扩展性问题，所以后续的系统能够构建在前一个系统之上并且一步一步引入新的功能，如 Bigtable 在 GFS 之上将海量数据组织成表格形式，Megastore、Spanner 又进一步在 Bigtable 之上融合一些关系型数据库的功能，整个解决方案完美华丽。

自动化对系统的容错能力提出了很高的要求，在设计 GFS 时认为节点失效是常态，通过在软件层面进行故障检测，并且通过 chunk 复制操作将原有故障节点的服务迁移到新的节点。系统还会根据一定的策略，如磁盘使用情况、机器负载等执行负载均衡操作。Google 在软件层面的努力获得了巨大的回报，由于软件层面能够做到自动化容错，底层的硬件可以采用廉价的错误率较高的硬件，比如廉价的 SATA 盘，这大大降低了云服务的成本，在和其他厂商的竞争中表现出价格优势。比较典型的例子就是 Google 的邮箱服务，由于基础设施成本低，Gmail 服务能够免费给用户提供更大的容量，令其他厂商望尘莫及。

Google 的成功经验也表明了一点：单 Master 的设计是可行的。单 Master 的设计不仅简化了系统，而且能够较好地实现一致性，后面我们将要看到的绝大多数分布式存储系统都和 GFS 一样依赖单总控节点。然而，单 Master 的设计并不意味着实现 GFS 只是一些比较简单琐碎的工作。基于性能考虑，GFS 提出了"记录至少原子性追加一次"的一致性模型，通过租约的方式将每个 chunk 的修改授权下放到 ChunkServer 从而减少 Master 的负载，通过流水线的方式复制多个副本以减少延时，追加流程复杂繁琐。另外，Master 维护的元数据有很多，需要设计高效的数据结构，占用内存小，并且能够支持快照操作。支持写时复制的 B 树能够满足 Master 的元数据管理需求，然而，它的实现是相当复杂的。

4.2 Taobao File System

互联网应用经常需要存储用户上传的文档、图片、视频等，比如 Facebook 相册、淘宝图片、Dropbox 文档等。文档、图片、视频一般称为 Blob 数据，存储 Blob 数据的文件系统也相应地称为 Blob 存储系统。每个 Blob 数据一般都比较大，而且多个 Blob 之间没有关联。Blob 文件系统的特点是数据写入后基本都是只读，很少出现更新操作。这两节分别以 Taobao File System 和 Facebook Haystack 为例说明 Blob 文件系统的架构。

2007 年以前淘宝的图片存储系统使用了昂贵的 NetApp 存储设备，由于淘宝数据量大且增长很快，出于性能和成本的考虑，淘宝自主研发了 Blob 存储系统 Taobao File System（TFS）。目前，TFS 中存储的图片规模已经达到百亿级别。

TFS 架构设计时需要考虑如下两个问题：

❑ Metadata 信息存储。由于图片数量巨大，单机存放不了所有的元数据信息，假设每个图片文件的元数据占用 100 字节，100 亿图片的元数据占用的空间为 10G×0.1KB = 1TB，单台机器无法提供元数据服务。

❑ 减少图片读取的 IO 次数。在普通的 Linux 文件系统中，读取一个文件包括三次磁盘 IO：首先读取目录元数据到内存，其次把文件的 inode 节点装载到内存，最后读取实际的文件内容。由于小文件个数太多，无法将所有目录及文件的 inode 信息缓存到内存，因此磁盘 IO 次数很难达到每个图片读取只需要一次磁盘 IO 的理想状态。

因此，TFS 设计时采用的思路是：**多个逻辑图片文件共享一个物理文件**。

4.2.1 系统架构

TFS 架构上借鉴了 GFS，但与 GFS 又有很大的不同。首先，TFS 内部不维护文件目录树，每个小文件使用一个 64 位的编号表示；其次，TFS 是一个读多写少的应用，相比 GFS，TFS 的写流程可以做得更加简单有效。

如图 4-4 所示，一个 TFS 集群由两个 NameServer 节点（一主一备）和多个 DataServer 节点组成，NameServer 通过心跳对 DataSrver 的状态进行监测。NameServer 相当于 GFS 中的 Master，DataServer 相当于 GFS 中的 ChunkServer。NameServer 区分 为主 NameServer 和备 NameServer，只有主 NameServer 提供服务，当主 NameServer 出现故障时，能够被心跳守护进程检测到，并将服务切换到备 NameServer。每个 DataServer 上会运行多个 dsp 进程，一个 dsp 对应一个挂载点，这个挂载点一般对应一 个独立磁盘，从而管理多块磁盘。

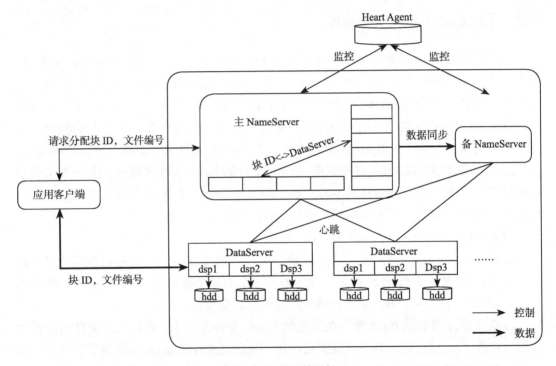

图 4-4　TFS 整体架构

在 TFS 中，将大量的小文件（实际数据文件）合并成一个大文件，这个大文件称 为块（Block），每个 Block 拥有在集群内唯一的编号（块 ID），通过 <块 ID，文件编号> 可以唯一确定一个文件。TFS 中 Block 的实际数据都存储在 DataServer 中，大小一般为 64MB，默认存储三份，相当于 GFS 中的 chunk。应用客户端是 TFS 提供给应用程序的 访问接口，应用客户端不缓存文件数据，只缓存 NameServer 的元数据。

1. 追加流程

TFS 中的追加流程相比 GFS 要简单有效很多。GFS 中为了减少对 Master 的压力，引入了租约机制，从而将修改权限下放到主 ChunkServer，很多追加操作都不需要 Master 参与。然而，TFS 是写少读多的应用，即使每次写操作都需要经过 NameNode 也不会出现问题，大大简化了系统的设计。另外，TFS 中也不需要支持类似 GFS 的多客户端并发追加操作，同一时刻每个 Block 只能有一个写操作，多个客户端的写操作会被串行化。

如图 4-5 所示，客户端首先向 NameServer 发起写请求，NameServer 需要根据 DataServer 上的可写块、容量和负载加权平均来选择一个可写的 Block，并且在该 Block 所在的多个 DataServer 中选择一个作为写入的主副本（Primary），其他的作为备副本（Secondary）。接着，客户端向主副本写入数据，主副本将数据同步到多个备副本。如果所有的副本都修改成功，主副本会首先通知 NameServer 更新 Block 的版本号，成功以后才会返回客户端操作结果。如果中间发生任何错误，客户端都可以从第一步开始重试。相比 GFS，TFS 的写流程不够优化，第一，每个写请求都需要多次访问 NameServer；第二，数据推送也没有采用流水线方式减小延迟。淘宝的系统是需求驱动的，用最简单的方式解决用户面临的问题。

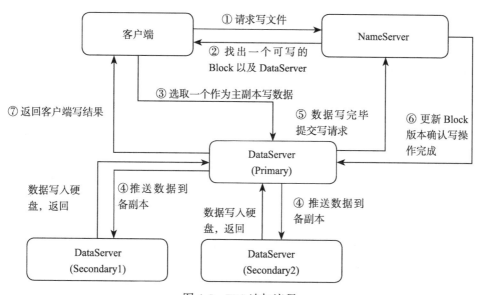

图 4-5　TFS 追加流程

每个写操作返回后，会返回客户端两个信息，小文件在 TFS 中的 Block 编号（Block id）以及文件编号（File id）。应用系统会将这些信息保存到数据库中，图片读取的时候首先根据 Block 编号从 NameServer 查找 Block 所在的 DataServer，然后根据文件编号读取图片数据。TFS 的一致性模型保证所有返回给客户端的 <Block id,

File id> 标识的图片数据在 TFS 中的所有副本都是有效的。

2. NameServer

NameServer 主要功能是：Block 管理，包括创建、删除、复制、重新均衡；Data-Server 管理，包括心跳、DataServer 加入及退出；以及管理 Block 与所在 DataServer 之间的映射关系。与 GFS Master 相比，TFS NameServer 最大的不同就是不需要保存文件目录树信息，也不需要维护文件与 Block 之间的映射关系。

NameServer 与 DataServer 之间保持心跳，如果 NameServer 发现某台 DataServer 发生故障，需要执行 Block 复制操作；如果新 DataServer 加入，NameServer 会触发 Block 负载均衡操作。和 GFS 类似，TFS 的负载均衡需要考虑很多因素，如机架分布、磁盘利用率、DataServer 读写负载等。另外，新 DataServer 加入集群时也需要限制同时迁入的 Block 数量防止被压垮。

NameServer 采用了 HA 结构，一主一备，主 NameServer 上的操作会重放至备 NameServer。如果主 NameServer 出现问题，可以实时切换到备 NameServer。

4.2.2 讨论

图片应用中有几个问题，第一个问题是图片去重，第二个问题是图片更新与删除。

由于用户可能上传大量相同的图片，因此，图片上传到 TFS 前，需要去重。一般在外部维护一套文件级别的去重系统（Dedup），采用 MD5 或者 SHA1 等 Hash 算法为图片文件计算指纹（FingerPrint）。图片写入 TFS 之前首先到去重系统中查找是否存在指纹，如果已经存在，基本可以认为是重复图片；图片写入 TFS 以后也需要将图片的指纹以及在 TFS 中的位置信息保存到去重系统中。去重是一个键值存储系统，淘宝内部使用 5.2 节中的 Tair 来进行图片去重。

图片的更新操作是在 TFS 中写入新图片，并在应用系统的数据库中保存新图片的位置，图片的删除操作仅仅在应用系统中将图片删除。图片在 TFS 中的位置是通过 <Block id, File id> 而不是 <Block id, Block offset> 标识的，这是因为，如果采用 Block offest 标识，每个 Block 中只要还有一个有效的图片文件就无法回收，也无法对 Block 文件进行重整。如果系统的更新和删除比较频繁，需要考虑磁盘空间的回收，这点会在 Facebook Haystack 系统中具体说明。

4.3 Facebook Haystack

Facebook 目前存储了 2600 亿张照片，总大小为 20PB，通过计算可以得出每张照片的平均大小为 20PB / 260GB，约为 80KB。用户每周新增照片数为 10 亿（总大小为 60TB），平均每秒新增的照片数为 10^9 / 7 / 40000（按每天 40000s 计），约为每秒 3500

次写操作，读操作峰值可以达到每秒百万次。

Facebook 相册后端早期采用基于 NAS 的存储，通过 NFS 挂载 NAS 中的照片文件来提供服务。后来出于性能和成本考虑，自主研发了 Facebook Haystack 存储相册数据。

4.3.1 系统架构

Facebook Haystack 的思路与 TFS 类似，也是多个逻辑文件共享一个物理文件。Haystack 架构及读请求处理流程如图 4-6 所示。

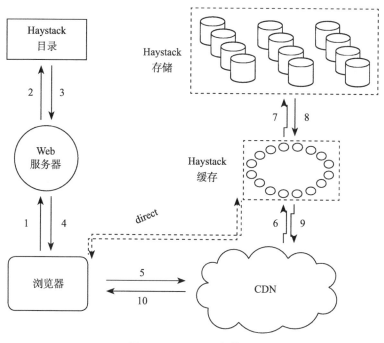

图 4-6 Haystack 架构图

Haystack 系统主要包括三个部分：目录（Directory）、存储（Store）以及缓存（Cache）。Haystack 存储是物理存储节点，以物理卷轴（physical volume）的形式组织存储空间，每个物理卷轴一般都很大，比如 100GB，这样 10TB 的数据也只需 100 个物理卷轴。每个物理卷轴对应一个物理文件，因此，每个存储节点上的物理文件元数据都很小。多个物理存储节点上的物理卷轴组成一个逻辑卷轴（logical volume），用于备份。Haystack 目录存放逻辑卷轴和物理卷轴的对应关系，以及照片 id 到逻辑卷轴之间的映射关系。Haystack 缓存主要用于解决对 CDN 提供商过于依赖的问题，提供最近增加的照片的缓存服务。

Haystack 照片读取请求大致流程为：用户访问一个页面时，Web 服务器请求 Haystack 目录构造一个 URL：http:// <CDN> / <Cache> / <Machine id> / <Logical volume, Photo>，后续根据各个部分的信息依次访问 CDN、Haystack 缓存和后端的 Haystack 存储节点。Haystack 目录构造 URL 时可以省略 <CDN> 部分从而使得用户直接请求 Haystack 缓存而不必经过 CDN。Haystack 缓存收到的请求包含两个部分：用户浏览器的请求及 CDN 的请求，Haystack 缓存只缓存用户浏览器发送的请求且要求请求的 Haystack 存储节点是可写的。一般来说，Haystack 后端的存储节点写一段时间以后达到容量上限变为只读，因此，可写节点的照片为最近增加的照片，是热点数据。本节暂不讨论 CDN，只讨论 Haystack 后端存储系统，包括 Haystack 目录和 Haystack 缓存两个部分。

1. 写流程

如图 4-7 所示，Haystack 的写请求（照片上传）处理流程为：Web 服务器首先请求 Haystack 目录获取可写的逻辑卷轴，接着生成照片唯一 id 并将数据写入每一个对应的物理卷轴（备份数一般为 3）。写操作成功要求所有的物理卷轴都成功，如果中间出现故障，需要重试。

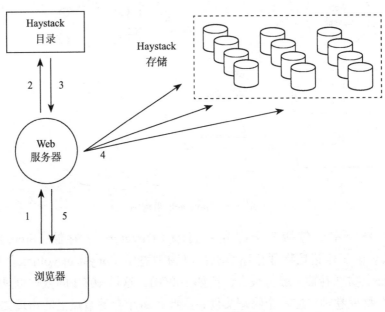

图 4-7　Haystack 写流程

Haystack 的一致性模型保证只要写操作成功，逻辑卷轴对应的所有物理卷轴都存在一个有效的照片文件，但有效照片文件在不同物理卷轴中的偏移（offset）可能不同。

Haystack 存储节点只支持追加操作，如果需要更新一张照片，可以新增一张编号相同的照片到系统中，如果新增照片和原有的照片在不同的逻辑卷轴，Haystack 目录的元数据会更新为最新的逻辑卷轴；如果新增照片和原有的照片在相同的逻辑卷轴，Haystack 存储会以偏移更大的照片文件为准。

2. 容错处理

（1）Haystack 存储节点容错

检测到存储节点故障时，所有物理卷轴对应的逻辑卷轴都被标记为只读。存储节点上的未完成的写操作全部失败，写操作将重试；如果发生故障的存储节点不可恢复，需要执行一个拷贝任务，从其他副本所在的存储节点拷贝丢失的物理卷轴的数据；由于物理卷轴一般很大，比如 100GB，所以拷贝的过程会很长，一般为小时级别。

（2）Haystack 目录容错

Haystack 目录采用主备数据库（Replicated Database）做持久化存储，由主备数据库提供容错机制。

3. Haystack 目录

Haystack 目录的功能如下：

1）提供逻辑卷轴到物理卷轴的映射，维护照片 id 到逻辑卷轴的映射；

2）提供负载均衡，为写操作选择逻辑卷轴，读操作选择物理卷轴；

3）屏蔽 CDN 服务，可以选择某些图片请求直接走 Haystack 缓存；

4）标记某些逻辑卷轴为只读。

根据前面的计算结果可知，Facebook 相册系统每秒的写操作大约为 3500 次，每秒的读请求大约为 100 万次。每个写请求都需要通过 Haystack 目录获取可写的卷轴，每个读请求需要通过 Haystack 目录构造读取 URL。这里需要注意，照片 id 到逻辑卷轴的映射的数据量太大，单机内存无法存放，笔者猜测内部使用了 MySQL Sharding 集群，另外，还增加了一个 Memcache 集群满足查询需求。

4. Haystack 存储

Haystack 存储保存物理卷轴，每个物理卷轴对应文件系统中的一个物理文件，每个物理文件的格式如图 4-8 所示。

多个照片文件存放在一个物理卷轴中，每个照片文件是一个 Needle，包含实际数据及逻辑照片文件的元数据。部分元数据需要装载到内存中用于照片查找，包括 Key（照片 id，8 字节），Alternate Key（照片规格，包括 Thumbnail、Small、Medium 及 Large，4 字节），照片在物理卷轴的偏移 Offset（4 字节），照片的大小 Size（4 字节），每张照片占用 8 + 8 + 4 = 20 字节的空间，假设每台机器的可用磁盘为 8TB，照片平均大小为

80KB，单机存储的照片数为 8TB / 80KB = 100MB，占用内存 100MB×20 = 2GB。

存储节点宕机时，需要恢复内存中的逻辑照片查找表，扫描整个物理卷轴耗时太长，因此，对每个物理卷轴维护了一个索引文件（Index File），保存每个 Needle 查找相关的元数据。写操作首先更新物理卷轴文件，然后异步更新索引文件。由于更新索引文件是异步的，所以可能出现索引文件和物理卷轴文件不一致的情况，不过由于对物理卷轴文件和索引文件的操作都是追加操作，只需要扫描物理卷轴文件最后写入的几个 Needle，然后补全索引文件即可。这种技术在仅支持追加的文件系统很常见。

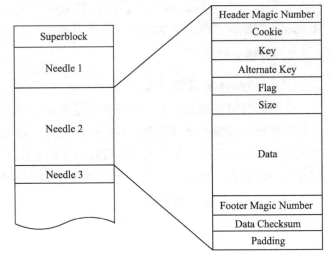

图 4-8　Haystack 数据块格式

Haystack Store 存储节点采用延迟删除的回收策略，删除照片只是向卷轴中追加一个带有删除标记的 Needle，定时执行 Compaction 任务回收已删除空间。所谓 Compaction 操作，即将所有老数据文件中的数据扫描一遍，以保留最新一个照片的原则进行删除，并生成新的数据文件。

4.3.2　讨论

和 TFS 类似，Haystack 采用 < 逻辑卷轴，照片 id> 唯一标识一个照片文件，而照片文件在物理卷轴中的偏移可能不同。这样，如果删除或者更新照片文件导致物理卷轴中包含过多空洞，可以通过 Compaction 操作将物理卷轴重整，从而回收磁盘空间。

Facebook Haystack 中每个逻辑卷轴的大小为 100GB，这样减少了元信息，但是增加了迁移的时间。假设限制内部网络带宽为 20MB/s，那么迁移 100GB 的数据需要的时间为 100GB/20MB/s = 5000s，大约是一个半小时。而 TFS 设计的数据规模相比 Haystack 要小，因此，可以选择 64MB 的块大小，有利于负载均衡。

另外，Haystack 使用 RAID 6，并且底层文件系统使用性能更好的 XFS，淘宝 TFS 不使用 RAID 机制，文件系统使用 Ext3，由应用程序负责管理多个磁盘。Haystack 使用了 Akamai & Limelight 的 CDN 服务，而淘宝已经使用自建的 CDN，当然，Facebook

也在考虑自建 CDN。

4.4　内容分发网络

CDN 通过将网络内容发布到靠近用户的边缘节点，使不同地域的用户在访问相同网页时可以就近获取。这样既可以减轻源服务器的负担，也可以减少整个网络中的流量分布不均的情况，进而改善整个网络性能。所谓的边缘节点是 CDN 服务提供商经过精心挑选的距离用户非常近的服务器节点，仅"一跳"（Single Hop）之遥。用户在访问时就无需再经过多个路由器，大大减少访问时间。

从图 4-9 可以看出，DNS 在对域名解析时不再向用户返回源服务器的 IP，而是返回了由智能 CDN 负载均衡系统选定的某个边缘节点的 IP。用户利用这个 IP 访问边缘节点，然后该节点通过其内部 DNS 解析得到源服务器 IP 并发出请求来获取用户所需的页面，如果请求成功，边缘节点会将页面缓存下来，下次用户访问时可以直接读取，而不需要每次都访问源服务器。

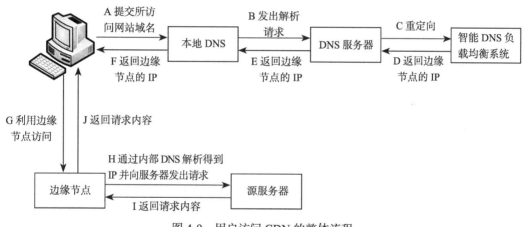

图 4-9　用户访问 CDN 的整体流程

4.4.1　CDN 架构

淘宝 CDN 系统用于支持用户购物，尤其是"双 11"光棍节时的海量图片请求。如图 4-10 所示，图片存储在后台的 TFS 集群中，CDN 系统将这些图片缓存到离用户最近的边缘节点。CDN 采用两级 Cache：L1-Cache 以及 L2-Cache。用户访问淘宝网的图片时，通过全局调度系统（Global Load Balancing）调度到某个 L1-Cache 节点。如果 L1-Cache 命中，那么直接将图片数据返回用户；否则，请求 L2-Cache 节点，并将返回的图片数据缓存到 L1-Cache 节点。如果 L2-Cache 命中，直接将图片数据返回给 L1-

Cache 节点；否则，请求源服务器的图片服务器集群。每台图片服务器是一个运行着 Nginx 的 Web 服务器，它还会在本地缓存图片，只有当本地缓存也不命中时才会请求后端的 TFS 集群，图片服务器集群和 TFS 集群部署在同一个数据中心内。

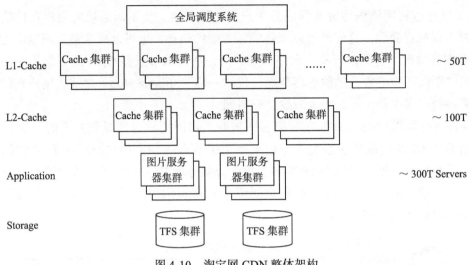

图 4-10 淘宝网 CDN 整体架构

对于每个 CDN 节点，其架构如图 4-11 所示。从图中可以看出，每个 CDN 节点内部通过 LVS + Haproxy 的方式进行负载均衡。其中，LVS 是四层负载均衡软件，性能好；Haproxy 是七层负载均衡软件，能够支持更加灵活的负载均衡策略。通过有机结合两者，可以将不同的图片请求调度到不同的 Squid 服务器。

Squid 服务器用来缓存 Blob 图片数据。用户的请求按照一定的策略发送给某台 Squid 服务器，如果缓存命中则直接返回；否则，Squid 服务器首先会请求源服务器获取图片缓存到本地，接着

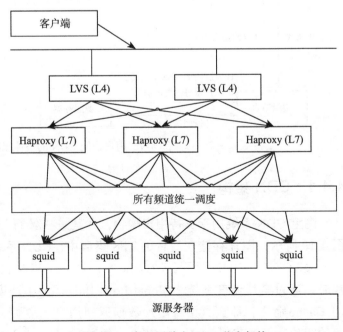

图 4-11 淘宝网单个 CDN 节点架构

再将图片数据返回给用户。数据通过一致性哈希的方式分布到不同的 Squid 服务器，使得增加 / 删除服务器只需要移动 1/n（n 为 Squid 服务器总数）的对象。

相比分布式存储系统，分布式缓存系统的实现要容易很多。这是因为缓存系统不需要考虑数据持久化，如果缓存服务器出现故障，只需要简单地将它从集群中剔除即可。

1. 分级存储

分级存储是淘宝 CDN 架构的一个很大创新。由于缓存数据有较高的局部性，在 Squid 服务器上使用 SSD + SAS + SATA 混合存储，图片随着热点变化而迁移，最热门的存储到 SSD，中等热度的存储到 SAS，轻热度的存储到 SATA。通过这样的方式，能够很好地结合 SSD 的性能和 SAS、SATA 磁盘的成本优势。

2. 低功耗服务器定制

淘宝 CDN 架构的另外一个亮点是低功耗服务器定制。CDN 缓存服务是 IO 密集型而不是 CPU 密集型的服务，因此，选用 Intel Atom CPU 定制低功耗服务器，在保证服务性能的前提下大大降低了整体功耗。

4.4.2　讨论

由于 Blob 存储系统读访问量大，更新和删除很少，特别适合通过 CDN 技术分发到离用户最近的节点。CDN 也是一种缓存，需要考虑与源服务器之间的一致性。源服务器更新或者删除了 Blob 数据，需要能够比较实时地推送到 CDN 缓存节点，否则只能等到缓存中的对象被淘汰，而对象的有效期一般很长，热门对象很难被淘汰。

另外，淘宝在研发 CDN 的过程中也发现，随着系统的规模越来越大，商用软件往往很难满足需求，通过采用开源软件与自主开发相结合的方式，可以有更好的可控性，系统也有更高的可扩展性。互联网技术的优势在于规模效应，随着规模越来越大，单位成本也会越来越低。

当然，随着硬件技术的发展，淘宝 CDN 架构也经历着变革。例如 SSD 价格快速下降，使得 SSD + SAS + SATA 分级存储的优势不再明显，新上线的 CDN 缓存节点配备的磁盘均为 SSD。

第5章 分布式键值系统

分布式键值模型可以看成是分布式表格模型的一种特例。然而，由于它只支持针对单个 key-value 的增、删、查、改操作，因此，适用 3.3.1 节提到的哈希分布算法。

Amazon Dynamo 是分布式键值系统，最初用于支持购物车应用。Dynamo 将很多分布式技术融合到一个系统内，学习 Dynamo 的设计对理解分布式系统的理论很有帮助。当然，这个系统的主要价值在于学术层面，从工程的角度看，Dynamo 牺牲了一致性，却没有换来什么好处，不适合直接模仿。

Tair 是淘宝网开发的分布式键值系统，它借鉴了 Dynamo 系统的一些设计思路并做了一些创新，其中最大的变化就是从 P2P 架构修改为带有中心节点的架构，笔者认为，这种思路在大方向上是正确的。

本章首先详细介绍 Amazon Dynamo 的设计思路，接着介绍淘宝网的 Tair 系统。

5.1 Amazon Dynamo

Dynamo 以很简单的键值方式存储数据，不支持复杂的查询。Dynamo 中存储的是数据值的原始形式，不解析数据的具体内容。Dynamo 主要用于 Amazon 的购物车及 S3 云存储服务。

Dynamo 通过组合 P2P 的各种技术打造了线上可运行的分布式键值系统，表 5-1 中列出了 Dynamo 设计时面临的问题及最终采取的解决方案。

表 5-1　Dynamo 设计时面临的问题及解决方案

问　　题	采取的技术
数据分布	改进的一致性哈希（虚拟节点）
复制协议	复制写协议（Replicated-write protocol，NWR 参数可调）
数据冲突处理	向量时钟
临时故障处理	数据回传机制（Hinted handoff）
永久故障后的恢复	Merkle 哈希树
成员资格及错误检测	基于 Gossip 的成员资格和错误检测协议

5.1.1 数据分布

Dynamo 系统采用 3.3.1 节（见图 3-2）中介绍的一致性哈希算法将数据分布到多个

存储节点中。一致性哈希算法思想如下：给系统中每个节点分配一个随机 token，这些 token 构成一个哈希环。执行数据存放操作时，先计算主键的哈希值，然后存放到顺时针方向第一个大于或者等于该哈希值的 token 所在的节点。一致性哈希的优点在于节点加入 / 删除时只会影响到在哈希环中相邻的节点，而对其他节点没影响。

考虑到节点的异构性，不同节点的处理能力差别可能很大，Dynamo 使用了改进的一致性哈希算法：每个物理节点根据其性能的差异分配多个 token，每个 token 对应一个"虚拟节点"。每个虚拟节点的处理能力基本相当，并随机分布在哈希空间中。存储时，数据按照哈希值落到某个虚拟节点负责的区域，然后被存储在该虚拟节点所对应的物理节点中。

如图 5-1 所示，某 Dynamo 集群中原来有 3 个节点，每个节点分配了 3 个 token：节点 1（1，2，7），节点 2（3，4，8），节点 3（0，5，6）。存放数据时，首先计算主键的哈希值，并根据哈希值将数据存放到对应 token 所在的节点。假设增加节点 4，Dynamo 集群可能会分别将节点 1 和节点 3 的 token 1 和 token 5 迁移到节点 4，节点 token 分配情况变为：节点 1（2，7），节点 2（3，4，8），节点 3（0，6）以及节点 4（1，5）。这样就实现了自动负载均衡。

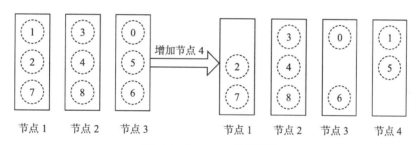

图 5-1　Dynamo 虚拟节点

为了找到数据所属的节点，要求每个节点维护一定的集群信息用于定位。Dynamo 系统中每个节点维护整个集群的信息，客户端也缓存整个集群的信息，因此，绝大部分请求能够一次定位到目标节点。

由于机器或者人为的因素，系统中的节点成员加入或者删除经常发生，为了保证每个节点缓存的都是 Dynamo 集群中最新的成员信息，所有节点每隔固定时间（比如 1s）通过 Gossip 协议的方式从其他节点中任意选择一个与之通信的节点。如果连接成功，双方交换各自保存的集群信息。

Gossip 协议用于 P2P 系统中自治的节点协调对整个集群的认识，比如集群的节点状态、负载情况。我们先看看两个节点 A 和 B 是如何交换对世界的认识的：

1）A 告诉 B 其管理的所有节点的版本（包括 Down 状态和 Up 状态的节点）；

2）B 告诉 A 哪些版本它比较旧了，哪些版本它有最新的，然后把最新的那些节点发给 A（处于 Down 状态的节点由于版本没有发生更新所以不会被关注）；

3）A 将 B 中比较旧的节点发送给 B，同时将 B 发送来的最新节点信息做本地更新；

4）B 收到 A 发来的最新节点信息后，对本地缓存的比较旧的节点做更新。

由于种子节点的存在，新节点加入可以做得比较简单。新节点加入时首先与种子节点交换集群信息，从而对集群有了认识。DHT（Distributed Hash Table，也称为一致性哈希表）环中原有的其他节点也会定期和种子节点交换集群信息，从而发现新节点的加入。

集群不断变化，可能随时有机器下线，因此，每个节点还需要定期通过 Gossip 协议同其他节点交换集群信息。如果发现某个节点很长时间状态都没有更新，比如距离上次更新的时间间隔超过一定的阈值，则认为该节点已经下线了。

5.1.2 一致性与复制

为了处理节点失效的情况（DHT 环中删除节点），需要对节点的数据进行复制。思路如下：假设数据存储 N 份，DHT 定位到的数据所属节点为 K，则数据存储在节点 K, $K+1$, ..., $K+N-1$ 上。如果第 $K + i$ ($0 \leqslant i \leqslant N-1$) 台机器宕机，则往后找一台机器 $K+N$ 临时替代。如果第 $K+i$ 台机器重启，临时替代的机器 $K+N$ 能够通过 Gossip 协议发现，它会将这些临时数据归还 $K+i$，这个过程在 Dynamo 中叫做数据回传（Hinted Handoff）。机器 $K+i$ 宕机的这段时间内，所有的读写均落入到机器 $[K, K+i-1]$ 和 $[K+i+1, K+N]$ 中。如果机器 $K+i$ 永久失效，机器 $K+N$ 需要进行数据同步操作。一般来说，从机器 $K+i$ 宕机开始到被认定为永久失效的时间不会太长，积累的写操作也不会太多，可以利用 Merkle 树对机器的数据文件进行快速同步（参见下一小节）。

NWR 是 Dynamo 中的一个亮点，其中 N 表示复制的备份数，R 指成功读操作的最少节点数，W 指成功写操作的最少节点数。只要满足 W + R > N，就可以保证当存在不超过一台机器故障的时候，至少能够读到一份有效的数据。如果应用重视读效率，可以设置 W = N，R = 1；如果应用需要在读 / 写之间权衡，一般可设置 N=3，W = 2，R = 2；当然，如果丢失最后的一些更新也不会有影响的话，也可以选择 W=1，R=1，N=3。

NWR 看似很完美，其实不然。在 Dynamo 这样的 P2P 集群中，由于每个节点存储的集群信息有所不同，可能出现同一条记录被多个节点同时更新的情况，无法保证多个节点之间的更新顺序。为此 Dynamo 引入向量时钟（Vector Clock）的技术手段来尝试解决冲突，如图 5-2 所示。

Dynamo 中的向量时钟用一个［nodes，counter］对表示。其中，nodes 表示节点，

counter 是一个计数器，初始为 0，节点每次更新操作加 1。首先，Sx 对某个对象进行一次写操作，产生一个对象版本 D1（[Sx，1]），接着 Sx 再次操作，counter 值更新为 2，产生第二个版本 D2（[Sx，2]）；之后，Sy 和 Sz 同时对该对象进行写操作，Sy 将自身的信息加入向量时钟产生了新的版本 D3（[Sx，2]，[Sy，1]），Sz 同样产生了新的版本信息 D4（[Sx，2]，[Sz，1]），这时系统中就有了两个冲突的版本。最常见的冲突解决方法有两种：一种是通过客户端逻辑来解决，比如购物车应用；另外一种常见的策略是 "last write wins"，即选择时间戳最新的副本，然而，这个策略依赖集群内节点之间的时钟同步算法，不能完全保证准确性。

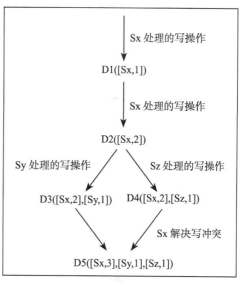

图 5-2　向量时钟

　　向量时钟不能完美解决冲突，即使 N+W > R，Dynamo 也只能保证每个读取操作能读到所有的更新版本，这些版本可能冲突，需要进行版本合并。Dynamo 只保证最终一致性，如果多个节点之间的更新顺序不一致，客户端可能读取不到期望的结果。这个不一致问题需要注意，因为影响到了应用程序的设计和对整个系统的测试工作。

5.1.3　容错

　　Dynamo 把异常分为两种类型：临时性的异常和永久性异常。有一些异常是临时性的，比如机器假死；其他异常，如硬盘报修或机器报废等，由于其持续时间太长，称为永久性的。下面解释 Dynamo 的容错机制：

- ❑ **数据回传**　在 Dynamo 设计中，一份数据被写到 $K, K+1, \ldots , K+N-1$ 这 N 台机器上，如果机器 $K+i$（$0 \leqslant i \leqslant N-1$）宕机，原本写入该机器的数据转移到机器 $K+N$，如果在指定的时间 T 内 $K+i$ 重新提供服务，机器 $K+N$ 将通过 Gossip 协议发现，并将启动传输任务将暂存的数据回传给机器 $K+i$。

- ❑ **Merkle 树同步**　如果超过了时间 T 机器 $K+i$ 还是处于宕机状态，这种异常被认为是永久性的。这时需要借助 Merkle 树机制从其他副本进行数据同步。Merkle 树同步的原理很简单，每个非叶子节点对应多个文件，为其所有子节点值组合以后的哈希值；叶子节点对应单个数据文件，为文件内容的哈希值。这样，任何一个数据文件不匹配都将导致从该文件对应的叶子节点到根节点的所有节点值不同。每台机器对每一段范围的数据维护一颗 Merkle 树，机器同步时首先传输 Merkle 树信息，并且只需要同步从根到叶子的所有节点值均不相同的文件。

❑ **读取修复** 假设 N=3, W=2, R=2，机器 *K* 宕机，可能有部分写操作已经返回客户端成功了但是没有完全同步到所有的副本，如果机器 *K* 出现永久性异常，比如磁盘故障，三个副本之间的数据一直都不一致。客户端的读取操作如果发现了某些副本版本太老，则启动异步的读取修复任务。该任务会合并多个副本的数据，并使用合并后的结果更新过期的副本，从而使得副本之间保持一致。

5.1.4 负载均衡

Dynamo 的负载均衡取决于如何给每台机器分配虚拟节点号，即 token。由于集群环境的异构性，每台物理机器包含多个虚拟节点。一般有如下两种分配节点号的方法。

❑ **随机分配**。每台物理节点加入时根据其配置情况随机分配 S 个 Token。这种方法的负载平衡效果还是不错的，因为自然界的数据大致是比较随机的，虽然可能出现某段范围的数据特别多的情况（如 baidu、sina 等域名下的网页特别多），但是只要切分足够细，即 S 足够大，负载还是比较均衡的。这个方法的问题是可控性较差，新节点加入 / 离开系统时，集群中的原有节点都需要扫描所有的数据从而找出属于新节点的数据，Merkle 树也需要全部更新；另外，增量归档 / 备份变得几乎不可能。

❑ **数据范围等分 + 随机分配**。为了解决上种方法的问题，首先将数据的哈希空间等分为 Q = N×S 份 (N= 机器个数，S= 每台机器的虚拟节点数)，然后每台机器随机选择 S 个分割点作为 Token。和上种方法一样，这种方法的负载也比较均衡，并且每台机器都可以对属于每个范围的数据维护一颗逻辑上的 Merkle 树，新节点加入 / 离开时只需扫描部分数据进行同步，并更新这部分数据对应的逻辑 Merkle 树，增量归档也变得简单。

另外，Dynamo 对单机的前后台任务资源分配也做了一些工作。Dynamo 中同步操作、写操作重试等后台任务较多。为了不影响正常的读写服务，需要对后台任务能够使用的资源做出限制。Dynamo 中维护一个资源授权系统。该系统将整个机器的资源切分成多个片，监控 60 秒内的磁盘读写响应时间，事务超时时间及锁冲突情况，根据监控信息算出机器负载从而动态调整分配给后台任务的资源片个数。

5.1.5　读写流程

Dynamo 的读写流程如图 5-3 和图 5-4 所示。

Dynamo 写入数据时，首先，根据一致性哈希算法计算出每个数据副本所在的存储节点，其中一个副本作为本次写操作的协调者。接着，协调者并发地往所有其他副本发送写请求，每个副本将接收到的数据写入本地，协调者也将数据写入本地。当某个副本写入成功后，回复协调者。如果发给某个副本的写请求失败，协调者会将它加入重试列表不断重试。等到 W－1 个副本回复写入成功后（即加上协调者共 W 个副本写入成功），协调者可以回复客户端写入成功。协调者回复客户端成功后，还会继续等待或者重试，直到所有的副本都写入成功。

Dynamo 读取数据时，首先，根据一致性哈希算法计算出每个副本所在的存储节点，其中一个副本作为本次读操作的协调者。接着，协调者根据负载策略选择 R 个副本，并发地向它们发送读请求。每个副本读取本地数据，协调者也读取本地数据。当某个副本读取成功后，回复协调者读取结果。等到 R－1 个副本回复读取成功后（即加上协调者共 R 个副本读取成功），协调者可以回复客户端。这里分为两种

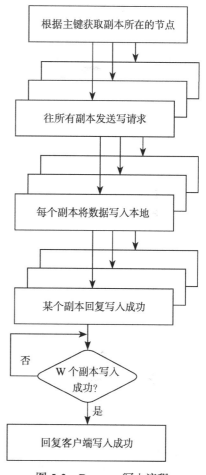

图 5-3　Dynamo 写入流程

情况：如果 R 个副本返回的数据完全一致，将某个副本的读取结果回复客户端；否则，需要根据冲突处理规则合并多个副本的读取结果。Dynamo 系统默认的策略是根据修改时间戳选择最新的数据，当然用户也可以自定义冲突处理方法。读取过程中如果发现某些副本上的数据版本太旧，Dynamo 内部会异步发起一次读取修复操作，使用冲突解决后的结果修正错误的副本。

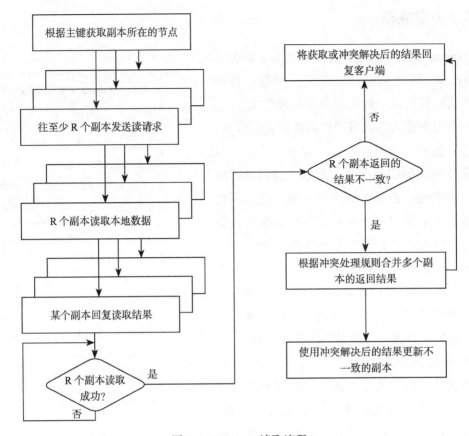

图 5-4 Dynamo 读取流程

5.1.6 单机实现

Dynamo 的存储节点包含三个组件：请求协调、成员和故障检测、存储引擎。

Dynamo 设计支持可插拔的存储引擎，比如 Berkerly DB（BDB），MySQL InnoDB 等。存储的需求很多，设计成可插拔的形式允许用户根据应用特点选择合适的存储引擎，比如 BDB 存储的对象大小一般在几十 KB 之内，而 MySQL 可以处理更大的对象。用户会根据应用对象大小选择存储引擎，默认为 BDB。

请求协调组件采用基于事件驱动的设计，每个客户端的读写请求对应一个状态机，系统根据发生的事件及状态机中的状态决定下一步的操作。比如读取操作对应的状态包括：

❑ 协调者发送读请求到其他节点；

❑ 等待其他节点返回读取结果，最少需要 R-1 个；

❑ 如果请求其他节点返回失败，需要按照一定的策略重试；

❑ 如果到达时间限制成功的节点仍然小于 R−1 个，返回客户端请求超时；

❑ 合并协调者及其他 R−1 个节点的读取结果，并返回客户端，合并的结果可能包含多个冲突版本；如果设置了冲突解决方法，协调者还需要解决冲突。

读操作成功返回客户端以后对应的状态机不会立即被销毁，而是等待一小段时间，这段时间内可能还有一些节点会返回过期的数据，协调者将更新这些节点的数据到最新版本，这个过程称为读取修复。

5.1.7　讨论

Dynamo 采用无中心节点的 P2P 设计，增加了系统可扩展性，但同时带来了一致性问题，影响上层应用。另外，一致性问题也使得异常情况下的测试变得更加困难，由于 Dynamo 只保证最基本的最终一致性，多客户端并发操作的时候很难预测操作结果，也很难预测不一致的时间窗口，影响测试用例设计。

总体上看，Dynamo 在 Amazon 的使用场景有限，后续的很多系统，如 Simpledb，采用其他设计思路以提供更好的一致性。主流的分布式系统一般都带有中心节点，这样能够简化设计，而且中心节点只维护少量元数据，一般不会成为性能瓶颈。

从 Amazon、Facebook 等公司的实践经验可以得出，Dynamo 及其开源实现 Cassandra 在实践中受到的关注逐渐减少，无中心节点的设计短期之内难以成为主流。另一方面，Dynamo 综合使用了各种分布式技术，在实践过程中可以选择性借鉴。

5.2　淘宝 Tair

Tair 是淘宝开发的一个分布式键 / 值存储引擎。Tair 分为持久化和非持久化两种使用方式：非持久化的 Tair 可以看成是一个分布式缓存，持久化的 Tair 将数据存放于磁盘中。为了解决磁盘损坏导致数据丢失，Tair 可以配置数据的备份数目，Tair 自动将一份数据的不同备份放到不同的节点上，当有节点发生异常，无法正常提供服务的时候，其余的节点会继续提供服务。

5.2.1　系统架构

Tair 作为一个分布式系统，是由一个中心控制节点和若干个服务节点组成。其中，中心控制节点称为 Config Server，服务节点称为 Data Server。Config Server 负责管理所有的 Data Server，维护其状态信息；Data Server 对外提供各种数据服务，并以心跳的形式将自身状况汇报给 Config Server。Config Server 是控制点，而且是单点，目前采用一主一备的形式来保证可靠性，所有的 Data Server 地位都是等价的。

图 5-5 是 Tair 的系统架构图。客户端首先请求 Config Server 获取数据所在的 Data Server，接着往 Data Server 发送读写请求。Tair 允许将数据存放到多台 Data Server，以实现异常容错。

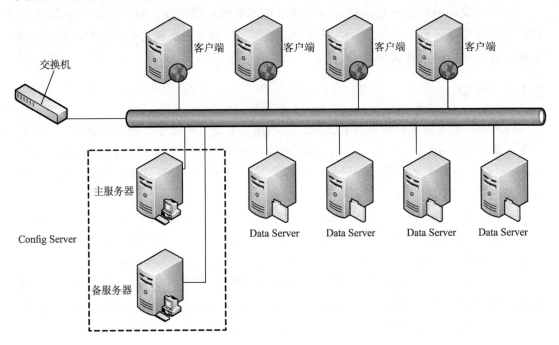

图 5-5　Tair 系统架构

5.2.2　关键问题

（1）数据分布

根据数据的主键计算哈希值后，分布到 Q 个桶中，桶是负载均衡和数据迁移的基本单位。Config Server 按照一定的策略把每个桶指派到不同的 Data Server 上。因为数据按照主键计算哈希值，所以可以认为每个桶中的数据基本是平衡的，只要保证桶分布的均衡性，就能够保证数据分布的均衡性。根据 Dynamo 论文中的实验结论，Q 取值需要远大于集群的物理机器数，例如 Q 取值 10240。

（2）容错

当某台 Data Server 故障不可用时，Config Server 能够检测到。每个哈希桶在 Tair 中存储多个副本，如果是备副本，那么 Config Server 会重新为其指定一台 Data Server，如果是持久化存储，还将复制数据到新的 Data Server 上。如果是主副本，那么 Config

Server 首先将某个正常的备副本提升为主副本，对外提供服务。接着，再选择另外一台 Data Server 增加一个备副本，确保数据的备份数。

（3）数据迁移

机器加入或者负载不均衡可能导致桶迁移，迁移的过程中需要保证对外服务。当迁移发生时，假设 Data Server A 要把桶 3、4、5 迁移到 Data Server B。迁移完成前，客户端的路由表没有变化，客户端对 3、4、5 的访问请求都会路由到 A。现在再假设 3 还没开始迁移，4 正在迁移中，5 已经迁移完成。那么如果对 3 访问，A 直接服务；如果对 5 访问，A 会把请求转发给 B，并且将 B 的返回结果返回给用户；如果对 4 访问，由 A 处理，同时如果是对 4 的修改操作，会记录修改日志，等到桶 4 迁移完成时，还要把修改日志发送到 B，在 B 上应用这些修改操作，直到 A 和 B 之间数据完全一致迁移才真正完成。

（4）Config Server

客户端缓存路由表，大多数情况下，客户端不需要访问 Config Server，Config Server 宕机也不影响客户端正常访问。每次路由的变更，Config Server 都会将新的配置信息推给 Data Server。在客户端访问 Data Server 的时候，会发送客户端缓存的路由表的版本号。如果 Data Server 发现客户端的版本号过旧，则会通知客户端去 Config Server 获取一份新的路由表。如果客户端访问某台 Data Server 发生了不可达的情况（该 Data Server 可能宕机了），客户端会主动去 Config Server 获取新的路由表。

（5）Data Server

Data Server 负责数据的存储，并根据 Config Server 的要求完成数据的复制和迁移工作。Data Server 具备抽象的存储引擎层，可以很方便地添加新存储引擎。Data Server 还有一个插件容器，可以动态加载／卸载插件，如图 5-6 所示。

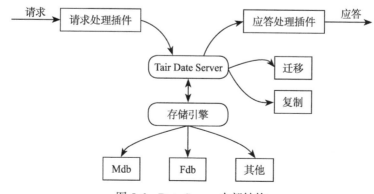

图 5-6　Data Server 内部结构

Tair 存储引擎有一个抽象层，只要满足存储引擎需要的接口，就可以很方便地替换 Tair 底层的存储引擎。Tair 默认包含两个存储引擎：Mdb 和 Fdb，此外，还支持 Berkerly DB、Tokyo Cabinet、InnoDB、Leveldb 等各种存储引擎。

5.2.3 讨论

Amazon Dynamo 采用 P2P 架构，而在 Tair 中引入了中心节点 Config Server。这种方式很容易处理数据的一致性，不再需要向量时钟、数据回传、Merkle 树、冲突处理等复杂的 P2P 技术。另外，中心节点的负载很低。笔者认为，分布式键值系统的整体架构应该参考 Tair，而不是 Dynamo。

当然，Tair 最主要的用途在于分布式缓存，持久化存储起步比较晚，在实现细节上也有一些不尽如人意的地方。例如，Tair 持久化存储通过复制技术来提高可靠性，然而，这种复制是异步的。因此，当有 Data Server 发生故障时，客户有可能在一定时间内读不到最新的数据，甚至发生最新修改的数据丢失的情况。

第 6 章　分布式表格系统

分布式表格系统对外提供表格模型，每个表格由很多行组成，通过主键唯一标识，每一行包含很多列。整个表格在系统中全局有序，适用 3.3.2 节中讲的顺序分布。

Google Bigtable 是分布式表格系统的始祖，它采用双层结构，底层采用 GFS 作为持久化存储层。GFS + Bigtable 双层架构是一种里程碑式的架构，其他系统，包括 Microsoft 分布式存储系统 Windows Azure Storage 以及开源的 Hadoop 系统，均为其模仿者。Bigtable 的问题在于对外接口不够丰富，因此，Google 后续开发了两套系统，一套是 Megastore，构建在 Bigtable 之上，提供更加丰富的使用接口；另外一套是 Spanner，支持跨多个数据中心的数据库事务，下一章会专门介绍。

本章首先详细介绍 Bigtable 的架构及实现，接着分析 Megastore 的架构，最后介绍 Microsoft Azure Storage 的架构。

6.1　Google Bigtable

Bigtable 是 Google 开发的基于 GFS 和 Chubby 的分布式表格系统。Google 的很多数据，包括 Web 索引、卫星图像数据等在内的海量结构化和半结构化数据，都存储在 Bigtable 中。与 Google 的其他系统一样，Bigtable 的设计理念是构建在廉价的硬件之上，通过软件层面提供自动化容错和线性可扩展性能力。

Bigtable 系统由很多表格组成，每个表格包含很多行，每行通过一个主键（Row Key）唯一标识，每行又包含很多列（Column）。某一行的某一列构成一个单元（Cell），每个单元包含多个版本的数据。整体上看，Bigtable 是一个分布式多维映射表，如下所示：

```
(row:string, column:string, timestamp:int64) -> string
```

另外，Bigtable 将多个列组织成列族（column family），这样，列名由两个部分组成：(column family，qualifier)。列族是 Bigtable 中访问控制的基本单元，也就是说，访问权限的设置是在列族这一级别上进行的。Bigtable 中的列族在创建表格的时候需要预先定义好，个数也不允许过多；然而，每个列族包含哪些 qualifier 是不需要预先定义的，qualifier 可以任意多个，适合表示半结构化数据。

Bigtable 数据的存储格式如图 6-1 所示。

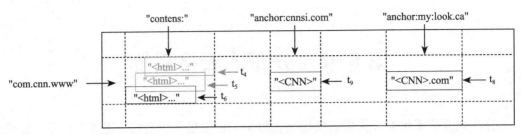

图 6-1 Bigtable 数据存储格式

Bigtable 中的行主键可以是任意的字符串，最大不超过 64KB。Bigtable 表中的数据按照行主键进行排序，排序使用的是字典序。图 6-1 中行主键 com.cnn.www 是域名 www.cnn.com 变换后的结果，这样做的好处是使得所有 www.cnn.com 下的子域名在系统中连续存放。这一行数据包含两个列族："contents" 和 "anchor"。其中，列族 "anchor" 又包含两个列，qualifier 分别为 "cnnsi.com" 和 "my:look.ca"。

Google 的很多服务，比如 Web 检索和用户的个性化设置，都需要保存不同时间的数据，这些不同的数据版本必须通过时间戳来区分。图 6-1 中的 t_4、t_5 和 t_6 表示保存了三个时间点获取的网页。为了简化不同版本的数据管理，Bigtable 提供了两种设置：一种是保留最近的 N 个不同版本，另一种是保留限定时间内的所有不同版本，比如可以保存最近 10 天的所有不同版本的数据。失效的版本将会由 Bigtable 的垃圾回收机制自动删除。

6.1.1 架构

Bigtable 构建在 GFS 之上，为文件系统增加一层分布式索引层。另外，Bigtable 依赖 Google 的 Chubby（即分布式锁服务）进行服务器选举及全局信息维护。

如图 6-2 所示，Bigtable 将大表划分为大小在 100 ～ 200MB 的子表（tablet），每个子表对应一个连续的数据范围。Bigtable 主要由三个部分组成：客户端程序库（Client）、一个主控服务器（Master）和多个子表服务器（Tablet Server）。

- 客户端程序库（Client）：提供 Bigtable 到应用程序的接口，应用程序通过客户端程序库对表格的数据单元进行增、删、查、改等操作。客户端通过 Chubby 锁服务获取一些控制信息，但所有表格的数据内容都在客户端与子表服务器之间直接传送；
- 主控服务器（Master）：管理所有的子表服务器，包括分配子表给子表服务器，指导子表服务器实现子表的合并，接受来自子表服务器的子表分裂消息，监控子表服务器，在子表服务器之间进行负载均衡并实现子表服务器的故障恢复等。

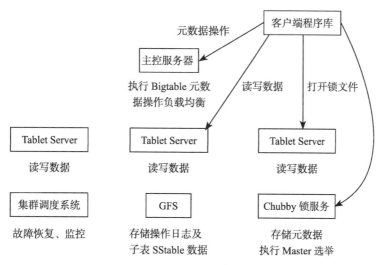

图 6-2　Bigtable 的整体架构

❑ 子表服务器（Tablet Server）：实现子表的装载 / 卸出、表格内容的读和写，子表的合并和分裂。Tablet Server 服务的数据包括操作日志以及每个子表上的 sstable 数据，这些数据存储在底层的 GFS 中。

Bigtable 依赖于 Chubby 锁服务完成如下功能：

1）选取并保证同一时间内只有一个主控服务器；

2）存储 Bigtable 系统引导信息；

3）用于配合主控服务器发现子表服务器加入和下线；

4）获取 Bigtable 表格的 schema 信息及访问控制信息。

Chubby 是一个分布式锁服务，底层的核心算法为 Paxos。Paxos 算法的实现过程需要一个"多数派"就某个值达成一致，进而才能得到一个分布式一致性状态。也就是说，只要一半以上的节点不发生故障，Chubby 就能够正常提供服务。Chubby 服务部署在多个数据中心，典型的部署为两地三数据中心五副本，同城的两个数据中心分别部署两个副本，异地的数据中心部署一个副本，任何一个数据中心整体发生故障都不影响正常服务。

Bigtable 包含三种类型的表格：用户表（User Table）、元数据表（Meta Table）和根表（Root Table）。其中，用户表存储用户实际数据；元数据表存储用户表的元数据；如子表位置信息、SSTable 及操作日志文件编号、日志回放点等，根表用来存储元数据表的元数据；根表的元数据，也就是根表的位置信息，又称为 Bigtable 引导信息，存放在 Chubby 系统中。客户端、主控服务器以及子表服务器执行过程中都需要依赖 Chubby 服务，如果 Chubby 发生故障，Bigtable 系统整体不可用。

6.1.2 数据分布

Bigtable 中的数据在系统中切分为大小 100 ～ 200MB 的子表，所有的数据按照行主键全局排序。Bigtable 中包含两级元数据，元数据表及根表。用户表在进行某些操作，比如子表分裂的时候需要修改元数据表，元数据表的某些操作又需要修改根表。通过使用两级元数据，提高了系统能够支持的数据量。假设平均一个子表大小为 128MB，每个子表的元信息为 1KB，那么一级元数据能够支持的数据量为 128MB×(128MB / 1KB) = 16TB，两级元数据能够支持的数据量为 16TB×(128MB / 1KB) = 2048 PB，满足几乎所有业务的数据量需求。如图 6-3 所示。

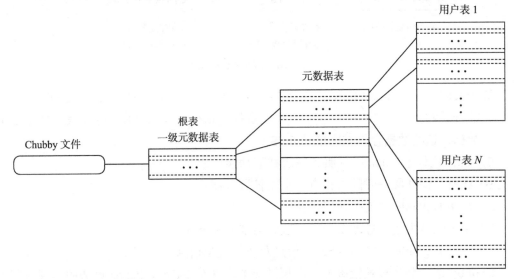

图 6-3　Bigtable 数据结构

客户端查询时，首先从 Chubby 中读取根表的位置，接着从根表读取所需的元数据子表的位置，最后就可以从元数据子表中找到待查询的用户子表的位置。为了减少访问开销，客户端使用了缓存（cache）和预取（prefetch）技术。子表的位置信息被缓存在客户端，客户端在寻址时首先查找缓存，一旦缓存为空或者缓存信息过期，客户端就需要请求子表服务器的上一级元数据表获取位置信息，比如用户子表缓存过期需要请求元数据表，元数据子表缓存过期需要请求根表，根表缓存过期需要读取 Chubby 中的引导信息。如果缓存为空，最多需要三次请求；如果缓存信息过期，最多需要六次请求，其中三次用来确定信息是过期的，另外三次获取新的地址。预取则是在每次访问元数据表时不仅仅读取所需的子表元数据，而是读取连续的多个子表元数据，这样查找下一个子表时不需要再次访问元数据表。

6.1.3 复制与一致性

Bigtable 系统保证强一致性，同一个时刻同一个子表只能被一台 Tablet Server 服务，也就是说，Master 将子表分配给某个 Tablet Server 服务时需要确保没有其他的 Tablet Server 正在服务这个子表。这是通过 Chubby 的互斥锁机制保证的，Tablet Server 启动时需要获取 Chubby 互斥锁，当 Tablet Server 出现故障，Master 需要等到 Tablet Server 的互斥锁失效，才能把它上面的子表迁移到其他 Tablet Server。

Bigtable 的底层存储系统为 GFS（参见前面 4.1 节）。GFS 本质上是一个弱一致性系统，其一致性模型只保证"同一个记录至少成功写入一次"，但是可能存在重复记录，而且可能存在一些补零（padding）记录。

Bigtable 写入 GFS 的数据分为两种：

❑ 操作日志。当 Tablet Server 发生故障时，它上面服务的子表会被集群中的其他 Tablet Server 加载继续提供服务。加载子表可能需要回放操作日志，每条操作日志都有唯一的序号，通过它可以去除重复的操作日志。

❑ 每个子表包含的 SSTable 数据。如果写入 GFS 失败可以重试并产生多条重复记录，但是 Bigtable 只会索引最后一条写入成功的记录。

Bigtable 本质上是构建在 GFS 之上的一层分布式索引，通过它解决了 GFS 遗留的一致性问题，大大简化了用户使用。

6.1.4 容错

Bigtable 中 Master 对 Tablet Server 的监控是通过 Chubby 完成的，Tablet Server 在初始化时都会从 Chubby 中获取一个独占锁。通过这种方式所有的 Tablet Server 基本信息被保存在 Chubby 中一个称为服务器目录（Server Directory）的特殊目录之中。Master 通过检测这个目录以随时获取最新的 Tablet Server 信息，包括目前活跃的 Tablet Server，以及每个 Tablet Server 上现已分配的子表。对于每个 Tablet Server，Master 会定期询问其独占锁的状态。如果 Tablet Server 的锁丢失或者没有回应，则此时可能有两种情况，要么是 Chubby 出现了问题，要么是 Tablet Server 出现了问题。对此 Master 首先自己尝试获取这个独占锁，如果失败说明是 Chubby 服务出现问题，否则说明是 Tablet Server 出现了问题。Master 将中止这个 Tablet Server 并将其上的子表全部迁移到其他 Tablet Server。

每个子表持久化的数据包含两个部分：操作日志以及 SSTable。Tablet Server 发生故障时某些子表的一些更新操作还在内存中，需要通过回放操作日志来恢复。为了提高性能，Tablet Server 没有为它服务的每个子表写一个操作日志文件，而是把所有它服务的子表的操作日志混在一起写入 GFS，每条日志通过＜表格编号，行主键，日志序列号＞来唯一标识。当某个 Tablet Server 宕机后，Master 将该 Tablet Server 服务的子表分配给其他 Tablet Server。为了减少 Tablet Server 从 GFS 读取的日志数据量，Master 将选择一些 Tablet Server 对日志进行分段排序。排好序后，同一个子表的操作日志连续存放，Tablet Server 恢复某个子表时只需要读取该子表对应的操作日志即可。Master 需要尽可能选择负载低的 Tablet Server 执行排序，并且需要处理排序任务失败的情况。

Bigtable Master 启动时需要从 Chubby 中获取一个独占锁，如果 Master 发生故障，Master 的独占锁将过期，管理程序会自动指定一个新的 Master 服务器，它从 Chubby 成功获取独占锁后可以继续提供服务。

6.1.5 负载均衡

子表是 Bigtable 负载均衡的基本单位。Tablet Server 定期向 Master 汇报状态，当状态检测时发现某个 Tablet Server 上的负载过重时，Master 会自动对其进行负载均衡，即执行子表迁移操作。子表迁移分为两步：第一步请求原有的 Tablet Server 卸载子表；第二步选择一台负载较低的 Tablet Server 加载子表。Master 发送命令请求原有的 Tablet Server 卸载子表，原有 Tablet Server 卸载成功后应答 Master。接着，Master 才可以安全地将该子表分配给新的 Tablet Server 加载。如果原有 Tablet Server 发生故障，Master 需要等待原有 Tablet Server 加在 Chubby 上的互斥锁过期。子表迁移前原有的 Tablet Server 会对其执行 Minor Compaction 操作，将内存中的更新操作以 SSTable 文件的形式转储到 GFS 中，因此，负载均衡带来的子表迁移在新的 Tablet Server 上不需要回放操作日志。

子表迁移的过程中有短暂的时间需要停服务，为了尽可能减少停服务的时间，Bigtable 内部采用两次 Minor Compaction 的策略。具体操作如下：

1）原有 Tablet Server 对子表执行一次 Minor Compaction 操作，操作过程中仍然允许写操作。

2）停止子表的写服务，对子表再次执行一次 Minor Compaction 操作。由于第一次 Minor Compaction 过程中写入的数据一般比较少，第二次 Minor Compaction 的时间会比较短。

由于 Bigtable 负载均衡的过程中会停一会读写服务，负载均衡策略不应当过于激进。负载均衡涉及的因素很多，Tablet Server 通过心跳定时将读、写个数、磁盘、内存负载等信息发送给 Master，Master 根据负载计算公式计算出需要迁移的子表，然后放入迁移队列中等待执行。

6.1.6 分裂与合并

随着数据不断写入和删除，某些子表可能太大，某些子表可能太小，需要执行子表分裂与合并操作。顺序分布与哈希分布的区别在于哈希分布往往是静态的，而顺序分布是动态的，需要通过分裂与合并操作动态调整。

Bigtable 每个子表的数据分为内存中的 MemTable 和 GFS 中的多个 SSTable，由于 Bigtable 中同一个子表只被一台 Tablet Server 服务，进行分裂时比较简单。Bigtable 上执行分裂操作不需要进行实际的数据拷贝工作，只需要将内存中的索引信息分成两份，比如分裂前子表的范围为（起始主键，结束主键]，在内存中将索引分成（起始主键，分裂主键] 和（分裂主键，结束主键] 两个范围。例如，某个子表 (1, 10] 的分裂主键为 5，那么，分裂后生成的两个子表的数据范围为：(1，5] 和 (5，10]。分裂以后两个子表各自写不同的 MemTable，等到执行 Compaction 操作时再根据分裂后的子表范围生成不同的 SSTable，无用的数据自然成为垃圾被回收。

分裂操作由 Tablet Server 发起，需要修改元数据，即用户表的分裂需要修改元数据表，元数据表的分裂需要修改根表。分裂操作需要增加一个子表，相当于在元数据表中增加一行，通过 Bigtable 的行事务保证原子性。只要修改元数据表成功，分裂操作就算成功。分裂成功后 Tablet Server 将向 Master 汇报，如果出现 Tablet Server 故障，Master 可能丢失汇报分裂消息。新的 Tablet Server 加载这个子表时将发现它已经分裂，并通知 Master。

合并操作由 Master 发起，相比分裂操作要更加复杂。由于待合并的两个子表可能被不同的 Tablet Server 加载，合并的第一步需要迁移其中一个子表，以使它们在同一个 Tablet Server 上，接着通知 Tablet Server 执行子表合并。子表合并操作具体实现时非常麻烦，有兴趣的读者可以自行思考。

6.1.7 单机存储

如图 6-4 所示，Bigtable 采用 Merge-dump 存储引擎。数据写入时需要先写操作日志，成功后应用到内存中的 MemTable 中，写操作日志是往磁盘中的日志文件追加数据，很好地利用了磁盘设备的特性。当内存中的 MemTable 达到一定大小，需要将 MemTable 转储（Dump）到磁盘中生成 SSTable 文件。由于数据同时存在 MemTable 和可能多个 SSTable 中，读取操作需要按从旧到新的时间顺序合并 SSTable 和内存中的 MemTable 数据。数据在 SSTable 中连续存放，因此可以同时满足随机读取和顺序读取两种需求。为了防止磁盘中的 SSTable 文件过多，需要定时将多个 SSTable 通过 compaction 过程合并为一个 SSTable，从而减少后续读操作需要读取的文件个数。一般情况下，如果写操作比较少，我们总是能够使得对每一份数据同时只存在一个 SSTable 和一个 MemTable，也就是说，随机读取和顺序读取都只需要访问一次磁盘，这对于线上服务基本上都是成立的。

插入、删除、更新、增加（Add）等操作在 Merge-dump 引擎中都看成一回事，除了最早生成的 SSTable 外，SSTable 中记录的只是操作，而不是最终的结果，需要等到读取（随机或者顺序）时才合并得到最终结果。

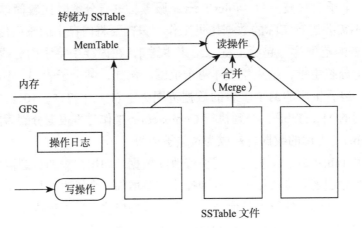

图 6-4　Bigtable 单机存储引擎

Bigtable 中包含三种 Compaction 策略：Minor Compaction、Merging Compaction 和 Major Compaction。其中，Minor Compaction 把内存中的 MemTable 转储到 GFS 中，Merging Compaction 和 Major Compaction 合并 GFS 中的多个 SSTable 文件生成一个更大的 SSTable。Minor Compaction 主要是为了防止内存占用过多，Merging 和 Major Compaction 则是为了防止读取文件个数过多。Major Compaction 与 Merging Compaction 的区别在于 Major Compaction 会合并所有的 SSTable 文件和内存中的 MemTable，生成最终结果；而 Merging Compaction 生成的 SSTable 文件可能包含一些操作，比如删除、增加等。

数据在 SSTable 中按照主键有序存储，每个 SSTable 由若干个大小相近的数据块（Block）组成，每个数据块包含若干行。数据块的大小一般在 8 ～ 64KB 之间，允许用户配置。Tablet Server 的缓存包括两种：块缓存（Block Cache）和行缓存（Row Cache）。其中，块缓存的单位为 SSTable 中的数据块，行缓存的单位为一行记录。随机读取时，首先查找行缓存；如果行缓存不命中，接着再查找块缓存。另外，Bigtable 还支持布隆过滤器（Bloom Filter），如果读取的数据行在 SSTable 中不存在，可以通过布隆过滤器发现，从而避免一次读取 GFS 文件操作。

6.1.8　垃圾回收

Compaction 后生成新的 SSTable，原有的 SSTable 成为垃圾需要被回收掉。每个子表正在引用的 SSTable 文件保存在元数据中。Master 定期执行垃圾回收任务，这是一个标记删除（mark-and-sweep）过程。首先扫描 GFS 获取所有的 SSTable 文件，接着扫描根表和元数据表获取所有正在使用的 SSTable 文件，如果 GFS 中的 SSTable 没被任何一个子表使用，说明可以被回收掉。这里需要注意，由于 Tablet Server 执行 Compaction 操作生成一个全新的 SSTable 与修改元数据这两个操作不是原子的，垃圾回收需要避免删除刚刚生成但还没有记录到元数据中的 SSTable 文件。一种比较简单的做法是垃圾回收只删除至少一段时间，比如 1 小时没有被使用的 SSTable 文件。

6.1.9　讨论

GFS + Bigtable 两层架构以一种很优雅的方式兼顾系统的强一致性和可用性。底层文件系统 GFS 是弱一致性系统，可用性和性能很好，但是多客户端追加可能出现重复记录等数据不一致问题；上层的表格系统 Bigtable 通过多级分布式索引的方式使得系统对外整体表现为强一致性。Bigtable 最大的优势在于线性可扩展，单台机器出现故障可将服务迅速（一分钟以内）迁移到整个集群。Bigtable 架构最多可支持几千台的集群规模，通过自动化容错技术大大降低了存储成本。

Bigtable 架构也面临一些问题，如下所示：

❏ 单副本服务。Bigtable 架构非常适合离线或者半线上应用，然而，Tablet Server 节点出现故障时部分数据短时间内无法提供读写服务，不适合实时性要求特别高的业务，如交易类业务。

❏ SSD 使用。Google 整体架构的设计理念为通过廉价机器构建自动容错的大集群，然而，随着 SSD 等硬件技术的发展，机器宕机的概率变得更小，SSD 和 SAS 混合存储也变得比较常见，存储和服务分离的架构有些不太适应。

❏ 架构的复杂性导致 Bug 定位很难。Bigtable 依赖 GFS 和 Chubby，这些依赖系统本身比较复杂，另外，Bigtable 多级分布式索引和容错等机制内部实现都非常复杂，工程量巨大，使用的过程中如果发现问题很难定位。

总体上看，Bigtable 架构把可扩展性和成本做到了极致，但在线实时服务能力有一定的改进空间，适合通用的离线和半线上应用场合。

6.2　Google Megastore

Google Bigtable 架构把可扩展性基本做到了极致，Megastore 则是在 Bigtable 系统之上提供友好的数据库功能支持，增强易用性。Megastore 是介于传统的关系型数据库和 NoSQL 之间的存储技术，它在 Google 内部使用广泛，如 Google App Engine、社交类应用等。

　　互联网应用往往可以根据用户进行拆分，比如 Email 系统、相册系统、广告投放效果报表系统、购物网站商品存储系统等。同一个用户内部的操作需要保证强一致性，比如要求支持事务，多个用户之间的操作往往只需要最终一致性，比如用户之间发 Email 不要求立即收到。因此，可以根据用户将数据拆分为不同的子集分布到不同的机器上。Google 进一步从互联网应用特性中抽取实体组（Entity Group）概念，从而实现可扩展性和数据库语义之间的一种权衡，同时获得 NoSQL 和 RDBMS 的优点。

　　如图 6-5 所示，用户定义了 User 和 Photo 两张表，主键分别为 <user_id> 和 <user_id, photo_id>，每一个用户的所有数据构成一个实体组。其中，User 表是实体组根表，Photo 表是实体组子表。实体组根表中的一行称为根实体（Root Entity），对应 Bigtable 存储系统中的一行。根实体除了存放用户数据，还需要存放 Megastore 事务及复制操作所需的元数据，包括操作日志。

```
CREATE TABLE User {
    required int64 user_id;
    required string name;
} PRIMARY KEY (user_id), ENTITY GROUP ROOT
CREATE TABLE Photo {
    required int64 user_id;
    required int32 photo_id;
    required int64 time;
    required string full_url;
    optional string thumbnail_url;
    repeated string tag;
} PRIMARY KEY (user_id, photo_id),
  IN TABLE User,
  ENTITY GROUP KEY (user_id) REFERENCES User;

CREATE LOCAL INDEX PhotosByTime
  ON Photo (user_id, time);
CREATE GLOBAL INDEX PhotosByTag
  ON Photo (tag) STORING (thumbnail_url);
```

图 6-5　实体组语法

表 6-1　实体组示例

Row key	User name	Photo time	Photo tag	Photo url
101	john			
101, 500		12:30:01	Dinner, Paris	
101, 502		12:15:22	Betty, Paris	
102	Mary			

　　表 6-1 中有两个实体组，其中第一个实体组包含前三行数据，第二个实体组包含

最后一行数据。第一行数据来自 User 表，是第一个实体组的 Root Entity，存放编号为
101 的用户数据以及这个实体组的事务及复制操作元数据；第二行和第三行数据来自
Photo 表，存放用户的照片数据。

　　Bigtable 通过单行事务保证根实体操作的原子性，也就是说，同一个实体组的元数
据操作是原子的。另外，同一个实体组在 Bigtable 中连续存放，因此，多数情况下同一
个用户的所有数据属于同一个 Bigtable 子表，分布在同一台 Bigtable Tablet Server 机器
上，从而提供较高的扫描性能和事务性能。当然，如果某一个实体组过大，比如超过一
个子表的大小，这样的实体组跨多个子表，可以分布到多台机器。

6.2.1　系统架构

　　如图 6-6 所示，Megastore 系统由三个部分组成：
- □ 客户端库：提供 Megastore 到应用程序的接口，应用程序通过客户端操作
　 Megastore 的实体组。Megastore 系统大部分功能集中在客户端，包括映射
　 Megastore 操作到 Bigtable，事务及并发控制，基于 Paxos 的复制，将请求分送
　 给复制服务器，通过协调者实现快速读等。
- □ 复制服务器：接受客户端的用户请求并转发到所在机房的 Bigtable 实例，用于解
　 决跨机房连接数过多的问题。
- □ 协调者：存储每个机房本地的实体组是否处于最新状态的信息，用于实现快速读。

　　Megastore 的功能主要分为三个部分：映射 Megastore 数据模型到 Bigtable，事务
及并发控制，跨机房数据复制及读写优化。Megastore 首先解析用户通过客户端传入的

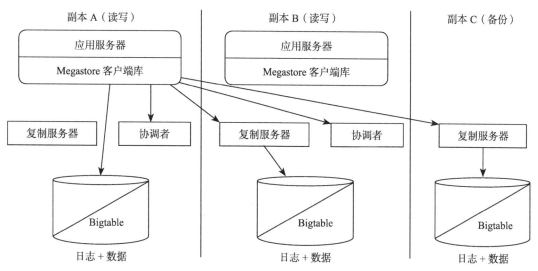

图 6-6　Megastore 整体架构

SQL 请求，接着根据用户定义的 Megastore 数据模型将 SQL 请求转化为对底层 Bigtable 的操作。

在表 6-1 中，假设用户（user_id 为 101）往 Photo 表格中插入 photo_id 分别为 500 和 502 的两行数据。这就意味着，需要向 Bigtable 写入主键（rowkey）分别为 <101，500> 和 <101，502> 的两行数据。为了保证写事务的原子性，Megastore 首先会往该用户的根实体（Bigtable 中主键为 <101> 的数据行）写入操作日志，通过 Bigtable 的单行事务实现操作日志的原子性。接着，回放操作日志，并写入 <101，500> 和 <101，502> 这两行数据。这两行数据在 Bigtable 属于同一个版本，客户端要么读到全部行，要么一行也读不到。接下来分别介绍事务与并发控制、Paxos 数据复制以及读写流程。

6.2.2 实体组

如图 6-7，总体上看，数据拆分成不同的实体组，每个实体组内的操作日志采用基于 Paxos 的方式同步到多个机房，保证强一致性。实体组之间通过分布式队列的方式保证最终一致性或者两阶段提交协议的方式实现分布式事务。我们先看单个集群的情况，暂时忽略基于 Paxos 的复制机制。

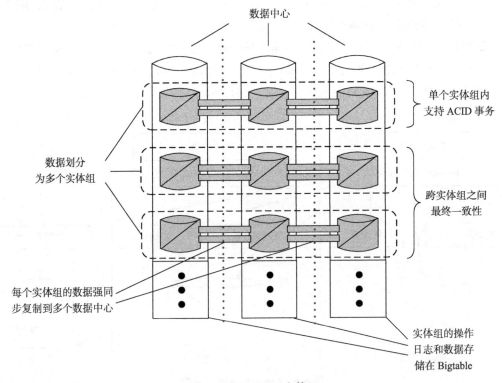

图 6-7　Megastore 实体组

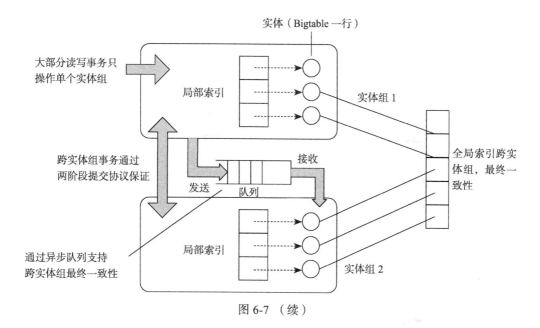

图 6-7 （续）

❑ 单集群实体组内部：同一个实体组内部支持满足 ACID 特性的事务。数据库系
统事务实现时总是会提到 REDO 日志和 UNDO 日志，在 Megastore 系统中通过
REDO 日志的方式实现事务。同一个实体组的 REDO 日志都写到这个实体组的
根实体中，对应 Bigtable 系统中的一行，从而保证 REDO 日志操作的原子性。
客户端写完 REDO 日志后，事务操作成功，接下来的事情只是回放 REDO 日志。
如果回放 REDO 日志失败，比如某些行所在的子表服务器宕机，事务操作也可
成功返回客户端。后续的读操作如果要求读取最新的数据，需要先回放 REDO
日志。

❑ 单集群实体组之间：实体组之间一般采用分布式队列的方式提供最终一致性，子
表服务器上有定时扫描线程，发送跨实体组的操作到目的实体组。如果需要保
证多个实体组之间的强一致性，即实现分布式事务，只能通过两阶段提交协议
加锁协调。

6.2.3　并发控制

（1）读事务

Megastore 提供了三种读取模式：最新读取（current read）、快照读取（snapshot
read）、非一致性读取（inconsistent read）。其中，最新读取和快照读取总是在单个实体
组内完成的。在开始某次最新读取之前，需要确保所有已提交的写操作已经全部生效，

然后读取最后一个版本的数据。对于快照读取，系统取出已知的最后一个完整提交的事务版本并读取该版本的数据。与最新读取不同的是，快照读取的时候可能有部分事务已经提交但没有生效（REDO 日志同步成功但没有回放完成）。最新读取和快照读取利用了 Bigtable 存储多版本数据的特性，保证不会读到未提交的事务。非一致性读取忽略日志的状态而直接读取 Bigtable 内存中最新的值，可能读到不完整的事务。

（2）写事务

Megastore 事务中的写操作采用了预写式日志（Write-ahead 日志或 REDO 日志），也就是说，只有当所有的操作都在日志中记录下来后，写操作才会对数据执行修改。一个写事务总是开始于一个最新读取，以便于确认下一个可用的日志位置，将用户操作聚集到日志缓冲区，分配一个更高的时间戳，最后通过 Paxos 复制协议提交到下一个可用的日志位置。Paxos 协议使用了乐观锁的机制：尽管可能有多个写操作同时试图写同一个日志位置，但最后只有一个会成功。其他失败的写操作都会观察到成功的写操作，然后中止并重试。

写事务流程大致如下：

1）读取：获取最后一次提交的事务的时间戳和日志位置；

2）应用逻辑：从 Bigtable 读取并且将写操作聚集到日志缓冲区中；

3）提交：将缓冲区中的操作日志追加到多个机房的 Bigtable 集群，通过 Paxos 协议保证一致性；

4）生效：应用操作日志，更新 Bigtable 中的实体和索引；

5）清理：删除不再需要的数据。

假如有两个先读后写（read-modify-write）事务 T1 和 T2，其中：

```
T1: Read a; Read b; Set c = a + b;
T2: Read a; Read d; Set c = a + d;
```

假设事务 T1 和 T2 对同一个实体组并发执行，T1 执行时读取 a 和 b，T2 读取 a 和 d，接着 T1 和 T2 同时提交。Paxos 协议保证 T1 和 T2 中有且只有一个事务提交成功，假如 T1 提交成功，T2 将重新读取 a 和 d 后再次通过 Paxos 协议提交。对同一个实体组的多个事务被串行化，Megastore 之所以能提供可串行化的隔离级别，得益于定义的实体组数据模型，由于同一个实体组同时进行的更新往往很少，事务冲突导致重试的概率很低。

6.2.4 复制

对于多个集群之间的操作日志同步，Megastore 系统采用的是基于 Paxos 的复制协议机制，对于普通的 Master-Slave 强同步机制，Master 宕机后，Slave 如果需要切换为

Master 继续提供服务需要首先确认 Master 宕机，检测 Master 宕机这段时间是需要停止写服务的，否则将造成数据不一致。基于 Paxos 的复制协议机制主要用来解决机器宕机时停止写服务的问题，Paxos 协议允许在只是怀疑 Master 宕机的情况下由 Slave 发起修改操作，虽然可能出现多点同时修改的情况，但 Paxos 协议将采用投票的机制保证只有一个节点的修改操作成功。这种方式对服务的影响更小，系统可用性更好。

Megastore 通过 Paxos 协议将数据复制到多个数据中心，而且机器故障自动切换不停写服务，保证了高可靠性和高可用性。当然，Megastore 部署时往往会要求将写操作强同步到多个机房，甚至是不同地域的多个机房，因此，延时比较长，一般为几十毫秒甚至上百毫秒。

6.2.5　索引

Megastore 数据模型中有一个非常重要的概念：索引（Index），分为两大类：

- 局部索引（local index）：局部索引是单个实体组内部的，用于加速单个实体组内部的查找。局部索引属于某个实体组，实体组内数据和局部索引的更新操作是原子的。在某个实体组上执行事务操作时先记录 REDO 日志，回放 REDO 日志时原子地更新实体组内部的数据和局部索引。图 6-5 中的 PhotosByTime 就是一个局部索引，映射到 Bigtable 相当于每个实体组中增加一些主键为 (user_id, time, photo_id) 的行。
- 全局索引（global index）：全局索引横跨多个实体组。图 6-5 中的 PhotosByTag 就是一个全局索引，映射到 Bigtable 是一张新的索引表，主键为 (tag, user_id, photo_id)，即索引字段 + Photo 数据表主键。

除了这两大类索引外，Megastore 还提供了一些额外的索引特性，主要包含以下几个：

- STORING 子句：通过在索引中增加 STORING 字句，系统可以在索引中冗余一些常用的列字段，从而不需要查询基本表，减少一次查询操作。冗余存储的问题使索引数据量变得更大。PhotosByTag 索引中冗余存储了 thumbnail_url，根据 tag 查询 photo 的 thumbnail_url 时只需要一次读取索引表即可。
- 可重复索引：Megastore 数据某些中某些字段是可重复的，相应的索引就是可重复索引。这就意味这，一行数据可能对应多行索引。PhotosByTag 是重复索引，每个 photo 可能有不同 tag，分别对应不同的索引行。

6.2.6　协调者

（1）快速读

Paxos 协议要求读取最新的数据至少需要经过一半以上的副本，然而，如果不出现故障，每个副本基本都是最新的。也就是说，能够利用本地读取（local reads）实现快速读，减少读取延时和跨机房操作。Megastore 引入协调者来记录每个本机房 Bigtable 实例中的每个实体组的数据是否最新。如果实体组的数据最新，读取操作只需要本地读取，没有跨机房操作。实体组有更新操作时，写操作需要将协调者记录的实体组状态更新为无效，如果某个机房的 Bigtable 集群写入失败，需要首先使得相应的协调者记录的实体组状态失效以后写操作才可以成功返回客户端。

（2）协调者的可用性

每次写操作都需要涉及协调者，因此协调者出现故障将会导致系统不可用。当协调者因为网络或者主机故障等原因导致不可用时，需要检测到协调者故障并将它隔离。

Megastore 使用了 Chubby 锁服务，协调者在启动时从数据中心获取 Chubby 锁。为了处理请求，协调者必须持有 Chubby 锁。一旦因为出现问题导致锁失效，协调者就会恢复到一个默认的保守状态：认为所有它所能看见的实体组都是失效的。如果协调者的锁失效，写操作可以安全地将它忽略；然而，从协调者不可用到锁失效有一个短暂（几十秒）的 Chubby 锁过期时间，这个时间段写操作都会失败。所有的写入者都必须等待协调者的 Chubby 锁过期。

（3）竞争条件

除了可用性问题，对于协调者的读写协议必须满足一系列的竞争条件。失效操作总是安全的，但是生效操作必须谨慎处理。在异步网络环境中，消息可能乱序到达协调者。每条生效和失效消息都带有日志位置信息。如果协调者先收到较晚的失效操作再收到较早的生效操作，生效操作将被忽略。

协调者从启动到退出为一个生命周期，每个生命周期用一个唯一的序号标识。生效操作只允许在最近一次对协调者进行读取操作以来序号没有发生变化的情况下修改协调者的状态。

6.2.7 读取流程

Megastore 的读取流程如图 6-8 所示。Megastore 最新读取流程如下。

1）本地查询。查询本地副本的协调者来决定这个实体组上数据是否已经是最新的。

2）发现位置。确认一个最高的已经提交的操作日志位置，并选择最新的副本，具体操作如下：

❑ 本地读取（Local Read）：如果本地查询确认本地副本已经是最新的，直接读取本地副本已经提交的最高日志位置和相应的时间戳。这实际上就是前面提到的快速读。

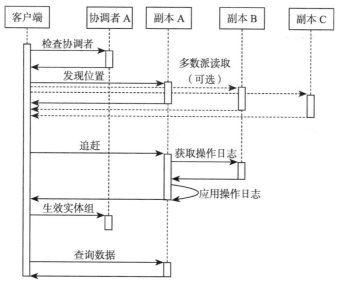

图 6-8　Megastore 读取流程

❑ 多数派读取（Majority Read）：如果本地副本不是最新的（或者本地查询、本地读取超时），从多数派副本中读取最大的日志位置，然后从中选取一个响应最快或者最新的副本，并不一定是本地副本。

3）追赶。一旦某个副本被选中，就采取如下方式使其追赶到已知的最大位置处：

  ❑ 获取操作日志：对于所选副本中所有不知道 Paxos 共识值的日志位置，从其他副本中读取。对于所有不确定共识值的日志位置，利用 Paxos 发起一次无操作的写（Paxos 中的 no-op）。Paxos 协议将会促使大多数副本达成一个共识值：要么是无操作写，要么是以前已提交的一次写操作。

  ❑ 应用操作日志：顺序地应用所有已经提交但还没有生效的操作日志，更新实体组的数据和索引信息。

4）使实体组生效。如果选取了本地副本且原来不是最新的，需要发送一个生效消息以通知协调者本地副本中这次读取的实体组已经最新。生效消息不需要等待应答，如果请求失败，下一个读取操作会重试。

5）查询数据。在所选副本中通过日志中记录的时间戳读取指定版本数据。如果所选副本不可用了，重新选取一个替代副本，执行追赶操作，然后从中读取数据。

6.2.8　写入流程

Megastore 的写入流程如图 6-9 所示。

执行完一次完整的读操作之后，下一个可用的日志位置，最后一次写操作的时间戳，以及下一次的主副本（Leader）都知道了。在提交时刻所有的修改操作都被打包，同时还包含一个时间戳、下一次主副本提名，作为提议的下一个日志位置的共识值。如果该值被大多数副本通过，它将被应用到所有的副本中，否则整个事务将中止且从读操作开始重试。

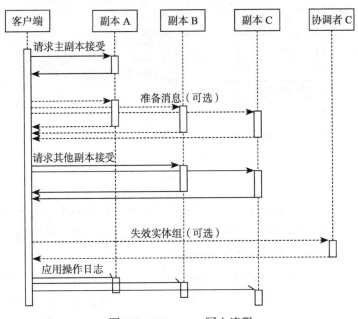

图 6-9 Megastore 写入流程

写入过程包括如下几个步骤：

1）请求主副本接受：请求主副本将提议的共识值（写事务的操作日志）作为 0 号提议。如果成功，跳至步骤 3）。

2）准备：对于所有的副本，运行 Paxos 协议准备阶段，即在当前的日志位置上使用一个比以前所有提议都更高的提议号进行提议。将提议的共识值替换为已知的拥有最高提议号的副本的提议值。

3）接受：请求剩余的副本接受主副本的提议，如果大多数副本拒绝这个值，返回步骤 2）。Paxos 协议大多数情况下主副本不会变化，可以忽略准备阶段直接执行这个阶段，这就是 Megastore 中的快速写。

4）使实体组失效：如果某些副本不接受多数派达成的共识值，将协调者记录的实体组状态标记为失效。协调者失效操作返回前写操作不能返回客户端，从而防止用户的最新读取得到不正确的结果。

5）应用操作日志：将共识值在尽可能多的副本上应用生效，更新实体组的数据和索引信息。

6.2.9　讨论

分布式存储系统有两个目标：一个是可扩展性，最终目标是线性可扩展；另外一个是功能，最终目标是支持全功能 SQL。Megastore 是一个介于传统的关系型数据库和分布式 NoSQL 系统之间的存储系统，融合了 SQL 和 NoSQL 两者的优势。

Megastore 的主要创新点包括：

❑ 提出实体组的数据模型。通过实体组划分数据，实体组内部维持关系数据库的 ACID 特性，实体组之间维持类似 NoSQL 的弱一致性，有效地融合了 SQL 和 NoSQL 两者的优势。另外，实体组的定义方式也在很大程度上规避了影响性能和可扩展性的 Join 操作。

❑ 通过 Paxos 协议同时保证高可靠性和高可用性，既把数据强同步到多个机房，又做到发生故障时自动切换不影响读写服务。另外，通过协调者和优化 Paxos 协议使得读写操作都比较高效。

当然，Megastore 也有一些问题，其中一些问题来源于 Bigtable，比如单副本服务，SSD 支持较弱导致 Megastore 在线实时服务能力上有一定的改进空间，整体架构过于复杂，协调者对读写服务和运维复杂度的影响。因此，Google 后续又开发了一套革命性的 Spanner 架构用于解决这些问题。

6.3　Windows Azure Storage

Windows Azure Storage（WAS）是微软开发的云存储系统，包括三种数据存储服务：Windows Azure Blob、Windows Azure Table、Windows Azure Queue。三种数据存储服务共享一套底层架构，在微软内部广泛用于社会化网络、视频、游戏、Bing 搜索等业务。另外，在微软外部也有成千上万个云存储客户。

6.3.1　整体架构

WAS 部署在不同地域的多个数据中心，依赖底层的 Windows Azure 结构控制器（Fabric Controller）管理硬件资源。结构控制器的功能包括节点管理，网络配置，健康检查，服务启动，关闭，部署和升级。另外，WAS 还通过请求结构控制器获取网络拓扑信息，集群物理部署以及存储节点硬件配置信息。

如图 6-10 所示，WAS 主要分为两个部分：定位服务（Location Service，LS）和存储区（Storage Stamp）。

☐ 定位服务的功能包括：管理所有的存储区，管理用户到存储区之间的映射关系，收集存储区的负载信息，分配新用户到负载较轻的存储区。LS 服务自身也分布在两个不同的地域以实现高可用。LS 需要通过 DNS 服务来使得每个账户的请求定位到所属存储区。

☐ 每个存储区是一个集群，一般由 10~20 个机架组成，每个机架有 18 个存储节点，提供大约 2PB 存储容量。下一步的计划是扩大存储区规模，使得每个存储区能够容纳 30PB 原始数据。存储区分为三层：文件流层（Stream Layer）、分区层（Partition Layer）以及前端层（Front-End Layer）。

　　☐ 文件流层：与 Google GFS 类似，提供分布式文件存储。WAS 中文件称为流（streams），文件中的 Chunk 称为范围（extent）。文件流层一般不直接对外服务，需要通过服务分区层访问。

　　☐ 分区层：与 Google Bigtable 类似，将对象划分到不同的分区以被不同的分区服务器（Partition Server）服务，分区服务器将对象持久化到文件流层。

　　☐ 前端层：前端层包括一系列无状态的 Web 服务器，这些 Web 服务器完成权限验证等功能并根据请求的分区名（Partition Name）将请求转发到不同的分区服务器。分区映射表（Partition Map）用来决定应该将请求转化到哪个分区服务器，前端服务器一般缓存了此表从而减少一次网络请求。

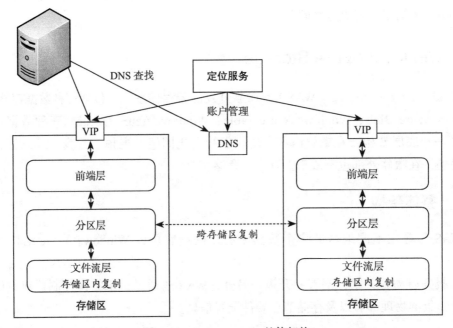

图 6-10　Azure storage 整体架构

另外，WAS 包含两种复制方式：

❑ 存储区内复制（Intra-Stamp Replication）：文件流层实现，同一个 extent 的多个副本之间的复制模式为强同步，每个成功的写操作必须保证所有副本都同步成功，用来实现强一致性。

❑ 跨存储区复制（Inter-Stamp Replication）：服务分区层实现，通过后台线程异步复制到不同的存储区，用来实现异地容灾。

6.3.2 文件流层

文件流层提供内部接口供服务分区层使用。它提供类似文件系统的命名空间和API，但所有的写操作只能是追加，支持的接口包括：打开 & 关闭文件、改名、读取以及追加到文件。文件流层中的文件称为流，每个流包含一系列的 extent。每个 extent 由一连串的 block 组成。

如图 6-11 所示，文件流 "//foo" 包含四个 extent（E1、E2、E3、E4）。每个 extent 包含一连串追加到它的 block。其中，E1、E2 和 E3 是已经加封的（sealed），这就意味着不允许再对它们追加数据；E4 是未加封的（unsealed），允许对它执行追加操作。

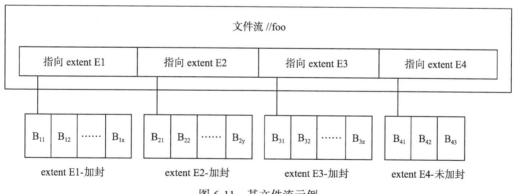

图 6-11　某文件流示例

block 是数据读写的最小单位，每个 block 最大不超过 4MB。文件流层对每个 block 计算检验和（checksum）。读取操作总是给定某个 block 的边界，然后一次性连续读取一个或者多个完整的 block 数据；写入操作凑成一个或者多个 block 写入到系统。WAS 中的 block 与 GFS 中的记录（record）概念是一致的。

extent 是文件流层数据复制，负载均衡的基本单位，每个存储区默认对每个 extent 保留三个副本，每个 extent 的默认大小为 1GB。如果存储小对象，多个小对象可能共享同一个 extent；如果存储大对象，比如几 GB 甚至 TB，对象被切分为多个 extent。

WAS 中的 extent 与 GFS 中的 chunk 概念是一致的。

stream 用于文件流层对外接口，每个 stream 在层级命名空间中有一个名字。WAS 中的 stream 与 GFS 中的 file 概念是一致的。

1. 架构

如图 6-12 所示，文件流层由三个部分组成：

❑ 流管理器（Stream Manager, SM）

流管理器维护了文件流层的元数据，包括文件流的命名空间，文件流到 extent 之间的映射关系，extent 所在的存储节点信息。另外，它还需要监控 extent 存储节点，负责整个系统的全局控制，如 extent 复制，负载均衡，垃圾回收无用的 extent，等等。流管理器会定期通过心跳的方式轮询 extent 存储节点。流管理器自身通过 Paxos 协议实现高可用性。

❑ extent 存储节点（Extent Node, EN）

extent 存储节点实际存储每个 extent 的副本数据。每个 extent 单独存储成一个磁盘文件，这个文件中包含 extent 中所有 block 的数据及 checksum，以及针对每个 block 的索引信息。extent 存储节点之间互相通信拷贝客户端追加的数据，另外，extent 存储节点还需要接受流管理器的命令，如创建 extent 副本，垃圾回收指定 extent，等等。

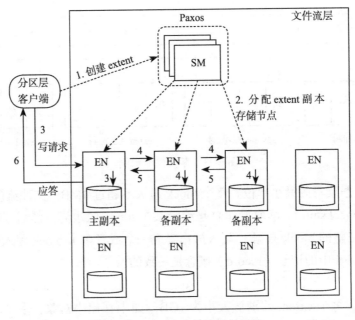

图 6-12　Azure 文件流层的架构

❏ 客户端库（Partition Layer Client）

客户端库是文件流层提供给上层应用（即分区层）的访问接口，它是一组专用接口，不遵守 POSIX 规范，以库文件的形式提供。分区层访问文件流层时，首先访问流管理器节点，获取与之进行交互的 extent 存储节点信息，然后直接访问这些存储节点，完成数据存取工作。

2. 复制及一致性

WAS 中的流文件只允许追加，不允许更改。追加操作是原子的，数据追加以数据块（block）为单位，多个数据块可以由客户端凑成一个缓冲区一次性提交到文件流层的服务端，保证原子性。与 GFS 一样，客户端追加数据块可能失败需要重试，从而产生重复记录，分区层需要处理这种情况。

分区层通过两种方式处理重复记录：对于元数据（metadata）和操作日志流（commit log streams），所有的数据都有一个唯一的事务编号（transaction sequence），顺序读取时忽略编号相同的事务；对于每个表格中的行数据流（row data streams），只有最后一个追加成功的数据块才会被索引，因此先前追加失败的数据块不会被分区层读取到，将来也会被系统的垃圾回收机制删除。

如图 6-12，WAS 追加流程如下：

1）如果分区层客户端没有缓存当前 extent 信息，例如追加到新的流文件或者上一个 extent 已经缝合（sealed），客户端请求 SM 创建一个新的 extent；

2）SM 根据一定的策略，如存储节点负载，机架位置等，分配一定数量（默认值为 3）的 extent 副本到 EN。其中一个 extent 副本为主副本，允许客户端写操作，其他副本为备副本，只允许接收主副本同步的数据。Extent 写入过程中主副本维持不变，因此，WAS 不需要类似 GFS 中的租约机制，大大简化了追加流程；

3）客户端写请求发送到主副本。主副本将执行如下操作：a) 决定追加的数据块在 extent 中的位置；b) 定序：如果有多个客户端往同一个 extent 并发追加，主副本需要确定这些追加操作的顺序；c) 将数据块写入主副本自身；

4）主副本把待追加数据发给某个备副本，备副本接着转发给其他备副本。每一个备副本会根据主副本确定的顺序执行写操作；

5）备副本写成功后应答主副本；

6）如果所有的副本都应答成功，主副本应答客户端追加操作成功；

追加过程中如果某个副本出现故障，客户端追加请求返回失败，接着客户端将联系 SM。SM 首先会缝合失败的 extent，接着创建一个新的 extent 用来提供追加操作。SM 处理副本故障的平均时间在 20ms 左右，新的 extent 创建完成后客户端追加操作可以继续，整体影响不大。

每个 extent 副本都维护了已经成功提交的数据长度（commit length），如果出现异常，各个副本当前的长度可能不一致。SM 缝合 extent 时首先请求所有的副本获取当前长度，如果副本之间不一致，SM 将选择最小的长度值作为缝合后的长度。如果缝合操作的过程中某个副本所在的节点出现故障，缝合操作仍然能够成功执行，等到节点重启后，SM 将强制该节点从 extent 的其他副本同步数据。

文件流层保证如下两点：

❑ 只要记录被追加并成功响应客户端，从任何一个副本都能够读到相同的数据；

❑ 即使追加过程出现故障，一旦 extent 被缝合，从任何一个被缝合的副本都能够读到相同的内容。

3. 存储优化

extent 存储节点面临两个问题：如何保证磁盘调度公平性以及避免磁盘随机写操作。

很多硬盘通过牺牲公平性来最大限度地提高吞吐量，这些磁盘优先执行大块顺序读写操作。而文件流层中既有大块顺序读写操作，也有大量的随机读取操作。随机读写操作可能被大块顺序读写操作阻塞，在某些磁盘上甚至观察到随机 IO 被阻塞高达 2300ms 的情况。为此，WAS 改进了 IO 调度策略，如果存储节点上某个磁盘当前已发出请求的期望完成时间超过 100ms 或者最近一段时间内某个请求的响应时间超过 200ms，避免将新的 IO 请求调度到该磁盘。这种策略适当牺牲了磁盘的吞吐量，但是保证公平性。

文件流层客户端追加操作应答成功要求所有的副本都将数据持久化到磁盘。这种策略提高了系统的可靠性，但增加了写操作延时。每个存储节点上有很多 extent，这些 extent 被大量分区层上的客户端并发追加，如果每次追加都需要将 extent 文件刷到磁盘中，将导致大量的随机写。为了减少随机写，存储节点采用单独的日志盘（journal drive）顺序保存节点上所有 extent 的追加数据，追加操作分为两步：a) 将待追加数据写入日志盘；b) 将数据写入对应的 extent 文件。操作 a) 将随机写变为针对日志盘的顺序写，一般来说，操作 a) 先成功，操作 b) 只是将数据保存到系统内存中。如果节点发生故障，需要通过日志盘中的数据恢复 extent 文件。通过这种策略，可以将针对同一个 extent 文件的连续多个写操作合并成一个针对磁盘的写操作，提高了系统的吞吐量，同时降低了延时。

文件流层还有一种抹除码（erasure coding）机制用于减少 extent 副本占用的空间，GFS 以及开源的 HDFS 也采用了这个机制。每个数据中心的 extent 副本默认都需要存储三份，为了降低存储成本，文件流层会对已经缝合的 extent 进行 Reed-Solomon 编码⊖。具体来讲，文件流层在后台定期执行任务，将 extent 划分为 N 个长度大致相同的数据段，

⊖ 一种纠错码，在分布式文件系统或者 RAID 技术中用于容忍多个副本或者磁盘同时离线的情况。

并通过 Reed-Solomon 算法计算出 M 个纠错码段用于纠错。只要出现问题的数据段或纠错码段总和小于或者等于 M 个，文件流层都能重建整个 extent。推荐的配置是 N=10，M=4，也就是只需要 1.4 倍的存储空间，就能够容忍多达 4 个存储节点出现故障。

6.3.3　分区层

分区层构建在文件流层之上，用于提供 Table、Blob、Queue 等数据服务。分区层的一个重要特性是提供强一致性并保证事务操作顺序。

分区层内部支持一种称为对象表（Object Table，OT）的数据架构，每个 OT 是一张最大可达若干 PB 的大表。对象表被动态地划分为连续的范围分区（RangePartition，对应 Bigtable 中的子表），并分散到 WAS 存储区的多个分区服务器（Partition Server）上。范围分区之间互相不重叠，每一行都确保只在一个范围分区上。

WAS 存储区包含的对象表包括账户表，Blob 数据表，Entity 数据表，Message 数据表。其中，账户表存储每个用户账户的元数据及配置信息；Blob、Entity、Message 数据表分别对应 WAS 中的 Blob、Table、Message 服务。

另外，分层区中还有一张全局的 Schema 表格（Schema Table），保证所有的对象表格的 schema 信息，即每个对象表包含的每个列的名字，数据类型及其他属性。对象表划分为很多行，每个行通过一个主键（Primary Key）来定位，每个对象表的行主键包括用户账户名，分区名以及对象名三个部分。系统内部还维护了一张分区映射表（Partition Map），用于记录每个范围分区当前所在的分区服务器。

WAS 支持的数据类型包括 bool、binary string、DateTime、double、GUID、int32、int64、DictionaryType 以及 BlobType。DictionaryType 允许每个行的某一列的值为一系列 <name, type, value> 的元组。BlobType 被 Blob 表格使用，用于表示图片、图像等 Blob 数据。

1. 架构

如图 6-13 所示，分区层包含如下四个部分：

❏ 客户端程序库（Client）

提供分区层到 WAS 前端的接口，前端通过客户端以对不同对象表的数据单元进行增、删、查、改等操作。客户端通过分区映射表（Partition Map）获取分区映射信息，但所有表格的数据内容都在客户端与分区服务器之间直接传送；

❏ 分区服务器（Partition Server，PS）

PS 实现分区的装载 / 卸出、分区内容的读和写，分区的合并和分裂。一般来说，每个 PS 平均服务 10 个分区。

❑分区管理器（Partition Manager，PM）

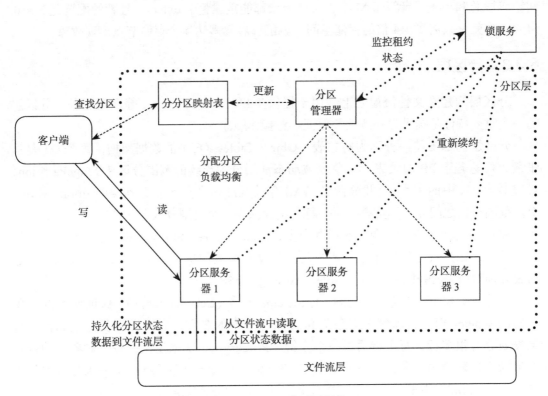

图 6-13　Azure 分区层架构

管理所有的 PS，包括分配分区给 PS，指导 PS 实现分区的分裂及合并，监控 PS，在 PS 之间进行负载均衡并实现 PS 的故障恢复等。每个 WAS 存储区有多个 PM，他们之间通过 Lock Service 进行选主，持有租约的 PM 是主 PM。

❑锁服务（Lock Service）

Paxos 锁服务用于 WAS 存储区内选举主 PM。另外，每个 PS 与锁服务之间都维持了租约。锁服务监控租约状态，PS 的租约快到期时，会向锁服务重新续约。如果 PS 出现故障，PM 需要首先等待 PS 上的租约过期才可以将它原来服务的分区分配出去，PS 租约如果过期也需要主动停止读写服务。否则，可能出现多个 PS 同时读写同一个分区的情况。

2. 分区数据结构

WAS 分区层中的操作与 Bigtable 基本类似。如图 6-14，用户写操作首先追加到操作日志文件流（Commit Log Stream），接着修改内存表（Memory Table），等到内存表到达一定大小后，需要执行快照（Checkpoint，对应 Bigtable 中的 Minor Compaction）

操作。分区服务器会定期将多个小快照文件合并成更大的快照文件（对应 Bigtable 中的 Merge/Major Compaction）以减少读操作需要访问的文件数。分区服务器会对每个快照文件维护热点行数据的缓存（Row Page Cache，对应 Bigtable 中的 Block Cache 和 Key Value Cache），另外，通过布隆过滤器过滤对快照文件不存在行的随机读请求。

　　与 Bigtable 的不同点如下：a) WAS 中每个分区拥有一个专门的操作日志文件，而 Bigtable 中同一个 Tablet Server 的所有子表共享同一个操作日志文件；b) WAS 中每个分区维护各自的元数据（例如分区包含哪些快照文件，持久化成元数据文件流），分区管理器只管理每个分区与所在的分区服务器之间的映射关系；而 Bigtable 专门维护了两级元数据表：元数据表（Meta Table）及根表（Root Table），每个分区的元数据保存在上一级元数据表中；c) WAS 专门引入了 Blob 数据文件流用于支持 Blob 数据类型。

　　由于 Blob 数据一般比较大，如果行数据流中包含 Blob 数据，只记录每个 Blob 数据块在操作日志文件流（Commit Log Stream）中的索引信息，即所在的操作日志文件名及文件内的偏移。执行快照操作时，需要回收操作日志。如果操作日志的某些 extent 包含 Blob 数据，需要将这些 extent 连接到 Blob 数据流的末尾。这个操作只是简单地往 Blob 数据流文件追加 extent 指针，文件流层对此专门提供了快速操作接口。

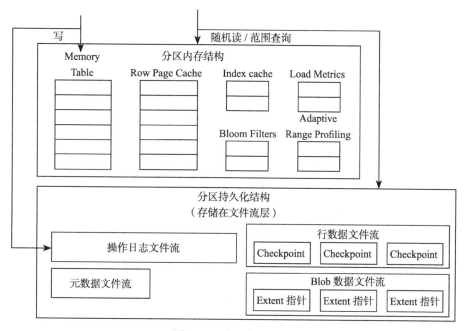

图 6-14　分区数据结构

3. 负载均衡

PM 记录每个 PS 及它服务的每个分区的负载。影响负载的因素包括：1）每秒事务数；2）平均等待事务个数；3）节流率；4）CPU使用率；5）网络使用率；6）请求延时；
7）每个分区的数据大小。PM与PS之间维持了心跳，PS定期将负载信息通过心跳包
回复PM。如果PM检测到某个分区的负载过高，发送指令给PS执行分裂操作；如果
PS负载过高，而它服务的分区集合中没有过载的分区，PM从中选择一个或者多个分区
迁移到其他负载较轻的PS。

对某个分区负载均衡两个阶段：

❑ **卸载**：PM首先发送一个卸载指令给PS，PS会执行一次快照操作。一旦完成后，
　　PS停止待迁移分区的读写服务并告知PM卸载成功。如果卸载过程中PS出现异
　　常，PM需要查询锁服务，直到PS的服务租约过期才可以执行下一步操作。

❑ **加载**：PM发送加载指令给新的PS并且更新PM维护的分区映射表结构，将分
　　区指向新的PS。新的PS加载分区并且开始提供服务。由于卸载时执行了一次快
　　照操作，加载时需要回放的操作日志很少，保证了加载的快速。

4. 分裂与合并

有两种可能导致WAS对某个分区执行分裂操作，一种可能是分区太大，另外一种
可能是分区的负载过高。PM发起分裂操作，并由PS确定分裂点。如果是基于分区大
小的分裂操作，PS维护了每个分区的大小以及大致的中间位置，并将这个中间位置作
为分裂点；如果是基于负载的分裂操作，PS自适应地计算分区中哪个主键范围的负载
最高并通过它来确定分裂点。

假设需要把分区B分裂为两个新的分区C和D，操作步骤如下：

1）PM告知PS将分区B分裂为C和D。

2）PS对B执行快照操作，接着停止分区B的读写服务；

3）PS发起一个"MultiModify"⊖操作将分区B的元数据，操作日志及行数据流复
制到C和D。这一步只需要拷贝每个文件的extent指针列表，不需要拷贝extent的内
容。接着PS分别往C和D的元数据流写入新的分区范围。

4）PS开始对C和D这两个分区提供读写服务。

5）PS通知PM分裂成功，PM相应地更新分区映射表及元数据信息。接着PM会
把C或者D中的其中一个分区迁移到另外一个不同的PS。

合并操作需要选择两个连续的负载较低的分区。假设需要把分区C和D合并成为
新的分区E。操作步骤如下：

1）PM迁移C或者D，使得这两个分区被同一个PS服务。接着PM通知PS将分
区C和D合并成为E。

⊖ MultiModify指在一次调用中实现多步修改操作。

2）PS 分别对分区 C 和 D 执行快照操作，接着停止分区 C 和 D 的读写服务；

3）PS 发起一个"MultiModify"操作合并分区 C 和 D 的操作日志及行数据流，生成 E 的操作日志和行数据流。假设分区 C 的操作日志文件包含 <C1, C2> 两个 extent，分区 D 的操作日志文件包含 <D1, D2, D3> 三个 extent，则分区 E 的操作日志文件包含 <C1, C2, D1, D2, D3> 这五个 extent。行数据流及 Blob 数据流也是类似的。与分裂操作类似，这里只需要修改文件的 extent 指针列表，不需要拷贝 extent 的实际内容。

4）PS 对 E 构造新的元数据流，包含新的操作日志文件，行数据文件，C 和 D 合并后的新的分区范围以及操作日志回放点和行数据文件索引信息。

5）PS 加载新分区 E 并提供读写服务。

6）PS 通知 PM 合并成功，接着 PM 相应地更新分区映射表及元数据信息。

6.3.4　讨论

WAS 整体架构借鉴 GFS + Bigtable 并有所创新。主要的不同点包括：

1）Chunk 大小选择。GFS 中每个 Chunk 大小为 64MB，随着服务器性能的提升，WAS 每个 extent 大小提高到 1GB 从而减少元数据。

2）元数据层次。Bigtable 中元数据包括根表和元数据表两级，而 WAS 中只有一级元数据，实现更加简便。

3）GFS 的多个 Chunk 副本之间是弱一致的，不保证每个 Chunk 的不同副本之间每个字节都完全相同，而 WAS 能够保证这一点。

4）Bigtable 每个 Tablet Server 的所有子表共享一个操作日志文件从而提高写入性能，而 WAS 将每个范围分区的操作写入到不同的操作日志文件。

第 7 章　分布式数据库

关系数据库理论汇集了计算机科学家几十年的智慧，Oracle、Microsoft SQL Server、MySQL 等关系数据库系统广泛应用在各行各业中。可以说，没有关系数据库，就没有今天的 IT 或者互联网行业。然而，关系数据库设计之初并没有预见到 IT 行业发展如此之快，总是假设系统运行在单机这一封闭系统上。

有很多思路可以实现关系数据库的可扩展性。例如，在应用层划分数据，将不同的数据分片划分到不同的关系数据库上，如 MySQL Sharding ；或者在关系数据库内部支持数据自动分片，如 Microsoft SQL Azure ；或者干脆从存储引擎开始重写一个全新的分布式数据库，如 Google Spanner 以及 Alibaba OceanBase。

本章首先介绍数据库中间层架构，接着介绍 Microsoft SQL Azure，最后介绍 Google Spanner。

7.1　数据库中间层

为了扩展关系数据库，最简单也是最为常见的做法就是应用层按照规则将数据拆分为多个分片，分布到多个数据库节点，并引入一个中间层来对应用屏蔽后端的数据库拆分细节。

7.1.1　架构

以 MySQL Sharding 架构为例，分为几个部分：中间层 dbproxy 集群、数据库组、元数据服务器、常驻进程，如图 7-1 所示。

（1）MySQL 客户端库

应用程序通过 MySQL 原生的客户端与系统交互，支持 JDBC，原有的单机访问数据库程序可以无缝迁移。

（2）中间层 dbproxy

中间层解析客户端 SQL 请求并转发到后端的数据库。具体来讲，它解析 MySQL 协议，执行 SQL 路由，SQL 过滤，读写分离，结果归并，排序以及分组，等等。中间层由多个无状态的 dbproxy 进程组成，不存在单点的情况。另外，可以在客户端与中间层之间引入 LVS（Linux Virtual Server）对客户端请求进行负载均衡。需要注意的是，引入 LVS 后，客户端请求需要额外增加一层通信开销，因此，常见的做法是直接在客户端配置中间层服务器列表，由客户端处理请求负载均衡以及中间层服务器故障等情况。

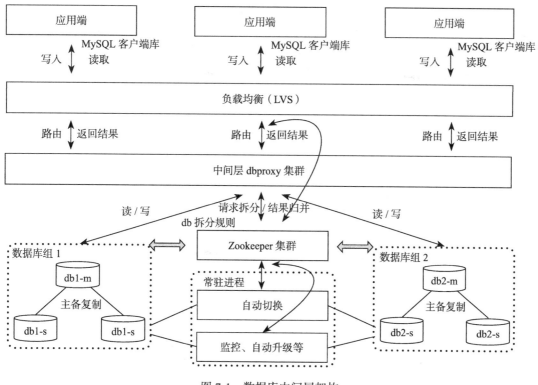

图 7-1　数据库中间层架构

（3）数据库组 dbgroup

每个 dbgroup 由 N 台数据库机器组成，其中一台为主机（Master），另外 N-1 台为备机（Slave）。主机负责所有的写事务及强一致读事务，并将操作以 binlog 的形式复制到备机，备机可以支持有一定延迟的读事务。

（4）元数据服务器

元数据服务器主要负责维护 dbgroup 拆分规则并用于 dbgroup 选主。dbproxy 通过元数据服务器获取拆分规则从而确定 SQL 语句的执行计划。另外，如果 dbgroup 的主机出现故障，需要通过元数据服务器选主。元数据服务器本身也需要多个副本实现 HA，一种常见的方式是采用 Zookeeper 实现。

（5）常驻进程 agents

部署在每台数据库服务器上的常驻进程，用于实现监控，单点切换，安装，卸载程序等。dbgroup 中的数据库需要进行主备切换，软件升级等，这些控制逻辑需要与数据库读写事务处理逻辑隔离开来。

假设数据库按照用户哈希分区，同一个用户的数据分布在一个数据库组上。如果 SQL 请求只涉及同一个用户（这对于大多数应用都是成立的），那么，中间层将请求转发给相应的数据库组，等待返回结果并将结果返回给客户端；如果 SQL 请求涉及多个用户，那么中间层需要转发给多个数据库组，等待返回结果并将结果执行合并、分组、排序等操作后返回客户端。由于中间层的协议与 MySQL 兼容，客户端完全感受不到与访问单台 MySQL 机器之间的差别。

7.1.2　扩容

MySQL Sharding 集群一般按照用户 id 进行哈希分区，这里面存在两个问题：

1）集群的容量不够怎么办？

2）单个用户的数据量太大怎么办？

对于第 1 个问题，MySQL Sharding 集群往往会采用双倍扩容的方案，即从 2 台服务器扩到 4 台，接着再扩到 8 台……，依次类推。

假设原来有 2 个 dbgroup，第一个 dbgroup 的主机为 A0，备机为 A1，第二个 dbgroup 的主机为 B0，备机为 B1。按照用户 id 哈希模 2，结果为 0 的用户分布在第一个 dbgroup，结果为 1 的用户分布在第二个 dbgroup。常见的一种扩容方式如下：

1）等待 A0 和 B0 的数据同步到其备服务器，即 A1 和 B1。

2）停止写服务，等待主备完全同步后解除 A0 与 A1、B0 与 B1 之间的主备关系。

3）修改中间层的映射规则，将哈希值模 4 等于 2 的用户数据映射到 A1，哈希值模 4 等于 3 的用户数据映射到 B1。

4）开启写服务，用户 id 哈希值模 4 等于 0、1、2、3 的数据将分别写入到 A0、A1、B0、B1。这就相当于有一半的数据分别从 A0、B0 迁移到 A1、B1。

5）分别给 A0、A1、B0、B1 增加一台备机。

最终，集群由 2 个 dbgroup 变为 4 个 dbgroup。可以看到，扩容过程需要停一小会儿服务，另外，扩容进行过程中如果再次发生服务器故障，将使扩容变得非常复杂，很难做到完全自动化。

对于第 2 个问题，可以在应用层定期统计大用户，并且将这些用户的数据按照数据量拆分到多个 dbgroup。当然，定期维护这些信息对应用层是一个很大的代价。

7.1.3　讨论

引入数据库中间层将后端分库分表对应用透明化在大型互联网公司内部很常见。这

种做法实现简单,对应用友好,但也面临一些问题:

- ❑ 数据库复制:MySQL 主备之间只支持异步复制,而且主库压力较大时可能产生很大的延迟,因此,主备切换可能会丢失最后一部分更新事务,这时往往需要人工介入。
- ❑ 扩容问题:如果系统压力过大需要增加新的机器,这个过程涉及数据重新划分,整个过程比较复杂,且容易出错。
- ❑ 动态数据迁移问题:如果某个数据库组压力过大,需要将其中部分数据迁移出去,迁移过程需要总控节点整体协调,以及数据库节点的配合。这个过程很难做到自动化。

7.2 Microsoft SQL Azure

Microsoft SQL Azure 是微软的云关系型数据库,后端存储又称为云 SQL Server(Cloud SQL Server)。它构建在 SQL Server 之上,通过分布式技术提升传统关系型数据库的可扩展性和容错能力。

7.2.1 数据模型

1. 逻辑模型

云 SQL Server 将数据划分为多个分区,通过限制事务只能在一个分区执行来规避分布式事务。另外,它通过主备复制(Primary-Copy)协议将数据复制到多个副本,保证高可用性。

云 SQL Server 中一个逻辑数据库称为一个表格组(table group),它既可以是有主键的,也可以是无主键的,本节只讨论有主键的表格组。如果一个表格组是有主键的,要求表格组中所有的表格都有一个相同的列,称为划分主键(partitioning key)。图中的表格组包含两个表格,顾客表(Customers)和订单表(Orders),划分主键为顾客 ID(Customers 表中的 Id 列)。如图 7-2 所示。

划分主键不需要是表格组中每个表格的唯一主键。图 7-2 中,顾客 ID 是顾客表的唯一主键,但不是订单表的唯一主键。同样,划分主键也不需要是每个表格的聚集索引,订单表的聚集索引为组合主键 <顾客 ID,订单 ID>(<Id, Oid>)。

表格组中所有划分主键相同的行集合称为行组(row group)。顾客表的第一行以及订单表的前两行的划分主键均为 34,构成一个行组。云 SQL Server 只支持同一个行组内的事务,这就意味着,同一个行组的数据逻辑上会分布到一台服务器。

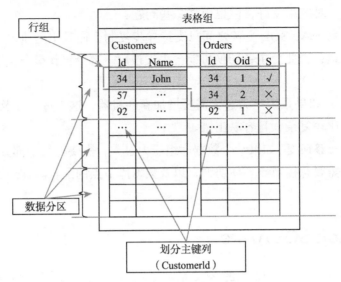

图 7-2 云 SQL Server 数据模型

如果表格组是有主键的，云 SQL Server 支持自动地水平拆分表格组并分散到整个集群。同一个行组总是被一台物理的 SQL Server 服务，从而避免了分布式事务。这样的好处是避免了分布式事务的两个问题：阻塞及性能，当然，也限制了用户的使用模式。

只读事务可以跨多个行组，但事务隔离级别最多支持读取已提交（read-committed）。

2. 物理模型

在物理层面，每个有主键的表格组根据划分主键列有序地分成多个数据分区（partition）。这些分区之间互相不重叠，并且覆盖了所有的划分主键值。这就确保了每个行组属于一个唯一的分区。

分区是云 SQL Server 复制、迁移、负载均衡的基本单位。每个分区包含多个副本（默认为 3），每个副本存储在一台物理的 SQL Server 上。由于每个行组属于一个分区，这也就意味着每个行组的数据量不能超过分区允许的最大值，也就是单台 SQL Server 的容量上限。

一般来说，同一个交换机或者同一个机架的机器同时出现故障的概率较大，因而它们属于同一个故障域（failure domain）。云 SQL Server 保证每个分区的多个副本分布到不同的故障域。每个分区有一个副本为主副本（Primary），其他副本为备副本（Secondary）。主副本处理所有的查询，更新事务并以操作日志的形式将事务同步到备副本，备副本接收主副本发送的事务日志并应用到本地数据库。目前，备副本不支持读操作，当然，这是很容易实现的，只是可能读取到过期的数据。

如图 7-3 所示，有四个逻辑分区 PA、PB、PC、PD，每个分区有一个主副本和两个备副本。例如，PA 有一个主副本 PA_P 以及两个备副本 PA_{S1} 和 PA_{S2}。每台物理 SQL Server 数据库混合存放了主副本和备副本。如果某台机器发生故障，它上面的分区能够很快分散到其他活着的机器上。

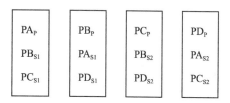

分区划分是动态的，如果某个分区超过了允许的最大分区大小或者负载太高，这个分区将分裂为两个分区。假设分区 A 的主副本在机器 X，它的备副本在机器 Y 和 Z。如果分区 A 分裂为 A1 和 A2，每个副本都需要相应地分裂为两段。为了更好地进行负载均衡，每个副本分裂前后的角色可能不尽相同。例如，A1 的主副本仍然在机器 X，备副本在机器 Y 和机器 Z；而 A2 的主副本可能在机器 Y，备副本在机器 X 和机器 Z。

图 7-3　云 SQL Server 物理模型

7.2.2　架构

云 SQL Server 分为四个主要部分：SQL Server 实例、全局分区管理、协议网关、分布式基础部件，如图 7-4 所示。

下面分别介绍这几个部分：

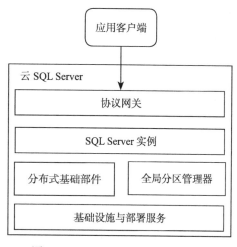

图 7-4　云 SQL Server 的分层架构

- ❑ 每个 SQL Server 实例是一个运行着 SQL Server 的物理进程。每个物理数据库包含多个子数据库，它们之间互相隔离。子数据库是一个分区，包含用户的数据以及 schema 信息。

- ❑ 全局分区管理器（Global Partition Manager）维护分区映射表信息，包括每个分区的主键范围，每个副本所在的服务器，以及每个副本的状态，包括副本当前是主还是备，前一次是主还是备，正在变成主，正在被拷贝或者正在被追赶。当服务器发生故障时，分布式基础部件检测并确保服务器故障后通知全局分区管理器。全局分区管理器接着执行重新配置操作。另外，全局分区管理器监控集群中的 SQL Server 工作机，执行负载均衡，副本拷贝等管理操作。

- ❑ 协议网关（Protocol Gateway）负责将用户的数据库连接请求转发到相应的主分区上。协议网关通过全局分区管理器获取分区所在的 SQL Server 实例，后续的读写事务操作都在网关与 SQL Server 实例之间进行。

❑ 分布式基础部件（Distributed Fabric）用于维护机器上下线状态，检测服务器故障并为集群中的各种角色执行选举主节点操作。它在每台服务器上都运行了一个守护进程。

7.2.3 复制与一致性

云 SQL Server 采用 "Quorum Commit" 的复制协议，用户数据存储三个副本，至少写成功两个副本才可以返回客户端成功。如图 7-5 所示，事务 T 的主副本分区生成操作日志并发送到备副本。如果事务 T 回滚，主副本会发送一个 ABORT 消息给备副本，备副本将删除接收到的 T 事务包含的修改操作。如果事务 T 提交，主副本会发送 COMMIT 消息给备副本，并带上事务提交顺序号（Commit Sequence Number, CSN），每个备副本会把事务 T 的修改操作应用到本地数据库并发送 ACK 消息回复主副本。如果主副本接收到一半以上的成功 ACK（包含主副本自身），它将在本地提交事务并成功返回客户端。

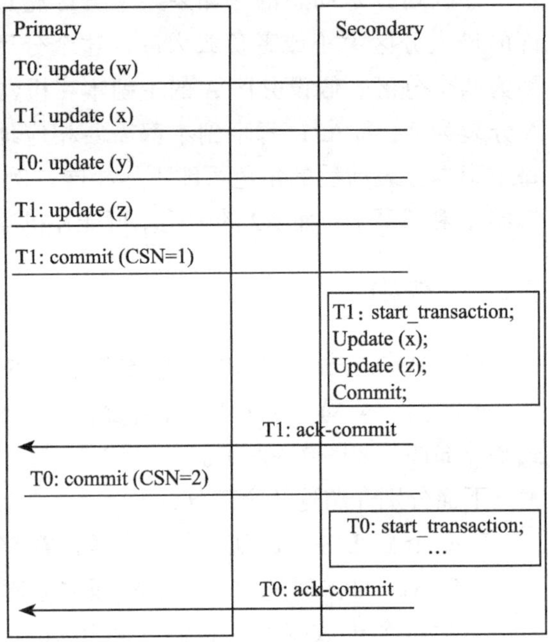

图 7-5 云 SQL Server 主备同步

某些备副本可能出现故障，恢复后将往主副本发送本地已经提交的最后一个事务的提交顺序号。如果两者相差不多，主副本将直接发送操作日志给备副本；如果两者相差太多，主副本将首先把数据库快照传给备副本，再把快照点之后的操作日志传给备副本。

主副本与备副本之间传送逻辑操作日志，而不是对磁盘物理页的 redo&undo 日志。数据库索引及 schema 相关操作（如创建，删除表格）也通过操作日志发送。实践过程中发现了一些硬件问题，比如某些网卡会表现出错误的行为，因此对主备之间的所有消息都会做校验（checksum）。同样，某些磁盘会出现"位翻转"错误，因此，对写入到磁盘的数据也做校验。

7.2.4 容错

如果数据节点发生了故障，需要启动宕机恢复过程。每个 SQL Server 实例最多服务 650 个逻辑分区，这些分区可能是主副本，也可能是备副本。全局分区管理器统一调度，每次选择一个分区执行重新配置（Reconfiguration）。如果出现故障的分区是备副本，全局分区管理器首先选择一台负载较轻的服务器，接着从相应的主副本分区拷贝数据来增加副本；如果出现故障的分区是主副本，首先需要从其他副本中选择一个最新的备副本作为新的主副本，接着选择一台负载较轻的机器增加备副本。由于云 SQL Server 采用 "Quorum Commit" 复制协议，如果每个分区有三个副本，至少保证两个副本写入成功，主副本出现故障后选择最新的备副本可以保证不丢数据。

全局分区管理器控制重新配置任务的优先级，否则，用户的服务会受到影响。比如某个数据分片的主副本出现故障，需要尽快从其他副本中选择备副本切换为主副本；某个数据分片只有一个副本，需要优先复制。另外，某些服务器可能下线很短一段时间后重新上线，为了避免过多无用的数据拷贝，这里还需要配置一些策略：比如只有两个副本的状态持续较长一段时间（SQL Azure 默认配置为两小时）才开始复制第三个副本。

全局分区管理器也采用 "Quorum Commit" 实现高可用性。它包含七个副本，同一时刻只有一个副本为主，分区相关的元数据操作至少需要在四个副本上成功。如果全局分区管理器主副本出现故障，分布式基础部件将负责从其他副本中选择一个最新的副本作为新的主副本。

7.2.5　负载均衡

负载均衡相关的操作包含三种：副本迁移以及主备副本切换。新的服务器节点加入时，系统内的分区会逐步地迁移到新节点，这里需要注意的是，为了避免过多的分区同时迁入新节点，全局分区管理器需要控制迁移的频率，否则系统整体性能可能会下降。另外，如果主副本所在服务器负载过高，可以选择负载较低的备副本替换为主副本提供读写服务。这个过程称为主备副本切换，不涉及数据拷贝。

影响服务器节点负载的因素包括：读写次数，磁盘 / 内存 /CPU/IO 使用量等。全局分区管理器会根据这些因素计算每个分区及每个 SQL Server 实例的负载。

7.2.6　多租户

云存储系统中多个用户的操作相互干扰，因此需要限制每个 SQL Azure 逻辑实例使用的系统资源：

1）操作系统资源限制，比如 CPU、内存、写入速度，等等。如果超过限制，将在 10 秒内拒绝相应的用户请求；

2）SQL Azure 逻辑数据库容量限制。每个逻辑数据库都预先设置了最大的容量，超过限制时拒绝更新请求，但允许删除操作；

3）SQL Server 物理数据库数据大小限制。超过该限制时返回客户端系统错误，此时需要人工介入。

7.2.7 讨论

Microsoft SQL Azure 将传统的关系型数据库 SQL Server 搬到云环境中，比较符合用户过去的使用习惯。当然，云 SQL Server 与单机 SQL Server 还是有一些区别：

❑ 不支持的操作：Microsoft Azure 作为一个针对企业级应用的平台，尽管尝试支持尽量多的 SQL 特性，仍然有一些特性无法支持。比如 USE 操作：SQL Server 可以通过 USE 切换数据库，不过在 SQL Azure 不支持，这是因为不同的逻辑数据库可能位于不同的物理机器。

❑ 观念转变：对于开发人员，需要用分布式系统的思维开发程序，比如一个连接除了成功、失败还有第三种不确定状态：云端没有返回操作结果，操作是否成功我们无从得知；对于 DBA，数据库的日常维护，比如升级、数据备份等工作都移交给了微软，可能会有更多的精力关注业务系统架构。

相比 Azure Table Storage，SQL Azure 在扩展性上有一些劣势，例如，单个 SQL Azure 实例大小限制。Azure Table Storage 单个用户表格的数据可以分布到多个存储节点，数据总量几乎没有限制；而单个 SQL Azure 实例最大限制为 50GB，如果用户的数据量大于最大值，需要用户在应用层对数据库进行水平或者垂直拆分，使用起来比较麻烦。

7.3 Google Spanner

Google Spanner 是 Google 的全球级分布式数据库（Globally-Distributed Database）。Spanner 的扩展性达到了全球级，可以扩展到数百个数据中心，数百万台机器，上万亿行记录。更为重要的是，除了夸张的可扩展性之外，它还能通过同步复制和多版本控制来满足外部一致性，支持跨数据中心事务。

无论从学术研究还是工程实践的角度看，Spanner 都是一个划时代的分布式存储系统。Spanner 的成功说明了一点，分布式技术能够和数据库技术有机地结合起来，通过分布式技术实现高可扩展性，并呈现给使用者类似关系数据库的数据模型。

7.3.1 数据模型

Spanner 的数据模型与 6.2 节中介绍的 Megastore 系统比较类似。

如图 7-6 所示，对于一个典型的相册应用，需要存储其用户和相册，可以用上面的两个 SQL 语句来创建表。Spanner 的表是层次化的，最底层的表是目录表（Directory table），其他表创建时，可以用 INTERLEAVE IN PARENT 来表示层次关系。Spanner 中的目录相当于 Megastore 中的实体组，一个用户的信息（user_id，email）以及这个用户下的所有相片信息构成一个目录。实际存储时，Spanner 会将同一个目录的数据存放到一起，只要目录不太大，同一个目录的每个副本都会分配到同一台机器。因此，针对同一个目录的读写事务大部分情况下都不会涉及跨机操作。

```
CREATE TABLE Users {
    user_id int64 not null,
    email string
} PRIMARY KEY(user_id),DIRECTORY;
CREATE TABLE Albums {
    user_id int64,
    album_id int32,
    name string
} PRIMARY KEY(user_id, album_id),
    INTERLEAVE IN PARENT Users;
```

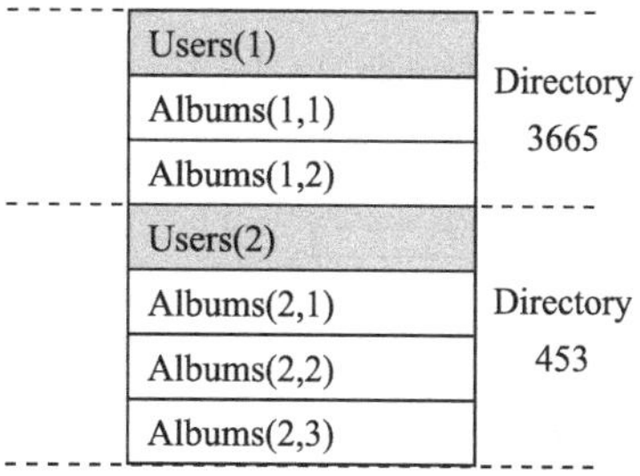

Users(1)	Directory 3665
Albums(1,1)	
Albums(1,2)	
Users(2)	Directory 453
Albums(2,1)	
Albums(2,2)	
Albums(2,3)	

图 7-6　Spanner 数据模型

7.3.2　架构

Spanner 构建在 Google 下一代分布式文件系统 Colossus 之上。Colossus 是 GFS 的延续，相比 GFS，Colossus 的主要改进点在于实时性，并且支持海量小文件。

由于 Spanner 是全球性的，因此它有两个其他分布式存储系统没有的概念：

❑ Universe。一个 Spanner 部署实例称为一个 Universe。目前全世界有 3 个，一个开发、一个测试、一个线上。Universe 支持多数据中心部署，且多个业务可以共享同一个 Universe。

❑ Zones。每个 Zone 属于一个数据中心，而一个数据中心可能有多个 Zone。一般来说，Zone 内部的网络通信代价较低，而 Zone 与 Zone 之间通信代价很高。

如图 7-7 所示，Spanner 系统包含如下组件：

❑ Universe Master：监控这个 Universe 里 Zone 级别的状态信息。

❑ Placement Driver：提供跨 Zone 数据迁移功能。

❑ Location Proxy：提供获取数据的位置信息服务。客户端需要通过它才能够知道数据由哪台 Spanserver 服务。

❑ Spanserver：提供存储服务，功能上相当于 Bigtable 系统中的 Tablet Server。

每个 Spanserver 会服务多个子表，而每个子表又包含多个目录。客户端往 Spanner 发送读写请求时，首先查找目录所在的 Spanserver，接着从 Spanserver 读写数据。

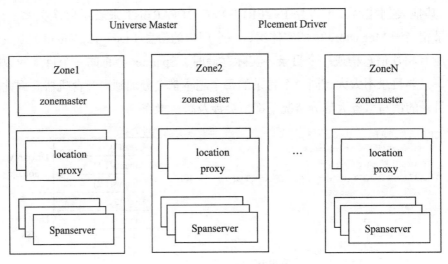

图 7-7   Spanner 整体架构

这里面有一个问题：如何存储目录与 Spanserver 之间的映射关系？假设每个用户对应一个目录，全球总共有 50 亿用户，那么，映射关系的数据规模为几十亿到几百亿，单台服务器无法存放。Spanner 论文中没有明确说明，笔者猜测这里的做法和 Bigtable 类似，即将映射关系这样的元数据信息当成元数据表格，和普通用户表格采取相同的存储方式。

7.3.3   复制与一致性

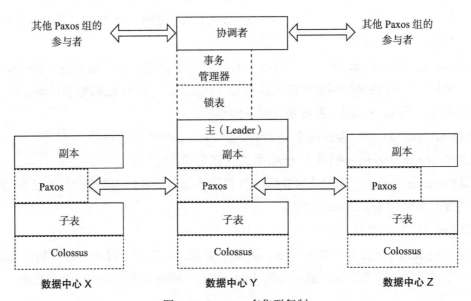

图 7-8   Spanner 多集群复制

如图 7-8 所示，每个数据中心运行着一套 Colossus，每个机器有 100～1000 个子表，每个子表会在多个数据中心部署多个副本。为了同步系统中的操作日志，每个子表上会运行一个 Paxos 状态机。Paxos 协议会选出一个副本作为主副本，这个主副本的寿命默认是 10 秒。正常情况下，这个主副本会在快要到期的时候将自己再次选为主副本；如果出现异常，例如主副本所在的 spanserver 宕机，其他副本会在 10 秒后通过 Paxos 协议选举为新的主副本。

通过 Paxos 协议，实现了跨数据中心的多个副本之间的一致性。另外，每个主副本所在的 Spanserver 还会实现一个锁表用于并发控制，读写事务操作某个子表上的目录时需要通过锁表避免多个事务之间互相干扰。

除了锁表，每个主副本上还有一个事务管理器。如果事务在一个 Paxos 组里面，可以绕过事务管理器。但是一旦事务跨多个 Paxos 组，就需要事务管理器来协调。

锁表实现单个 Paxos 组内的单机事务，事务管理器实现跨多个 Paxos 组的分布式事务。为了实现分布式事务，需要实现 3.7.1 节中提到的两阶段提交协议。有一个 Paxos 组的主副本会成为两阶段提交协议中的协调者，其他 Paxos 组的主副本为参与者。

7.3.4　TrueTime

为了实现并发控制，数据库需要给每个事务分配全局唯一的事务 id。然而，在分布式系统中，很难生成全局唯一 id。一种方式是采用 Google Percolator（Google Caffeine 的底层存储系统）中的做法，即专门部署一套 Oracle 数据库用于生成全局唯一 id。虽然 Oracle 逻辑上是一个单点，但是实现的功能单一，因而能够做得很高效。Spanner 选择了另外一种做法，即全球时钟同步机制 TrueTime。

TrueTime 是一个提供本地时间的接口，但与 Linux 上的 gettimeofday 接口不一样的是，它除了可以返回一个时间戳 t，还会给出一个误差 e。例如，返回的时间戳是 20 点 23 分 30 秒 100 毫秒，而误差是 5 毫秒，那么真实的时间在 20 点 23 分 30 秒 95 毫秒到 105 毫秒之间。真实的系统 e 平均下来只有 4 毫秒。

TrueTime API 实现的基础是 GPS 和原子钟。之所以要用两种技术来处理，是因为导致这两种技术失效的原因是不同的。GPS 会有一个天线，电波干扰会导致其失灵。原子钟很稳定。当 GPS 失灵的时候，原子钟仍然能保证在相当长的时间内，不会出现偏差。

每个数据中心需要部署一些主时钟服务器（Master），其他机器上部署一个从时钟进程（Slave）来从主时钟服务器同步时钟信息。有的主时钟服务器用 GPS，有的主时钟服务器用原子钟。每个从时钟进程每隔 30 秒会从若干个主时钟服务器同步时钟信息。主时钟服务器自己还会将最新的时间信息和本地时钟比对，排除掉偏差比较大的结果。

7.3.5 并发控制

Spanner 使用 TrueTime 来控制并发，实现外部一致性，支持以下几种事务：

☐ 读写事务

☐ 只读事务

☐ 快照读，客户端提供时间戳

☐ 快照读，客户端提供时间范围

1. 不考虑 TrueTime

首先，不考虑 TrueTime 的影响，也就是说，假设 TrueTime API 获得的时间是精确的。如果事务读写的数据只属于同一个 Paxos 组，那么，每个读写事务的执行步骤如下：

1）获取系统的当前时间戳；

2）执行读写操作，并将第 1 步取得的时间戳作为事务的提交版本。

每个只读事务的执行步骤如下：

1）获取系统的当前时间戳，作为读事务的版本；

2）执行读取操作，返回客户端所有提交版本小于读事务版本的事务操作结果。

快照读和只读事务的区别在于：快照读将指定读事务的版本，而不是取系统的当前时间戳。

如果事务读写的数据涉及多个 Paxos 组，那么，对于读写事务，需要执行一次两阶段提交协议，执行步骤如下：

1）Prepare：客户端将数据发往多个 Paxos 组的主副本，同时，协调者主副本发起 prepare 协议，请求其他的参与者主副本锁住需要操作的数据。

2）Commit：协调者主副本发起 Commit 协议，要求每个参与者主副本执行提交操作并解除 Prepare 阶段锁定的数据。协调者主副本可以将它的当前时间戳作为该事务的提交版本，并发送给每个参与者主副本。

只读事务读取每个 Paxos 组中提交版本小于读事务版本的事务操作结果。需要注意的是，只读事务需要保证不会读到不完整的事务。假设有一个读写事务修改了两个 Paxos 组：Paxos 组 A 和 Paxos 组 B，Paxos 组 A 上的修改已提交，Paxos 组 B 上的修改还未提交。那么，只读事务会发现 Paxos 组 B 处于两阶段提交协议中的 Prepare 阶段，需要等待一会，直到 Paxos 组 B 上的修改生效后才能读到正确的数据。

2. 考虑 TrueTime

如果考虑 TrueTime，并发控制变得复杂。这里的核心思想在于，只要事务 T1 的提交操作早于事务 T2 的开始操作，即使考虑 TrueTime API 的误差因素（-e 到 +e 之间，e 值平均为 4ms）, Spanner 也能保证事务 T1 的提交版本小于事务 T2 的提交版本。Spanner 使用了一种称为延迟提交（Commit Wait）的手段，即如果事务 T1 的提交版本为时间戳 t_{commit}，那么，事务 T1 会在 $t_{commit}+e$ 之后才能提交。另外，如果事务 T2 开始的绝对时间为 t_{abs}，那么事务 T2 的提交版本至少为 $t_{abs}+e$。这样，就保证了事务 T1 和 T2 之间严格的顺序，当然，这也意味着每个写事务的延时至少为 2e。从这一点也可以看出，Spanner 实现功能完备的全球数据库是付出了一定代价的，设计架构时不能盲目崇拜。

7.3.6　数据迁移

目录是 Spanner 中对数据分区、复制和迁移的基本单位，用户可以指定一个目录有多少个副本，分别存放在哪些机房中，例如将用户的目录存放在这个用户所在地区附近的几个机房中。

一个 Paxos 组包含多个目录，目录可以在 Paxos 组之间移动。Spanner 移动一个目录一般出于以下几种考虑：

❑ 某个 Paxos 组的负载太大，需要切分；

❑ 将数据移动到离用户更近的地方，减少访问延时；

❑ 把经常一起访问的目录放进同一个 Paxos 组。

移动目录的操作在后台进行，不影响前台的客户端读写操作。一般来说，移动一个 50MB 的目录大约只需要几秒钟时间。实现时，首先将目录的实际数据移动到指定位置，然后再用一个原子操作更新元数据，从而完成整个移动过程。

7.3.7　讨论

Google 的分布式存储系统一步步地从 Bigtable 到 Megastore，再到 Spanner，这也印证了分布式技术和传统关系数据库技术融合的必然性，即底层通过分布式技术实现可扩展性，上层通过关系数据库的模型和接口将系统的功能暴露给用户。

阿里巴巴的 OceanBase 系统在设计之初就考虑到这两种技术融合的必然性，因此，一开始就将系统的最终目标定为：可扩展的关系数据库。目前，OceanBase 已经开发完成了部分功能并在阿里巴巴各个子公司获得广泛的应用。本书第三篇将详细介绍 OceanBase 的技术细节。

第三篇
实　践　篇

本篇内容

第 8 章　OceanBase 架构初探

第 9 章　分布式存储引擎

第 10 章　数据库功能

第 11 章　质量保证、运维及实践

第 8 章　OceanBase 架构初探

OceanBase 是阿里集团研发的可扩展的关系数据库，实现了数千亿条记录、数百 TB 数据上的跨行跨表事务，截止到 2012 年 8 月，支持了收藏夹、直通车报表、天猫评价等 OLTP 和 OLAP 在线业务，线上数据量已经超过一千亿条。

从模块划分的角度看，OceanBase 可以划分为四个模块：主控服务器 RootServer、更新服务器 UpdateServer、基线数据服务器 ChunkServer 以及合并服务器 MergeServer。OceanBase 系统内部按照时间线将数据划分为基线数据和增量数据，基线数据是只读的，所有的修改更新到增量数据中，系统内部通过合并操作定期将增量数据融合到基线数据中。本章介绍 OceanBase 系统的设计思路和整体架构。

8.1　背景简介

淘宝是一个迅速发展的网站。全球网站排名公司 Alexa 提供的数据显示，2010 年 4 月 27 日，Amazon、EBay 的用户占全球互联网用户的百分比分别为 3.47% 和 2.68%，而淘宝的用户占全球互联网用户的百分比则达到了 4.1%，淘宝网日独立访问量从此超过了 Amazon 和 EBay。

淘宝的数据规模及其访问量对关系数据库提出了很大挑战：数百亿条的记录、数十 TB 的数据、数万 TPS、数十万 QPS 让传统的关系数据库不堪重负，单纯的硬件升级已经无法使问题得到解决，分库分表也并不总是凑效。下面来看一个实际的例子。

淘宝收藏夹是淘宝线上应用之一，淘宝用户在其中保存自己感兴趣的宝贝（即商品，此外用户也可以收藏感兴趣的店铺）以便下次快速访问、对比和购买等，用户可以展示和编辑（添加 / 删除）自己的收藏。

淘宝收藏夹数据库包含了收藏 info 表（一条一条的收藏信息）和收藏 item 表（被收藏的宝贝和店铺）等：

- 收藏 info 表保存收藏信息条目，数百亿条。
- 收藏 item 表保存收藏的宝贝和店铺的详细信息，数十亿条。
- 热门宝贝可能被多达数十万买家收藏。
- 每个用户可以收藏千个宝贝。
- 宝贝的价格、收藏人气等信息随时变化。

如果用户选择按宝贝价格排序后展示，那么数据库需要从收藏 item 表中读取收藏的宝贝的价格等最新信息，然后进行排序处理。如果用户的收藏条目比较多（例如 4000 条），那么查询对应的 item 的时间会较长：假设如果平均每条 item 查询时间是 5ms，则 4000 条的查询时间可能达到 20s，如果真如此，则用户体验会很差。

如果把收藏的宝贝的详细信息实时冗余到收藏 info 表，则上述查询收藏 item 表的操作就不再需要了。但是，由于许多热门商品可能有几千到几十万人收藏，这些热门商品的价格等信息的变动可能导致收藏 info 表的大量修改，并压垮数据库。

为此，阿里巴巴需要研发适合互联网规模的分布式数据库，这个数据库不仅要能解决收藏夹面临的业务挑战，还要能做到可扩展、低成本、易用，并能够应用到更多的业务场景。为此，淘宝研发了千亿级海量数据库 OceanBase，并且已经于 2011 年 8 月底开源（http://oceanbase.taobao.org/）。虽然距离 OceanBase 开源已经超过一年多的时间，但 OceanBase 系统还有很多的问题，其中以易用性和可运维性最为严重。OceanBase 团队一直在不断完善着系统，同时，我们也很乐意把设计开发过程中的一些经验分享出来。

8.2　设计思路

OceanBase 的目标是支持数百 TB 的数据量以及数十万 TPS、数百万 QPS 的访问量，无论是数据量还是访问量，即使采用非常昂贵的小型机甚至是大型机，单台关系数据库系统都无法承受。

一种常见的做法是根据业务特点对数据库进行水平拆分，通常的做法是根据某个业务字段（通常取用户编号，user_id）哈希后取模，根据取模的结果将数据分布到不同的数据库服务器上，客户端请求通过数据库中间层路由到不同的分区。这种方式目前还存在一定的弊端，如下所示：

❏ 数据和负载增加后添加机器的操作比较复杂，往往需要人工介入；
❏ 有些范围查询需要访问几乎所有的分区，例如，按照 user_id 分区，查询收藏了一个商品的所有用户需要访问所有的分区；
❏ 目前广泛使用的关系数据库存储引擎都是针对机械硬盘的特点设计的，不能够完全发挥新硬件（SSD）的能力。

另外一种做法是参考分布式表格系统的做法，例如 Google Bigtable 系统，将大表划分为几万、几十万甚至几百万个子表，子表之间按照主键有序，如果某台服务器发生故障，它上面服务的数据能够在很短的时间内自动迁移到集群中所有的其他服务器。这种方式解决了可扩展性的问题，少量突发的服务器故障或者增加服务器对使用者基本是透明的，能够轻松应对促销或者热点事件等突发流量增长。另外，由于子表是按照主键有序分布的，很好地解决了范围查询的问题。

万事有其利必有一弊，分布式表格系统虽然解决了可扩展性问题，但往往无法支持事务，例如 Bigtable 只支持单行事务，针对同一个 user_id 下的多条记录的操作都无法保证原子性。而 OceanBase 希望能够支持跨行跨表事务，这样使用起来会比较方便。

最直接的做法是在 Bigtable 开源实现（如 HBase 或者 Hypertable）的基础上引入两阶段提交（Two-phase Commit）协议支持分布式事务，这种思路在 Google 的 Percolator 系统中得到了体现。然而，Percolator 系统中事务的平均响应时间达到 2~5 秒，只能应用在类似网页建库这样的半线上业务中。另外，Bigtable 的开源实现也不够成熟，单台服务器能够支持的数据量有限，单个请求的最大响应时间很难得到保证，机器故障等异常处理机制也有很多比较严重的问题。总体上看，这种做法的工作量和难度超出了项目组的承受能力，因此，我们需要根据业务特点做一些定制。

通过分析，我们发现，虽然在线业务的数据量十分庞大，例如几十亿条、上百亿条甚至更多记录，但最近一段时间（例如一天）的修改量往往并不多，通常不超过几千万条到几亿条，因此，OceanBase 决定采用单台更新服务器来记录最近一段时间的修改增量，而以前的数据保持不变，以前的数据称为基线数据。基线数据以类似分布式文件系统的方式存储于多台基线数据服务器中，每次查询都需要把基线数据和增量数据融合后返回给客户端。这样，写事务都集中在单台更新服务器上，避免了复杂的分布式事务，高效地实现了跨行跨表事务；另外，更新服务器上的修改增量能够定期分发到多台基线数据服务器中，避免成为瓶颈，实现了良好的扩展性。

当然，单台更新服务器的处理能力总是有一定的限制。因此，更新服务器的硬件配置相对较好，如内存较大、网卡及 CPU 较好；另外，最近一段时间的更新操作往往总是能够存放在内存中，在软件层面也针对这种场景做了大量的优化。

8.3 系统架构

8.3.1 整体架构图

OceanBase 的整体架构如图 8-1 所示。

OceanBase 由如下几个部分组成：

❑ 客户端：用户使用 OceanBase 的方式和 MySQL 数据库完全相同，支持 JDBC、C 客户端访问，等等。基于 MySQL 数据库开发的应用程序、工具能够直接迁移到 OceanBase。

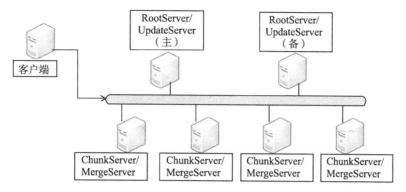

图 8-1　OceanBase 整体架构图

❑ RootServer：管理集群中的所有服务器，子表（tablet）数据分布以及副本管理。RootServer 一般为一主一备，主备之间数据强同步。

❑ UpdateServer：存储 OceanBase 系统的增量更新数据。UpdateServer 一般为一主一备，主备之间可以配置不同的同步模式。部署时，UpdateServer 进程和 RootServer 进程往往共用物理服务器。

❑ ChunkServer：存储 OceanBase 系统的基线数据。基线数据一般存储两份或者三份，可配置。

❑ MergeServer：接收并解析用户的 SQL 请求，经过词法分析、语法分析、查询优化等一系列操作后转发给相应的 ChunkServer 或者 UpdateServer。如果请求的数据分布在多台 ChunkServer 上，MergeServer 还需要对多台 ChunkServer 返回的结果进行合并。客户端和 MergeServer 之间采用原生的 MySQL 通信协议，MySQL 客户端可以直接访问 MergeServer。

OceanBase 支持部署多个机房，每个机房部署一个包含 RootServer、MergeServer、ChunkServer 以及 UpdateServer 的完整 OceanBase 集群，每个集群由各自的 RootServer 负责数据划分、负载均衡、集群服务器管理等操作，集群之间数据同步通过主集群的主 UpdateServer 往备集群同步增量更新操作日志实现。客户端配置了多个集群的 RootServer 地址列表，使用者可以设置每个集群的流量分配比例，客户端根据这个比例将读写操作发往不同的集群。图 8-2 是双机房部署示意图。

8.3.2　客户端

OceanBase 客户端与 MergeServer 通信，目前主要支持如下几种客户端：

❑ MySQL 客户端：MergeServer 兼容 MySQL 协议，MySQL 客户端及相关工具（如 Java 数据库访问方式 JDBC）只需要将服务器的地址设置为任意一台 Merge-

Server 的地址，就可以直接使用。

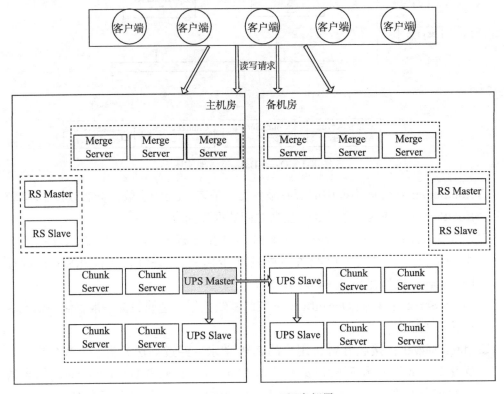

图 8-2　OceanBase 双机房部署

❑ Java 客户端：OceanBase 内部部署了多台 MergeServer，Java 客户端提供对 MySQL 标准 JDBC Driver 的封装，并提供流量分配、负载均衡、MergeServer 异常处理等功能。简单来讲，Java 客户端首先按照一定的策略定位到某台 MergeServer，接着调用 MySQL JDBC Driver 往这台 MergeServer 发送读写请求。Java 客户端实现符合 JDBC 标准，能够支持 Spring、iBatis 等 Java 编程框架。

❑ C 客户端：OceanBase C 客户端的功能和 Java 客户端类似。它首先按照一定的策略定位到某台 MergeServer，接着调用 MySQL 标准 C 客户端往这台 MergeServer 发送读写请求。C 客户端的接口和 MySQL 标准 C 客户端接口完全相同，因此，能够通过 LD_PRELOAD 的方式将应用程序依赖的 MySQL 标准 C 客户端替换为 OceanBase C 客户端，而无需修改应用程序的代码。

OceanBase 集群有多台 MergeServer，这些 MergeServer 的服务器地址存储在 OceanBase 服务器端的系统表（与 Oracle 的系统表类似，存储 OceanBase 系统的元数据）内。OceanBase Java/C 客户端首先请求服务器端获取 MergeServer 地址列表，接着按照一定的策略将读写请求发送给某台 MergeServer，并负责对出现故障的 MergeServer 进行容错处理。

Java/C 客户端访问 OceanBase 的流程大致如下：

1）请求 RootServer 获取集群中 MergeServer 的地址列表。

2）按照一定的策略选择某台 MergeServer 发送读写请求。客户端与 MergeServer 之间的通信协议兼容原生的 MySQL 协议，因此，只需要调用 MySQL JDBC Driver 或者 MySQL C 客户端这样的标准库即可。客户端支持的策略主要有两种：随机以及一致性哈希。一致性哈希的主要目的是将相同的 SQL 请求发送到同一台 MergeServer，方便 MergeServer 对查询结果进行缓存。

3）如果请求 MergeServer 失败，则从 MergeServer 列表中重新选择一台 MergeServer 重试；如果请求某台 MergeServer 失败超过一定的次数，将这台 MergeServer 加入黑名单并从 MergeServer 列表中删除。另外，客户端会定期请求 RootServer 更新 MergeServer 地址列表。

如果 OceanBase 部署多个集群，客户端还需要处理多个集群的流量分配问题。使用者可以设置多个集群之间的流量分配比例，客户端获取到流量分配比例后，按照这个比例将请求发送到不同的集群。

OceanBase 程序升级版本时，往往先将备集群的读取流量调整为 0，这时所有的读写请求都只发往主集群，接着升级备集群的程序版本。备集群升级完成后将流量逐步切换到备集群观察一段时间，如果没有出现异常，则将所有的流量切到备集群，并将备集群切换为主集群提供写服务。原来的主集群变为新的备集群，升级新的备集群的程序版本后重新分配主备集群的流量比例。

8.3.3　RootServer

RootServer 的功能主要包括：集群管理、数据分布以及副本管理。

RootServer 管理集群中的所有 MergeServer、ChunkServer 以及 UpdateServer。每个集群内部同一时刻只允许一个 UpdateServer 提供写服务，这个 UpdateServer 成为主 UpdateServer。这种方式通过牺牲一定的可用性获取了强一致性。RootServer 通过租约（Lease）机制选择唯一的主 UpdateServer，当原先的主 UpdateServer 发生故障后，RootServer 能够在原先的租约失效后选择一台新的 UpdateServer 作为主 UpdateServer。另外，RootServer 与 MergeServer&ChunkServer 之间保持心跳（heartbeat），从而能够感知到在线和已经下线的 MergeServer&ChunkServer 机器列表。

OceanBase 内部使用主键对表格中的数据进行排序和存储，主键由若干列组成并且具有唯一性。在 OceanBase 内部，基线数据按照主键排序并且划分为数据量大致相等的数据范围，称为子表（tablet）。每个子表的默认大小是256MB（可配置）。OceanBase的数据分布方式与Bigtable一样采用顺序分布，不同的是，OceanBase没有采用根表（RootTable）+元数据表（MetaTable）两级索引结构，而是采用根表一级索引结构。

如图8-3所示，主键值在[1, 100]之间的表格被划分为四个子表：1~25，26~50，51~80以及81~100。RootServer中的根表记录了每个子表所在的ChunkServer位置信息，每个子表包含多个副本（一般为三个副本，可配置），分布在多台ChunkServer中。当其中某台ChunkServer发生故障时，RootServer能够检测到，并且触发对这台ChunkServer上的子表增加副本的操作；另外，RootServer也会定期执行负载均衡，选择某些子表从负载较高的机器迁移到负载较低的机器上。

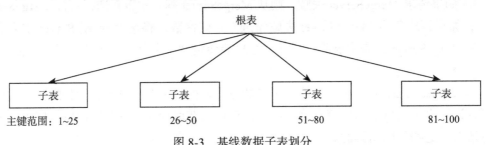

图8-3　基线数据子表划分

RootServer采用一主一备的结构，主备之间数据强同步，并通过Linux HA（http://www.linux-ha.org）软件实现高可用性。主备RootServer之间共享VIP，当主RootServer发生故障后，VIP能够自动漂移到备RootServer所在的机器，备RootServer检测到以后切换为主RootServer提供服务。

8.3.4　MergeServer

MergeServer的功能主要包括：协议解析、SQL解析、请求转发、结果合并、多表操作等。

OceanBase客户端与MergeServer之间的协议为MySQL协议。MergeServer首先解析MySQL协议，从中提取出用户发送的SQL语句，接着进行词法分析和语法分析，生成SQL语句的逻辑查询计划和物理查询计划，最后根据物理查询计划调用OceanBase内部的各种操作符。

MergeServer缓存了子表分布信息，根据请求涉及的子表将请求转发给该子表所在的ChunkServer。如果是写操作，还会转发给UpdateServer。某些请求需要跨多个子表，此时MergeServer会将请求拆分后发送给多台ChunkServer，并合并这些ChunkServer返回的结果。如果请求涉及多个表格，MergeServer需要首先从ChunkServer获取每个表格的数据，接着再执行多表关联或者嵌套查询等操作。

MergeServer 支持并发请求多台 ChunkServer，即将多个请求发给多台 ChunkServer，再一次性等待所有请求的应答。另外，在 SQL 执行过程中，如果某个子表所在的 ChunkServer 出现故障，MergeServer 会将请求转发给该子表的其他副本所在的 ChunkServer。这样，ChunkServer 故障是不会影响用户查询的。

MergeServer 本身是没有状态的，因此，MergeServer 宕机不会对使用者产生影响，客户端会自动将发生故障的 MergeServer 屏蔽掉。

8.3.5　ChunkServer

ChunkServer 的功能包括：存储多个子表，提供读取服务，执行定期合并以及数据分发。

OceanBase 将大表划分为大小约为 256MB 的子表，每个子表由一个或者多个 SSTable 组成（一般为一个），每个 SSTable 由多个块（Block，大小为 4KB ~ 64KB 之间，可配置）组成，数据在 SSTable 中按照主键有序存储。查找某一行数据时，需要首先定位这一行所属的子表，接着在相应的 SSTable 中执行二分查找。SSTable 支持两种缓存模式，块缓存（Block Cache）以及行缓存（Row Cache）。块缓存以块为单位缓存最近读取的数据，行缓存以行为单位缓存最近读取的数据。

MergeServer 将每个子表的读取请求发送到子表所在的 ChunkServer，ChunkServer 首先读取 SSTable 中包含的基线数据，接着请求 UpdateServer 获取相应的增量更新数据，并将基线数据与增量更新融合后得到最终结果。

由于每次读取都需要从 UpdateServer 中获取最新的增量更新，为了保证读取性能，需要限制 UpdateServer 中增量更新的数据量，最好能够全部存放在内存中。OceanBase 内部会定期触发合并或者数据分发操作，在这个过程中，ChunkServer 将从 UpdateServer 获取一段时间之前的更新操作。通常情况下，OceanBase 集群会在每天的服务低峰期（凌晨 1:00 开始，可配置）执行一次合并操作。这个合并操作往往也称为每日合并。

8.3.6　UpdateServer

UpdateServer 是集群中唯一能够接受写入的模块，每个集群中只有一个主 Update-Server。UpdateServer 中的更新操作首先写入到内存表，当内存表的数据量超过一定值时，可以生成快照文件并转储到 SSD 中。快照文件的组织方式与 ChunkServer 中的 SSTable 类似，因此，这些快照文件也称为 SSTable。另外，由于数据行的某些列被更新，某些列没被更新，SSTable 中存储的数据行是稀疏的，称为稀疏型 SSTable。

为了保证可靠性，主 UpdateServer 更新内存表之前需要首先写操作日志，并同步到备 UpdateServer。当主 UpdateServer 发生故障时，RootServer 上维护的租约将失效，此时，RootServer 将从备 UpdateServer 列表中选择一台最新的备 UpdateServer 切换为主 UpdateServer 继续提供写服务。UpdateServer 宕机重启后需要首先加载转储的快照文件（SSTable 文件），接着回放快照点之后的操作日志。

由于集群中只有一台主 UpdateServer 提供写服务，因此，OceanBase 很容易地实现了跨行跨表事务，而不需要采用传统的两阶段提交协议。当然，这样也带来了一系列的问题。由于整个集群所有的读写操作都必须经过 UpdateServer，UpdateServer 的性能至关重要。OceanBase 集群通过定期合并和数据分发这两种机制将 UpdateServer 一段时间之前的增量更新源源不断地分散到 ChunkServer，而 UpdateServer 只需要服务最新一小段时间新增的数据，这些数据往往可以全部存放在内存中。另外，系统实现时也需要对 UpdateServer 的内存操作、网络框架、磁盘操作做大量的优化。

8.3.7　定期合并 & 数据分发

定期合并和数据分发都是将 UpdateServer 中的增量更新分发到 ChunkServer 中的手段，二者的整体流程比较类似：

1）UpdateServer 冻结当前的活跃内存表（Active MemTable），生成冻结内存表，并开启新的活跃内存表，后续的更新操作都写入新的活跃内存表。

2）UpdateServer 通知 RootServer 数据版本发生了变化，之后 RootServer 通过心跳消息通知 ChunkServer。

3）每台 ChunkServer 启动定期合并或者数据分发操作，从 UpdateServer 获取每个子表对应的增量更新数据。

定期合并与数据分发两者之间的不同点在于，数据分发过程中 ChunkServer 只是将 UpdateServer 中冻结内存表中的增量更新数据缓存到本地，而定期合并过程中 ChunkServer 需要将本地 SSTable 中的基线数据与冻结内存表的增量更新数据执行一次多路归并，融合后生成新的基线数据并存放到新的 SSTable 中。定期合并对系统服务能力影响很大，往往安排在每天服务低峰期执行（例如凌晨 1 点开始），而数据分发可以不受限制。

如图 8-4，活跃内存表冻结后生成冻结内存表，后续的写操作进入新的活跃内存表。定期合并过程中 ChunkServer 需要读取 UpdateServer 中冻结内存表的数据、融合后生成新的子表，即：

新子表 = 旧子表 + 冻结内存表

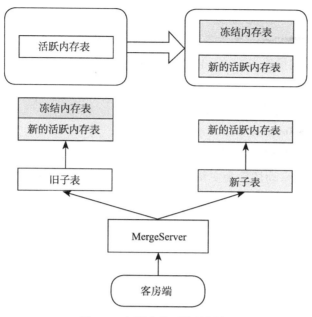

图 8-4　定期合并不停读服务

虽然定期合并过程中各个 ChunkServer 的各个子表合并时间和完成时间可能都不相同，但并不影响读取服务。如果子表没有合并完成，那么使用旧子表，并且读取 UpdateServer 中的冻结内存表以及新的活跃内存表；否则，使用新子表，只读取新的活跃内存表，即：

查询结果 = 旧子表 + 冻结内存表 + 新的活跃内存表
　　　　 = 新子表 + 新的活跃内存表

8.4　架构剖析

8.4.1　一致性选择

Eric Brewer 教授的 CAP 理论指出，在满足分区可容忍性的前提下，一致性和可用性不可兼得。

虽然目前大量的互联网项目选择了弱一致性，但我们认为这是底层存储系统，比如 MySQL 数据库，在大数据量和高并发需求压力之下的无奈选择。弱一致性给应用带来了很多麻烦，比如数据不一致时需要人工订正数据。如果存储系统既能够满足大数据量和高并发的需求，又能够提供强一致性，且硬件成本相差不大，用户将毫不犹豫地选择它。强一致性将大大简化数据库的管理，应用程序也会因此而简化。因此，OceanBase

选择支持强一致性和跨行跨表事务。

OceanBase UpdateServer 为主备高可用架构，修改操作流程如下：

1）将修改操作的操作日志（redo 日志）发送到备机；

2）将修改操作的操作日志写入主机硬盘；

3）将操作日志应用到主机的内存表中；

4）返回客户端写入成功。

OceanBase 要求将操作日志同步到主备的情况下才能够返回客户端写入成功，即使主机出现故障，备机自动切换为主机，也能够保证新的主机拥有以前所有的修改操作，严格保证数据不丢失。另外，为了提高可用性，OceanBase 还增加了一种机制，如果主机往备机同步操作日志失败，比如备机故障或者主备之间网络故障，主机可以将备机从同步列表中剔除，本地更新成功后就返回客户端写入成功。主机将备机剔除前需要通知 RootServer，后续如果主机故障，RootServer 能够避免将不同步的备机切换为主机。

OceanBase 的高可用机制保证主机、备机以及主备之间网络三者之中的任何一个出现故障都不会对用户产生影响，然而，如果三者之中的两个同时出现故障，系统可用性将受到影响，但仍然保证数据不丢失。如果应用对可用性要求特别高，可以增加备机数量，从而容忍多台机器同时出现故障的情况。

OceanBase 主备同步也允许配置为异步模式，支持最终一致性。这种模式一般用来支持异地容灾。例如，用户请求通过杭州主站的机房提供服务，主站的 UpdateServer 内部有一个同步线程不停地将用户更新操作发送到青岛机房。如果杭州机房整体出现不可恢复的故障，比如地震，还能够通过青岛机房恢复数据并继续提供服务。

另外，OceanBase 所有写事务最终都落到 UpdateServer，而 UpdateServer 逻辑上是一个单点，支持跨行跨表事务，实现上借鉴了传统关系数据库的做法。

8.4.2 数据结构

OceanBase 数据分为基线数据和增量数据两个部分，基线数据分布在多台 ChunkServer 上，增量数据全部存放在一台 UpdateServer 上。如图 8-5 所示，系统中有 5 个子表，每个子表有 3 个副本，所有的子表分布到 4 台 ChunkServer 上。RootServer 中维护了每个子表所在的 ChunkServer 的位置信息，UpdateServer 存储了这 5 个子表的增量更新。

不考虑数据复制，基线数据的数据结构如下：

❑ 每个表格按照主键组成一颗分布式 B+ 树，主键由若干列组成；

❑ 每个叶子节点包含表格一个前开后闭的主键范围 (rk1，rk2] 内的数据；

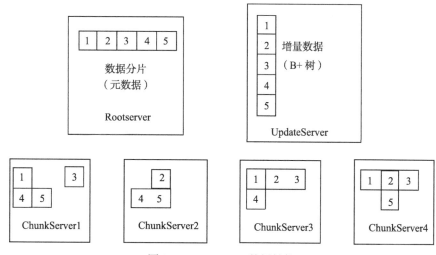

图 8-5　OceanBase 数据结构

- 每个叶子节点称为一个子表（tablet），包含一个或者多个 SSTable；
- 每个 SSTable 内部按主键范围有序划分为多个块（block）并内建块索引（block index）；
- 每个块的大小通常在 4 ~ 64KB 之间并内建块内的行索引；
- 数据压缩以块为单位，压缩算法由用户指定并可随时变更；
- 叶子节点可能合并或者分裂；
- 所有叶子节点基本上是均匀的，随机地分布在多台 ChunkServer 机器上；
- 通常情况下每个叶子节点有 2~3 个副本；
- 叶子节点是负载平衡和任务调度的基本单元；
- 支持布隆过滤器的过滤。

增量数据的数据结构如下：

- 增量数据按照时间从旧到新划分为多个版本；
- 最新版本的数据为一颗内存中的 B+ 树，称为活跃 MemTable；
- 用户的修改操作写入活跃 MemTable，到达一定大小后，原有的活跃 MemTable 将被冻结，并开启新的活跃 MemTable 接受修改操作；
- 冻结的 MemTable 将以 SSTable 的形式转储到 SSD 中持久化；
- 每个 SSTable 内部按主键范围有序划分为多个块并内建块索引，每个块的大小通常为 4 ~ 8KB 并内建块内行索引，一般不压缩；
- UpdateServer 支持主备，增量数据通常为 2 个副本，每个副本支持 RAID1 存储。

8.4.3 可靠性与可用性

分布式系统需要处理各种故障，例如，软件故障、服务器故障、网络故障、数据中心故障、地震、火灾等。与其他分布式存储系统一样，OceanBase 通过冗余的方式保障了高可靠性和高可用性。方法如下所示：

- ❑ OceanBase 在 ChunkServer 中保存了基线数据的多个副本。单集群部署时一般会配置 3 个副本；主备集群部署时一般会配置每个集群 2 个副本，总共 4 个副本。
- ❑ OceanBase 在 UpdateServer 中保存了增量数据的多个副本。UpdateServer 主备模式下主备两台机器各保存一个副本，另外，每台机器都通过软件的方式实现了 RAID1，将数据自动复制到多块磁盘，进一步增强了可靠性。
- ❑ ChunkServer 的多个副本可以同时提供服务。Bigtable 以及 HBase 这样的系统服务节点不冗余，如果服务器出现故障，需要等待其他节点恢复成功才能提供服务，而 OceanBase 多个 ChunkServer 的子表副本数据完全一致，可以同时提供服务。
- ❑ UpdateServer 主备之间为热备，同一时刻只有一台机器为主 UpdateServer 提供写服务。如果主 UpdateServer 发生故障，OceanBase 能够在几秒中之内（一般为 3~5 秒）检测到并将服务切换到备机，备机几乎没有预热时间。
- ❑ OceanBase 存储多个副本并没有带来太多的成本。当前的主流服务器的磁盘容量通常是富余的，例如，300GB×12 或 600GB×12 的服务器有 3TB 或 6TB 左右的磁盘总容量，但存储系统单机通常只能服务少得多的数据量。

8.4.4 读写事务

在 OceanBase 系统中，用户的读写请求，即读写事务，都发给 MergeServer。MergeServer 解析这些读写事务的内容，例如词法和语法分析、schema 检查等。对于只读事务，由 MergeServer 发给相应的 ChunkServer 分别执行后再合并每个 ChunkServer 的执行结果；对于读写事务，由 MergeServer 进行预处理后，发送给 UpdateServer 执行。

只读事务执行流程如下：

1）MergeServer 解析 SQL 语句，词法分析、语法分析、预处理（schema 合法性检查、权限检查、数据类型检查等），最后生成逻辑执行计划和物理执行计划。

2）如果 SQL 请求只涉及单张表格，MergeServer 将请求拆分后同时发给多台 ChunkServer 并发执行，每台 ChunkServer 将读取的部分结果返回 MergeServer，由 MergeServer 来执行结果合并。

3）如果 SQL 请求涉及多张表格，MergeServer 还需要执行联表、嵌套查询等操作。

4）MergeServer 将最终结果返回给客户端。

读写事务执行流程如下：

1）与只读事务相同，MergeServer 首先解析 SQL 请求，得到物理执行计划。

2）MergeServer 请求 ChunkServer 获取需要读取的基线数据，并将物理执行计划和基线数据一起传给 UpdateServer。

3）UpdateServer 根据物理执行计划执行读写事务，执行过程中需要使用 MergeServer 传入的基线数据。

4）UpdateServer 返回 MergeServer 操作成功或者失败，MergeServer 接着会把操作结果返回客户端。

例如，假设某 SQL 语句为："update t1 set c1 = c1 + 1 where rowkey=1"，即将表格 t1 中主键为 1 的 c1 列加 1，这一行数据存储在 ChunkServer 中，c1 列的值原来为 2012。那么，MergeServer 执行 SQL 时首先从 ChunkServer 读取主键为 1 的数据行的 c1 列，接着将读取结果（c1=2012）以及 SQL 语句的物理执行计划一起发送给 UpdateServer。UpdateServer 根据物理执行计划将 c1 加 1，即将 c1 变为 2013 并记录到内存表（MemTable）中。当然，更新内存表之前需要记录操作日志。

8.4.5　单点性能

OceanBase 架构的优势在于既支持跨行跨表事务，又支持存储服务器线性扩展。当然，这个架构也有一个明显的缺陷：UpdateServer 单点，这个问题限制了 OceanBase 集群的整体读写性能。

下面从内存容量、网络、磁盘等几个方面分析 UpdateServer 的读写性能。其实大部分数据库每天的修改次数相当有限，只有少数修改比较频繁的数据库才有每天几亿次的修改次数。另外，数据库平均每次修改涉及的数据量很少，很多时候只有几十个字节到几百个字节。假设数据库每天更新 1 亿次，平均每次需要消耗 100 字节，每天插入 1000 万次，平均每次需要消耗 1000 字节，那么，一天的修改量为：1 亿 × 100 + 1000 万 × 1000 = 20GB，如果内存数据结构膨胀 2 倍，占用内存只有 40GB。而当前主流的服务器都可以配置 96GB 内存，一些高档的服务器甚至可以配置 192GB、384GB 乃至更多内存。

从上面的分析可以看出，UpdateServer 的内存容量一般不会成为瓶颈。然而，服务器的内存毕竟有限，实际应用中仍然可能出现修改量超出内存的情况。例如，淘宝双 11 网购节数据库修改量暴涨，某些特殊应用每天的修改次数特别多或者每次修改的数据量特别大，DBA 数据订正时一次性写入大量数据。为此，UpdateServer 设计实现了几种方式解决内存容量问题，UpdateServer 的内存表达到一定大小时，可自动或者手工冻结并转储到 SSD 中，另外，OceanBase 支持通过定期合并或者数据分发的方式将 UpdateServer 的数据分散到集群中所有的 ChunkServer 机器中，这样不仅避免了 UpdateServer 单机数据容量问题，还能够使得读取操作往往只需要访问 UpdateServer 内存中的数据，避免访问 SSD 磁盘，提高了读取性能。

从网络角度看，假设每秒的读取次数为 20 万次，每次需要从 UpdateServer 中获取 100 字节，那么，读取操作占用的 UpdateServer 出口带宽为：20 万 × 100 = 20MB，远远没有达到千兆网卡带宽上限。另外，UpdateServer 还可以配置多块千兆网卡或者万兆网卡，例如，OceanBase 线上集群一般给 UpdateServer 配置 4 块千兆网卡。当然，如果软件层面没有做好，硬件特性将得不到充分发挥。针对 UpdateServer 全内存、收发的网络包一般比较小的特点，开发团队对 UpdateServer 的网络框架做了专门的优化，大大提高了每秒收发网络包的个数，使得网络不会成为瓶颈。

从磁盘的角度看，数据库事务需要首先将操作日志写入磁盘。如果每次写入都需要将数据刷入磁盘，而一块 SAS 磁盘每秒支持的 IOPS 很难超过 300，磁盘将很快成为瓶颈。为了解决这个问题，UpdateServer 在硬件上会配置一块带有缓存模块的 RAID 卡，UpdateServer 写操作日志只需要写入到 RAID 卡的缓存模块即可，延时可以控制在 1 毫秒之内。RAID 卡带电池，如果 UpdateServer 发生故障，比如机器突然停电，RAID 卡能够确保将缓存中的数据刷入磁盘，不会出现丢数据的情况。另外，UpdateServer 还实现了写事务的成组提交机制，将多个用户写操作凑成一批一次性提交，进一步减少磁盘 IO 次数。

8.4.6 SSD 支持

磁盘随机 IO 是存储系统性能的决定因素，传统的 SAS 盘能够提供的 IOPS 不超过 300。关系数据库一般采用高速缓存（Buffer Cache）⊖的方式缓解这个问题，读取操作将磁盘中的页面缓存到高速缓存中，并通过 LRU 或者类似的方式淘汰不经常访问的页面；同样，写入操作也是将数据写入到高速缓存中，由高速缓存按照一定的策略将内存中页面的内容刷入磁盘。这种方式面临一些问题，例如，Cache 冷启动问题，即数据库刚启动时性能很差，需要将读取流量逐步切入。另外，这种方式不适合写入特别多的场景。

最近几年，SSD 磁盘取得了很大的进展，它不仅提供了非常好的随机读取性能，功耗也非常低，大有取代传统机械磁盘之势。一块普通的 SSD 磁盘可以提供 35000 IOPS 甚至更高，并提供 300MB/s 或以上的读出带宽。然而，SSD 盘的随机写性能并不理想。这是因为，尽管 SSD 的读和写以页（page，例如 4KB，8KB 等）为单位，但 SSD 写入

⊖ 这个机制在 Oracle 数据库中称为 Buffer Cache，在 MySQL 数据库中称为 Buffer Pool，用于缓存磁盘中的页面。

前需要首先擦除已有内容，而擦除以块（block）为单位，一个块由若干个连续的页组成，大小通常在 512KB ~ 2MB。假如写入的页有内容，即使只写入一个字节，SSD 也需要擦除整个 512KB ~ 2MB 大小的块，然后再写入整个页的内容，这就是 SSD 的写入放大效应。虽然 SSD 硬件厂商都针对这个问题做了一些优化，但整体上看，随机写入不能发挥 SSD 的优势。

OceanBase 设计之初就认为 SSD 为大势所趋，整个系统设计时完全摒弃了随机写，除了操作日志总是顺序追加写入到普通 SAS 盘上，剩下的写请求都是对响应时间要求不是很高的批量顺序写，SSD 盘可以轻松应对，而大量查询请求的随机读，则发挥了 SSD 良好的随机读的特性。摒弃随机写，采用批量的顺序写，也使得固态盘的使用寿命不再成为问题，主流 SSD 盘使用 MLC SSD 芯片，而 MLC 号称可以擦写 1 万次（SLC 可以擦写 10 万次，但因成本高而较少使用），即使按最保守的 2500 次擦写次数计算，而且每天全部擦写一遍，其使用寿命为 2500/365=6.8 年。

8.4.7　数据正确性

数据丢失或者数据错误对于存储系统来说是一种灾难。前面 8.4.1 节中已经提到，OceanBase 设计为强一致性系统，设计方案上保证不丢数据。然而，TCP 协议传输、磁盘读写都可能出现数据错误，程序 Bug 则更为常见。为了防止各种因素导致的数据损毁，OceanBase 采取了以下数据校验措施：

- ❑ 数据存储校验。每个存储记录（通常是几 KB 到几十 KB）同时保存 64 位 CRC 校验码，数据被访问时，重新计算和比对校验码。
- ❑ 数据传输校验。每个传输记录同时传输 64 位 CRC 校验码，数据被接收后，重新计算和比对校验码。
- ❑ 数据镜像校验。UpdateServer 在机群内有主 UpdateServer 和备 UpdateServer，集群间有主集群和备集群，这些 UpdateServer 的内存表（MemTable）必须保持一致。为此，UpdateServer 为 MemTable 生成一个校验码，MemTable 每次更新时，校验码同步更新并记录在对应的操作日志中。备 UpdateServer 收到操作日志并重放到 MemTable 时，也同步更新 MemTable 校验码并与接收到的校验码对照。UpdateServer 重新启动后重放日志恢复 MemTable 时也同步更新 MemTable 校验码并与保存在每条操作日志中的校验码对照。
- ❑ 数据副本校验。定期合并时，新的子表由各个 ChunkServer 独立地融合旧的子表中的 SSTable 与冻结的 MemTable 而生成，如果发生任何异常或者错误（比如程序 bug），同一子表的多个副本可能不一致，则这种不一致可能随着定期合并而逐步累积或扩散且很难被发现，即使被察觉，也可能因为需要追溯较长时间而难以定位到源头。为了防止这种情况出现，ChunkServer 在定期合并生成新的子表时，也同时为每个子表生成一个校验码，并随新子表汇报给 RootServer，以便 RootServer 核对同一子表不同副本的校验码。

8.4.8　分层结构

OceanBase 对外提供的是与关系数据库一样的 SQL 操作接口，而内部却实现成一个线性可扩展的分布式系统。系统从逻辑实现上可以分为两个层次：分布式存储引擎层以及数据库功能层。

OceanBase 一期只实现了分布式存储引擎，这个存储引擎支持如下特性：

❑ 支持分布式数据结构，基线数据逻辑上构成一颗分布式 B+ 树，增量数据为内存中的 B+ 树；

❑ 支持目前 OceanBase 的所有分布式特性，包括数据分布、负载均衡、主备同步、容错、自动增加 / 减少服务器等；

❑ 支持根据主键更新、插入、删除、随机读取一条记录，另外，支持根据主键范围顺序查找一段范围的记录。

二期的 OceanBase 版本在分布式存储引擎之上增加了 SQL 支持：

❑ 支持 SQL 语言以及 MySQL 协议，MySQL 客户端可以直接访问；

❑ 支持读写事务；

❑ 支持多版本并发控制；

❑ 支持读事务并发执行。

从另外一个角度看，OceanBase 融合了分布式存储系统和关系数据库这两种技术。通过分布式存储技术将基线数据分布到多台 ChunkServer，实现数据复制、负载均衡、服务器故障检测与自动容错，等等；UpdateServer 相当于一个高性能的内存数据库，底层采用关系数据库技术实现。我们后来发现，有一个号称"世界上最快的内存数据库" MemSQL 采用了和 OceanBase UpdateServer 类似的设计，在拥有 64 个 CPU 核心的服务器上实现了每秒 150 万次单行写事务。OceanBase 相当于 GFS + MemSQL，ChunkServer 的实现类似 GFS，UpdateServer 的实现类似 MemSQL，目标是成为可扩展的、支持每秒百万级单行事务操作的分布式数据库。

后续将分为两章，分别讲述 OceanBase 分布式存储引擎层以及数据库功能层的实现细节。

第9章　分布式存储引擎

分布式存储引擎层负责处理分布式系统中的各种问题，例如数据分布、负载均衡、容错、一致性协议等。与其他分布式存储系统类似，分布式存储引擎层支持根据主键更新、插入、删除、随机读取以及范围查找等操作，数据库功能层构建在分布式存储引擎层之上。

分布式存储引擎层包含三个模块：RootServer、UpdateServer 以及 ChunkServer。其中，RootServer 用于整体控制，实现子表分布、副本复制、负载均衡、机器管理以及 Schema 管理；UpdateServer 用于存储增量数据，数据结构为一个内存 B 树，并通过主备实时同步实现高可用，另外，UpdateServer 的网络框架也经过专门的优化；ChunkServer 用于存储基线数据，基线数据按照主键有序划分为一个个子表，每个子表在 ChunkServer 上存储了一个或者多个 SSTable，另外，定期合并和数据分发的主要逻辑也由 ChunkServer 实现。

OceanBase 包含一个公共模块，包含其他模块共用的网络框架、内存池、任务队列、锁、基础数据结构等，本章将介绍分布式存储引擎以及公共模块的实现。

9.1　公共模块

OceanBase 源代码中有一个公共模块，包含其他模块需要的公共类，例如公共数据结构、内存管理、锁、任务队列、RPC 框架、压缩 / 解压缩等。下面介绍其中部分类的设计思路。

9.1.1　内存管理

内存管理是 C++ 高性能服务器的核心问题。一些通用的内存管理库，比如 Google TCMalloc，在内存申请 / 释放速度、小内存管理、锁开销等方面都已经做得相当卓越了，然而，我们并没有采用。这是因为，通用内存管理库在性能上毕竟不如专用的内存池，更为严重的问题是，它鼓励了开发人员忽视内存管理的陋习，比如在服务器程序中滥用 C++ 标准模板库（STL）。

在分布式存储系统开发初期，内存相关的 Bug 相当常见，比如内存越界、服务器出现 Core Dump，这些 Bug 都非常难以调试。因此，这个时期内存管理的首要问题并不是高效，而是可控性，并防止内存碎片。

OceanBase 系统有一个全局的定长内存池，这个内存池维护了由 64KB 大小的定长内存块组成的空闲链表，其工作原理如下：

☐ 如果申请的内存不超过 64KB，尝试从空闲链表中获取一个 64KB 的内存块返回给申请者；如果空闲链表为空，需要首先从操作系统中申请一批大小为 64KB 的内存块加入空闲链表。释放时将 64KB 的内存块加入到空闲链表中以便下次重用。

☐ 如果申请的内存超过 64KB，直接调用 Glibc 的内存分配（malloc）函数，向操作系统申请用户所需大小的内存块。释放时直接调用 Glibc 的内存释放（free）函数，将内存块归还操作系统。

OceanBase 的全局内存池实现简单，但内存使用率比较低，即使申请几个字节的内存，也需要占用大小为 64KB 的内存块。因此，全局内存池不适合管理小块内存，每个需要申请内存的模块，比如 UpdateServer 中的 MemTable，ChunkServer 中的缓存等，都只能从全局内存池中申请大块内存，每个模块内部再实现专用的内存池。每个线程处理读写请求时需要使用临时内存，为了提高效率，每个线程会缓存若干个大小分别为 64KB 和 2MB 的内存块，每个线程总是首先尝试从线程局部缓存中申请内存，如果申请不到，再从全局内存池中申请。

```
class ObIAllocator
{
public:
    // 内存申请接口
    virtual void* alloc(const int64_t sz) = 0;
    // 内存释放接口
    virtual void free(void* ptr) = 0;
};
class ObMalloc : public ObIAllocator
{
public:
    // 设置模块号
    void set_mod_id(int32_t mod_id);
    // 申请大小为 sz 的内存块
    void* alloc(const int64_t sz);
    // 释放内存
    void free(void* ptr);
}
class ObTCMalloc : public ObIAllocator
{
public:
    // 设置模块号
    void set_mod_id(int32_t mod_id);
    // 申请大小为 sz 的内存块
    void* alloc(const int64_t sz);
    // 释放内存
```

```
    void free(void* ptr);
}
```

ObIAllocator 是内存管理器的接口，包含 alloc 和 free 两个方法。ObMalloc 和 ObTCMalloc 是两个实现了 ObIAllocator 接口的全局内存池，不同点在于，ObMalloc 不支持线程缓存，ObTCMalloc 支持线程缓存。ObTCMalloc 首先尝试从线程局部的空闲链表申请内存块，如果申请不到，再通过 ObMalloc 的 alloc 方法申请。释放内存时，如果没有超出线程缓存的内存块个数限制，则将内存块还给线程局部的空闲链表；否则，通过 ObMalloc 的 free 方法释放。另外，允许通过 set_mod_id 函数设置申请者所在的模块编号，便于统计每个模块的内存使用情况。

全局内存池的意义如下：

❏ 全局内存池可以统计每个模块的内存使用情况，如果出现内存泄露，可以很快定位到发生问题的模块。

❏ 全局内存池可用于辅助调试。例如，可以将全局内存池中申请到的内存块按字节填充为某个非法的值（比如 0xFE），当出现内存越界等问题时，服务器程序会很快在出现问题的位置 Core Dump，而不是带着错误运行一段时间后才 Core Dump，从而方便问题定位。

总而言之，OceanBase 的内存管理没有采用高深的技术，也没有做到通用或者最优，但是很好地满足了服务器程序开发的两个最主要的需求：可控性以及没有内存碎片。

9.1.2　基础数据结构

1. 哈希表

为了提高随机读取性能，UpdateServer 支持创建哈希索引，这个哈希索引结构就是 LightyHashMap，代码如下：

```
template <typename Key, typename Value>
class LightyHashMap
{
public:
    // 插入一个 <key, value> 对到哈希表
    inline int insert(const Key& key, const Value& value);
    // 根据 key 查找 value
    inline int get(const Key& key, Value& value);
    // 根据 key 删除一个 <key, value> 对，如果 value 不为空，那么，保存删除的值到 value 中
    inline int erase(const Key& key, Value* value = NULL);
private:
    struct Node
    {
        Key key;
        Value value;
        union
```

```
    {
        Node* next;
        int64_t flag;
    };
    };
    Node* buckets_; // 哈希桶指针
    BitLock bit_lock_; // 位锁, 用于保护哈希桶
};
```

LightyHashMap 采用链式冲突处理方法, 即将所有哈希值相同的 <key, value> 对链到同一个哈希桶中, 它包含如下三个方法:

❑ insert: 往哈希表中插入一个 <key, value> 对。这个函数首先根据 key 的哈希值得到桶号, 接着, 往哈希桶中插入一个包含 key 和 value 值的 Node 节点。

❑ get: 根据 key 查找 value。这个函数首先根据 key 的哈希值得到桶号, 接着, 遍历对应的链表, 找到与传入 key 相同的 Node 节点, 返回其中的 value 值。

❑ erase: 根据 key 删除一个 <key, value> 对。这个函数首先根据 key 的哈希值得到桶号, 接着, 遍历对应的链表, 找到并删除与传入 key 相同的 Node 节点。

LightyHashMap 设计用来存储几千万甚至几亿个元素, 它与普通哈希表的不同点在于以下两点:

1) 位锁 (BitLock): LightyHashMap 通过 BitLock 实现哈希桶的锁结构, 每个哈希桶的锁结构只需要占用一个位 (Bit)。 如果哈希桶对应的位锁值为 0, 表示没有锁冲突; 否则, 表示出现锁冲突。需要注意的是, LightyHashMap 没有区分读锁和写锁, 多个 get 请求也是冲突的。可以对 LightyHashMap 的 BitLock 做一些改进, 例如用两个位 (Bit) 表示哈希桶对应的锁, 其中一个位表示是否有读冲突, 另外一个位表示是否有写冲突。

2) 延迟初始化 (Lazy Initialization): LightyHashMap 的哈希桶个数往往特别多 (默认为 1000 万个), 即使仅仅对所有哈希桶执行一次 memset 操作, 消耗的时间也是相当可观的。因此, LightyHashMap 采用延迟初始化策略, 即将哈希桶划分为多个单元, 默认情况下每个单元包含 65536 个哈希桶。每次执行 insert、get 或者 erase 操作时都会判断哈希桶所属的单元是否已经初始化, 如果未初始化, 则对该单元内的所有哈希桶执行初始化操作。

2. B 树

UpdateServer 的 MemTable 结构底层采用 B 树结构索引其中的数据行, 代码如下:

```
template<class K, class V, class Alloc>
class BTreeBase
{
public:
    // 把 <key, value> 对加到 B 树中, overwrite 参数表示是否覆盖原有值
```

```
int put(const K& key, const V& value, const bool overwrite = false);
// 获取 key 对应的 value
int get(const K& key, V& value);
// 获取扫描操作描述符
int get_scan_handle(TScanHandle& handle);
// 设置扫描的数据范围
int set_key_range(TScanHandle& handle, const K& start_key, int32_t start_
exclude, const K& end_key, int32_t end_exclude);
// 读取下一行数据
int get_next(TScanHandle& handle, K& key, V& value);
};
```

支持的功能如下：

1）Put：插入一个 <key，value> 对。

2）Get：根据 key 获取对应的 value。

3）Scan：扫描一段范围内的数据行。首先，调用 get_scan_handle 获取扫描操作描述符，其次，调用 set_key_range 设置扫描的数据范围，最后，不断地调用 get_next 读取下一行数据直到全部读完。

B 树支持多线程并发修改。如图 9-1 所示，往 MemTable 插入数据行（Data）时，将修改其 B 树索引结构（Index），分为两种情况：

❑ 两个线程分别插入 Data1 和 Data2：由于 Data1 和 Data2 属于不同的索引节点，插入 Data1 和 Data2 将影响 B 树的不同部分，两个线程可以并发执行，不会产生冲突。

❑ 两个线程分别插入 Data2 和 Data3：由于 Data2 和 Data3 属于相同的索引节点，因此，插入操作将产生冲突。其中一个线程会执行成功，另外一个线程失败后将重试。

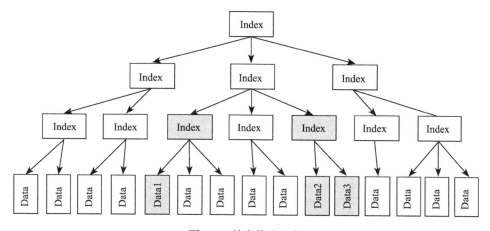

图 9-1　并发修改 B 树

每个索引节点满了以后将分裂为两个节点，并触发对该索引节点的父亲节点的修改操作。分裂操作将增加插入线程冲突的概率，在图 9-1 中，如果 Data1 和 Data2 的父亲节点都需要分裂，那么，两个插入线程都需要修改 Data1 和 Data2 的祖父节点，从而产生冲突。

另外，为了提高读写并发能力，B 树实现时采用了写时复制（Copy-on-write）技术，修改每个索引节点时首先将该节点拷贝出来，接着在拷贝出来的节点上执行修改操作，最后再原子地修改其父亲节点的指针使其指向拷贝出来的节点。这种实现方式的好处在于修改操作不影响读取，读取操作永远不会被阻塞。

细心的读者可能会发现，这里的 B 树不支持更新（Update）以及删除操作，这是由 OceanBase MVCC 存储引擎的实现机制决定的。对于更新操作，MVCC 存储引擎会在行的末尾追加一个单元记录更新的内容，而不会影响索引结构；对于删除操作，MVCC 存储引擎内部实现为标记删除，即在行的末尾追加一个单元记录行的删除时间，而不会物理删除某行数据。

9.1.3 锁

为了实现并发控制，OceanBase 需要对一行记录加共享锁或者互斥锁。为此，专门实现了 QLock，代码如下：

```
struct QLock
{
    enum State
    {
        EXCLUSIVE_BIT = 1UL << 31,
        UID_MASK = ~EXCLUSIVE_BIT
    };
    volatile uint32_t n_ref_; // 表示持有共享锁的引用计数
    volatile uint32_t uid_;// 表示持有互斥锁的用户编号

    // 加共享锁，uid 为用户编号，end_time 为超时时间
    int shared_lock(const uint32_t uid, const int64_t end_time = -1);
    // 解除共享锁
    int shared_unlock();

    // 加互斥锁，uid 为用户编号，end_time 为超时时间
    int exclusive_lock(const uint32_t uid, const int64_t end_time = -1);
    // 解除互斥锁
    int exclusive_unlock(const uint32_t uid);

    // 共享锁升级为互斥锁，uid 为用户编号，end_time 为超时时间
    int share2exclusive_lock(const uint32_t uid, const int64_t end_time = -1);
    // 互斥锁降级为共享锁
    int exclusive2shared_lock(const uint32_t uid);
};
```

在 QLock 的实现中，每把锁占用 8 个字节，其中 4 个字节为 n_ref_，表示持有共享锁的引用计数，另外 4 个字节为 uid_，表示持有互斥锁的用户编号（例如线程编号）。uid_ 的最高位（EXCLUSIVE_BIT）表示是否为互斥锁，其余 31 位表示用户编号。

share_lock 用于加共享锁，实现时只需要将 n_ref_ 原子加 1；exclusive_lock 用于加互斥锁，实现时需要将 EXCLUSIVE_BIT 置 1 并等待持有共享锁的所有用户解锁完成。另外，为了避免新用户不断产生并持有共享锁导致无法获取互斥锁的情况，exclusive_lock 实现步骤如下：

1）将 EXCLUSIVE_BIT 置为 1；

2）等待持有共享锁的所有用户解锁完成；

3）如果第 2）步无法在超时时间内完成，加锁失败，将 EXCLUSIVE_BIT 重新置为 0。

第 1）步执行完成后，新产生的用户无法获取共享锁。这样，只需要等待已经持有共享锁的用户解锁即可，不会出现获取互斥锁时"饿死"的现象。

share2exclusive_lock 将共享锁升级为互斥锁，实现时首先升级为互斥锁，如果获取成功，接着再解除共享锁，即引用计数减 1。

9.1.4　任务队列

在生产者 / 消费者模型中，往往有一个任务队列，生产者将任务加入到任务队列，消费者从任务队列中取出任务进行处理。例如，在网络框架中，网络线程接收任务并加入到任务队列，工作线程不断地从任务队列取出任务进行处理。

最为常见的场景是系统有一个全局任务队列，所有网络线程和工作线程操作全局任务队列都需要首先获取独占锁，这种方式的锁冲突严重，将导致大量操作系统上下文切换（context switch）。为了解决这个问题，可以给每个工作线程分配一个任务队列，网络线程按照一定的策略选择一个任务队列并加入任务，例如随机选择或者选择已有任务个数最少的任务队列。

将任务加入到任务队列（随机选择）：

1）将 total_task_num 原子加 1（total_task_num 为全局任务计数值）；

2）通过 total_task_num % 工作线程数，计算出任务所属的工作线程；

3）将任务加入到该工作线程对应的任务队列中；

4）唤醒工作线程。

然而，如果某个任务的处理时间很长，就有可能出现任务不均衡的情况，即某个线程的任务队列中还有很多任务未被处理，其他线程却处于空闲状态。OceanBase 采取了一种很简单的策略应对这种情况：每个工作线程首先尝试从对应的任务队列中获取任务，如果获取失败（对应的任务队列为空），那么，遍历所有工作线程的任务队列，直到获取任务成功或者遍历完成所有的任务队列为止。

除此之外，OceanBase 还实现了 LightyQueue 用于解决全局任务队列锁冲突问题。LightyQueue 的设计思想如下：

1	2	3	4	5	6	7	8	9	10
t1	t2	t3	t2	t3	t1	…	…	…	…

假设系统中有 3 个工作线程 t1，t2 和 t3，全局任务队列中共有 10 个槽位。首先，t1，t2 和 t3 分别等待 1 号，2 号以及 3 号槽位。网络线程将任务加入 1 号槽位时唤醒 t1，加入 2 号槽位时唤醒 t2，加入 3 号槽位时唤醒 t3。接着，t2 很快将任务处理完成后等待 4 号槽位，t3 等待 5 号槽位，t1 等待 6 号槽位。网络线程将任务加入到 4，5，6 号槽位时将分别唤醒 t2，t3 和 t1。通过这样的方式，每个工作线程在不同的槽位上等待，避免了全局锁冲突。

将任务加入到工作队列（push）的操作如下：

1）占据下一个 push 槽位；

2）将任务加入到该 push 槽位；

3）唤醒该 push 槽位上正在等待的工作线程。

工作线程从任务队列中获取任务（pop）的操作如下：

1）占据下一个 pop 槽位；

2）如果该 pop 槽位上有任务，则直接返回；

3）否则，工作线程在该 pop 槽位上等待直到被 push 操作唤醒或者超时。

9.1.5　网络框架

OceanBase 的网络框架代码如下：

```
class ObSingleServer
{
public:
    // 设置工作线程个数
    int set_thread_count(const int thread_count);
    // 设置网络 IO 线程个数
    int set_io_thread_count(const int io_thread_count);
    // 设置监听端口
    int set_listen_port(const int listen_port);

public:
    // 处理接收到的网络包，默认的处理逻辑是将网络包加入到全局任务队列中
    virtual int handlePacket(ObPacket* packet);
    // 工作线程每次从全局任务队列中取出一个网络包并调用该函数进行处理
    virtual do_request(ObPacket* packet);
};
```

OceanBase 服务端接收客户端发送的网络包（ObPacket），并交给 handlePacket 处理函数进行处理。默认情况下，handlePacket 会将网络包加入到全局任务队列中。接着，工作线程会从全局任务队列中不断获取网络包，并调用 do_request 进行处理，处理完成后应答客户端。可以分别通过 set_thread_count 以及 set_io_thread_count 函数来设置工作线程以及网络线程的个数。

客户端使用 ObClientManager 发送网络包：

```
class ObClientManager
{
public:
    // 异步发送请求包
    // @param [in] server 服务器端地址
    // @param [in] pcode 请求包的类型 (packet code)
    // @param [in] version 请求包的版本
    // @param [in] in_buffer 请求包实际内容缓冲区
    int post_request(const ObServer& server, const int32_t pcode, const int32_t
version, const ObDataBuffer& in_buffer) const;
    // 同步发送请求包并等待应答
    // @param [in] server 服务器端地址
    // @param [in] pcode 请求包的类型 (packet code)
    // @param [in] version 请求包的版本
    // @param [in] timeout 请求时间
    // @param [in] in_buffer 请求包实际内容缓冲区
    // @param [out] out_buffer 应答包的实际内容缓冲区
    int send_request(const ObServer& server, const int32_t pcode, const int32_t
version, const int64_t timeout, ObDataBuffer& in_buffer, ObDataBuffer& out_
buffer) const;
};
```

客户端发包分为两种情况：异步请求（post_request）以及同步请求（send_request）。异步请求时，客户端将请求包加入到网络发送队列后立即返回，不等待应答。同步请求时，客户端将请求包加入到网络发送队列后开始阻塞等待，直到网络线程接收到服务端的应答包后才唤醒客户端，从而执行后续处理逻辑。

9.1.6 压缩与解压缩

```
class ObCompressor
{
public:
    // 数据压缩与解压缩接口
    // @param [in] src_buff 输入数据缓冲区
    // @param [in] src_data_size 输入数据大小
    // @param [in/out] dst_buffer 输出数据缓冲区
    // @param [in] dst_buffer_size 输出数据缓冲区大小
    // @param [out] dst_data_size 输出数据大小
    virtual compress(const char* src_buffer, const int64_t src_data_size, char*
dst_buffer, const int64_t dst_buffer_size, int64_t& dst_data_size) = 0;
```

```
        virtual decompress(const char* src_buffer, const int64_t src_data_size,
char* dst_buffer, const int64_t dst_buffer_size, int64_t& dst_data_size) = 0;

    // 获取压缩库名称
    const char* get_compress_name() const;
    // 根据传入的大小计算压缩后最大可能的溢出大小
    int64_t get_max_overflow_size(const int64_t src_data_size) const;
};
```

ObCompressor 定义了压缩与解压缩的通用接口，具体的压缩库实现了这些接口。压缩库以动态库（.so）的形式存在，每个工作线程第一次调用 compress 或者 decompress 方法时将加载相应的动态库，这样便实现了压缩库的插件化。目前，支持的压缩库包括 LZO[⊖]以及 Snappy[⊖]。

9.2　RootServer 实现机制

RootServer 是 OceanBase 集群对外的窗口，客户端通过 RootServer 获取集群中其他模块的信息。RootServer 实现的功能包括：

❑ 管理集群中的所有 ChunkServer，处理 ChunkServer 上下线；

❑ 管理集群中的 UpdateServer，实现 UpdateServer 选主；

❑ 管理集群中子表数据分布，发起子表复制、迁移以及合并等操作；

❑ 与 ChunkServer 保持心跳，接受 ChunkServer 汇报，处理子表分裂；

❑ 接受 UpdateServer 汇报的大版本冻结消息，通知 ChunkServer 执行定期合并；

❑ 实现主备 RootServer，数据强同步，支持主 RootServer 宕机自动切换。

9.2.1　数据结构

RootServer 的中心数据结构为一张存储了子表数据分布的有序表格，称为 RootTable。每个子表存储的信息包括：子表主键范围、子表各个副本所在 ChunkServer 的编号、子表各个副本的数据行数、占用的磁盘空间、CRC 校验值以及基线数据版本。

RootTable 是一个读多写少的数据结构，除了 ChunkServer 汇报、RootServer 发起子表复制、迁移以及合并等操作需要修改 RootTable 外，其他操作都只需要从 RootTable 中读取某个子表所在的 ChunkServer。因此，OceanBase 设计时考虑以写时复制的方式实现该结构，另外，考虑到 RootTable 修改特别少，实现时没有采用支持写时复制的 B+ 树或者跳跃表（Skip List），而是采用相对更加简单的有序数组，以减少工作量。

⊖　LZO：见 http://www.oberhumer.com/opensource/lzo/

⊖　Snappy：Google 开源的压缩库，见 http://code.google.com/p/snappy/

往 RootTable 增加子表信息的操作步骤如下：

1）拷贝当前服务的 RootTable 为新的 RootTable；

2）将子表信息追加到新的 RootTable，并对新的 RootTable 重新排序；

3）原子地修改指针使得当前服务的 RootTable 指向新的 RootTable。

ChunkServer 一次汇报一批子表（默认一批包含 1024 个），如果每个子表修改都需要拷贝整个 RootTable 并重新排序，性能上显然无法接受。RootServer 实现时做了一些优化：拷贝当前服务的 RootTable 为新的 RootTable 后，将 ChunkServer 汇报的一批子表一次性追加到新的 RootTable 中并重新排序，最后再原子地切换当前服务的 RootTable 为新的 RootTable。采用批处理优化后，RootTable 的性能基本满足需求，OceanBase 单个集群支持的子表个数最大达到几百万个。当然，这种实现方式并不优雅，我们后续将改造 RootTable 的实现方式。

ChunkServer 汇报的子表信息可能和 RootTable 中记录的不同，比如发生了子表分裂。此时，RootServer 需要根据汇报的 tablet 信息更新 RootTable。

如图 9-2 所示，假设原来的 RootTable 包含四个子表：r1(min, 10]、r2(10, 100]、r3(100, 1000]、r4(1000, max]、ChunkServer 汇报的子表列表为：t1(10, 50]、t2(50, 100]、t3(100, 1000]，表示 r2 发生了 tablet 分裂，那么，RootServer 会将 RootTable 修改为：r1(min, 10]、r2(10, 50]、r3(50, 100]、r4(100, 1000]、r5(1000, max]。

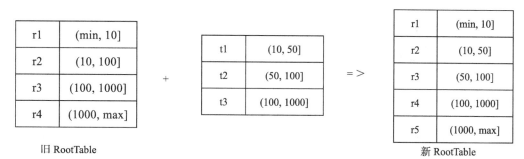

图 9-2 RootTable 修改

RootServer 中还有一个管理所有 ChunkServer 信息的数组，称为 ChunkServer-Manager。数组中的每个元素代表一台 ChunkServer，存储的信息包括：机器状态（已下线、正在服务、正在汇报、汇报完成，等等）、启动后注册时间、上次心跳时间、磁盘相关信息、负载均衡相关信息。OceanBase 刚上线时依据每台 ChunkServer 磁盘占用信息执行负载均衡，目的是为了尽可能确保每台 ChunkServer 占用差不多的磁盘空间。上线运行一段时间后发现这种方式效果并不好，目前的方式为按照每个表格的子表个数执行负载均衡，目的是尽可能保证对于每个表格、每台 ChunkServer 上的子表个数大致相同。

9.2.2 子表复制与负载均衡

RootServer 中有两种操作都可能触发子表迁移：子表复制（rereplication）以及负载均衡（rebalance）。当某些 ChunkServer 下线超过一段时间后，为了防止数据丢失，需要拷贝副本数小于阀值的子表，另外，系统也需要定期执行负载均衡，将子表从负载较高的机器迁移到负载较低的机器。

每台 ChunkServer 记录了子表迁移相关信息，包括：ChunkServer 上子表的个数以及所有子表的大小总和，正在迁入的子表个数、正在迁出的子表个数以及子表迁移任务列表。RootServer 包含一个专门的线程定期执行子表复制与负载均衡任务，步骤如下：

1）**子表复制**：扫描 RootTable 中的子表，如果某个子表的副本数小于阀值，选取某台包含子表副本的 ChunkServer 为迁移源，另外一台符合要求的 ChunkServer 为迁移目的地，生成子表迁移任务。迁移目的地需要符合一些条件，比如，不包含待迁移子表，服务的子表个数小于平均个数减去可容忍个数（默认值为 10），正在进行的迁移任务不超过阀值等。

2）**负载均衡**：扫描 RootTable 中的子表，如果某台 ChunkServer 包含的某个表格的子表个数超过平均个数以及可容忍个数（默认值为 10）之和，以这台 ChunkServer 为迁移源，并选择一台符合要求的 ChunkServer，生成子表迁移任务。

子表复制以及负载均衡生成的子表迁移任务并不会立即执行，而是会加入到迁移源的迁移任务列表中，RootServer 还有一个后台线程会扫描所有的 ChunkServer，接着执行每台 ChunkServer 的迁移任务列表中保存的迁移任务。子表迁移时限制了每台 ChunkServer 同时进行的最大迁入和迁出任务数，从而防止一台新的 ChunkServer 刚上线时，迁入大量子表而负载过高。

例 9-1 某 OceanBase 集群包含 4 台 ChunkServer：ChunkServer1（包含子表 A1、A2、A3），ChunkServer2（包含子表 A3、A4），ChunkServer3（包含子表 A2），ChunkServer4（包含子表 A4）。

假设子表副本数配置为 2，最多能够容忍的不均衡子表的个数为 0。RootServer 后台线程首先执行子表复制，发现子表 A1 只有一个副本，于是，将 ChunkServer1 作为迁移源，选择某台 ChunkServer（假设为 ChunkServer3）作为迁移目的，生成迁移任务 <ChunkServer1，ChunkServer3，A1>。接着，执行负载均衡，发现 ChunkServer1 包含 3 个子表，超过平均值（平均值为 2），而 ChunkServer4 包含的子表个数小于平均值，于是，将 ChunkServer1 作为迁移源，ChunkServer4 作为迁移目的，选择某个子表（假设为 A2），生成迁移任务 <ChunkServer1，ChunkServer4，A2>。如果迁移成功，A2 将包含 3 个副本，可以通知 ChunkServer1 删除上面的 A2 副本。最后，tablet 分布情况为：ChunkServer1（包含 tablet A1、A3），ChunkServer2（包含 tablet A3、A4），ChunkServer3（包含 tablet A1、A2），ChunkServer4（包含 tablet A2、A4），每个 tablet 包含 2 个副本，且平均分布在 4 台 ChunkServer 上。

9.2.3　子表分裂与合并

子表分裂由 ChunkServer 在定期合并过程中执行，由于每个子表包含多个副本，且分布在多台 ChunkServer 上，如何确保多个副本之间的分裂点保持一致成为问题的关键。OceanBase 采用了一种比较直接的做法：每台 ChunkServer 使用相同的分裂规则。由于每个子表的不同副本之间的基线数据完全一致，且定期合并过程中冻结的增量数据也完全相同，只要分裂规则一致，分裂后的子表主键范围也保证相同。

OceanBase 曾经有一个线上版本的分裂规则如下：只要定期合并过程中产生的数据量超过 256MB，就生成一个新的子表。假设定期合并产生的数据量为 257MB，那么最后将分裂为两个子表，其中，前一个子表（记为 r1）的数据量为 256MB，后一个子表（记为 r2）的数据量为 1MB。接着，r1 接受新的修改，数据量很快又超过 256MB，于是，又分裂为两个子表。系统运行一段时间后，充斥着大量数据量很少的子表。

为了解决分裂产生小子表的问题，需要确保分裂以后的每个子表数据量大致相同。OceanBase 对每个子表记录了两个元数据：数据行数 row_count 以及子表大小（occupy_size）。根据这两个值，可以计算出每行数据的平均大小，即：occupy_size / row_count。

根据数据行平均大小，可以计算出分裂后的子表行数，从而得到分裂点。

子表合并相对更加麻烦，步骤如下：

1）合并准备：RootServer 选择若干个主键范围连续的小子表；

2）子表迁移：将待合并的若干个小子表迁移到相同的 ChunkServer 机器；

3）子表合并：往 ChunkServer 机器发送子表合并命令，生成合并后的子表范围。

例 9-2　某 OceanBase 集群中有 3 台 ChunkServer：ChunkServer1（包含子表 A1、A3），ChunkServer2（包含子表 A2、A3），ChunkServer3（包含子表 A1、A2），其中，A1 和 A2 分别为 10MB，A3 为 256MB。RootServer 扫描 RootTable 后发现 A1 和 A2 满足子表合并条件，首先发起子表迁移，假设将 A1 迁移到 ChunkServer2，使得 A1 和 A2 在相同的 ChunkServer 上，接着分别向 ChunkServer2 和 ChunkServer3 发起子表合并命令。子表合并完成以后，子表分布情况为：ChunkServer1（包含子表 A3），ChunkServer2（包含子表 A4(A1, A2)，A3），ChunkServer3（包含子表 A4(A1, A2)），其中，A4 是子表 A1 和 A2 合并后的结果。

每个子表包含多个副本，只要某一个副本合并成功，OceanBase 就认为子表合并成功，其他合并失败的子表将通过垃圾回收机制删除掉。

9.2.4　UpdateServer 选主

为了确保一致性，RootServer 需要确保每个集群中只有一台 UpdateServer 提供写服务，这个 UpdateServer 称为主 UpdateServer。

RootServer 通过租约（Lease）机制实现 UpdateServer 选主。主 UpdateServer 必须持有 RootServer 的租约才能提供写服务，租约的有效期一般为 3~5 秒。正常情况下，RootServer 会定期给主 UpdateServer 发送命令，延长租约的有效期。如果主 UpdateServer 出现异常，RootServer 等待主 UpdateServer 的租约过期后才能选择其他的 UpdateServer 为主 UpdateServer 继续提供写服务。

RootServer 可能需要频繁升级，升级过程中 UpdateServer 的租约将很快过期，系统也会因此停服务。为了解决这个问题，RootServer 设计了优雅退出的机制，即 RootServer 退出之前给 UpdateServer 发送一个有效期超长的租约（比如半小时），承诺这段时间不进行主 UpdateServer 选举，用于 RootServer 升级。代码如下：

```
enum ObUpsStatus
{
    UPS_STAT_OFFLINE = 0, // UpdateServer 已下线
    UPS_STAT_NOTSYNC = 1, // UpdateServer 为备机且与主 UpdateServer 不同步
    UPS_STAT_SYNC = 2, // UpdateServer 为备机且与主 UpdateServer 同步
    UPS_STAT_MASTER = 3, // UpdateServer 为主机
};
// RootServer 中记录 UpdateServer 信息的结构
class ObUps
{
    ObServer addr_; // UpdateServer 地址
    int32_t inner_port_; // UpdateServer 内部端口
    int64_t log_seq_num_; // UpdateServer 的日志号
    int64_t lease_; // UpdateServer 的租约
    ObUpsStatus stat_; // UpdateServer 状态
};
class ObUpsManager
{
public:
    // UpdateServer 向 RootServer 注册
     int register_ups(const ObServer& addr, int32_t inner_port, int64_t log_seq_
num, int64_t lease, const char* server_version);
    // 检查所有 UpdateServer 的租约，RootServer 内部有专门的线程会定时调用该函数
    int check_lease();
    // RootServer 给 UpdateServer 发送租约
    int grant_lease();
    // RootServer 给 UpdateServer 发送超长租约
    int grant_eternal_lease();
private:
    ObUps ups_array_[MAX_UPS_COUNT];
    int32_t ups_master_idx_;
};
```

RootServer 模块中有一个 ObUpsManager 类，它包含一个数组 ups_array_，其中的每个元素表示一个 UpdateServer，ups_master_idx_ 表示主 UpdateServer 在数组里的下标。ObUps 结构记录了 UpdateServer 的信息，包括 UpdateServer 的地址（addr_）以及内部端口（inner_port_），UpdateServer 的状态（stat_，分为 UPS_STAT_OFFLINE / UPS_STAT_NOTSYNC/ UPS_STAT_SYNC/UPS_STAT_MASTER 这四种），UpdateServer 的日志号（log_seq_num_）以及租约（lease_）。

UpdateServer 首先通过 register_ups 向 RootServer 注册，将它的信息告知 RootServer。一段时间之后，RootServer 会从所有注册的 UpdateServer 中选取一台日志号最大的作为主 UpdateServer。ObUpsManager 类中还有一个 check_lease 函数，由 RootServer 内部线程定时调用，如果发现 UpdateServer 的租约快要过期，则会通过 grant_lease 给 UpdateServer 延长租约。如果发现主 UpdateServer 的租约已经失效，则会从所有 UpdateServer 中选择一个日志号最大的 UpdateServer 作为新的主 UpdateServer。另外，RootServer 还可以通过 grant_eternal_lease 给 UpdateServer 发送超长租约。

9.2.5　RootServer 主备

每个集群一般部署一主一备两台 RootServer，主备之间数据强同步，即所有的操作都需要首先同步到备机，接着修改主机，最后才能返回操作成功。

RootServer 主备之间需要同步的数据包括：RootTable 中记录的子表分布信息、ChunkServerManager 中记录的 ChunkServer 机器变化信息以及 UpdateServer 机器信息。子表复制、负载均衡、合并、分裂以及 ChunkServer/UpdateServer 上下线等操作都会引起 RootServer 内部数据变化，这些变化都将以操作日志的形式同步到备 RootServer。备 RootServer 实时回放这些操作日志，从而与主 RootServer 保持同步。

OceanBase 中的其他模块，比如 ChunkServer/UpdateServer，以及客户端通过 VIP（Virtual IP）访问 RootServer，正常情况下，VIP 总是指向主 RootServer。当主 RootServer 出现故障时，部署在主备 RootServer 上的 Linux HA（heartbeat，心跳），软件能够检测到，并将 VIP 漂移到备 RootServer。Linux HA 软件的核心包含两个部分：心跳检测部分和资源接管部分，心跳检测部分通过网络链接或者串口线进行，主备 RootServer 上的心跳软件相互发送报文来告诉对方自己当前的状态。如果在指定的时间内未收到对方发送的报文，那么就认为对方失败，这时需启动资源接管模块来接管运行在对方主机上的资源，这里的资源就是 VIP。备 RootServer 后台线程能够检测到 VIP 漂移到自身，于是自动切换为主机提供服务。

9.3 UpdateServer 实现机制

UpdateServer 用于存储增量数据，它是一个单机存储系统，由如下几个部分组成：

❑ 内存存储引擎，在内存中存储修改增量，支持冻结以及转储操作；

❑ 任务处理模型，包括网络框架、任务队列、工作线程等，针对小数据包做了专门的优化；

❑ 主备同步模块，将更新事务以操作日志的形式同步到备 UpdateServer。

UpdateServer 是 OceanBase 性能瓶颈点，核心是高效，实现时对锁（例如，无锁数据结构）、索引结构、内存占用、任务处理模型以及主备同步都需要做专门的优化。

9.3.1 存储引擎

UpdateServer 存储引擎如图 9-3 所示。

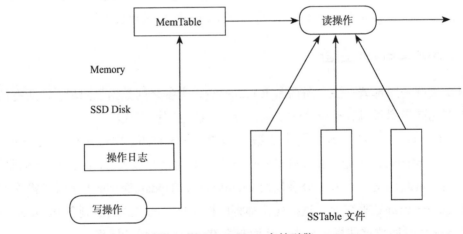

图 9-3　UpdateServer 存储引擎

UpdateServer 存储引擎与 6.1 节中提到的 Bigtable 存储引擎看起来很相似，不同点在于：

❑ UpdateServer 只存储了增量修改数据，基线数据以 SSTable 的形式存储在 ChunkServer 上，而 Bigtable 存储引擎同时包含某个子表的基线数据和增量数据；

❑ UpdateServer 内部所有表格共用 MemTable 以及 SSTable，而 Bigtable 中每个子表的 MemTable 和 SSTable 分开存放；

❑ UpdateServer 的 SSTable 存储在 SSD 磁盘中，而 Bigtable 的 SSTable 存储在 GFS 中。

UpdateServer 存储引擎包含几个部分：操作日志、MemTable 以及 SSTable。更新操作首先记录到操作日志中，接着更新内存中活跃的 MemTable（Active MemTable），活跃的 MemTable 到达一定大小后将被冻结，称为 Frozen MemTable，同时创建新的 Active MemTable。Frozen MemTable 将以 SSTable 文件的形式转储到 SSD 磁盘中。

1. 操作日志

OceanBase 中有一个专门的提交线程负责确定多个写事务的顺序（即事务 id），将这些写事务的操作追加到日志缓冲区，并将日志缓冲区的内容写入日志文件。为了防止写操作日志污染操作系统的缓存，写操作日志文件采用 Direct IO 的方式实现：

```
class ObLogWriter
{
public:
    // write_log 函数将操作日志存入日志缓冲区
    int write_log(const LogCommand cmd, const char* log_data, const int64_t data_
len);
    // 将日志缓冲区中的日志先同步到备机再写入主机磁盘
    int flush_log(LogBuffer& tlog_buffer, const bool sync_to_slave = true, const
bool is_master = true);
};
```

每条日志项由四部分组成：日志头 + 日志序号 + 日志类型（LogCommand）+ 日志内容，其中，日志头中记录了每条日志的校验和（checksum）。ObLogWriter 中的 write_log 函数负责将操作日志拷贝到日志缓冲区中，如果日志缓冲区已满，则向调用者返回缓冲区不足（OB_BUF_NOT_ENOUGH）错误码。接着，调用者会通过 flush_log 将缓冲区中已有的日志内容同步到备机并写入主机磁盘。如果主机磁盘的最后一个日志文件超过指定大小（默认为 64MB），还会调用 switch_log 函数切换日志文件。为了提高写性能，UpdateServer 实现了成组提交（Group Commit）技术，即首先多次调用 write_log 函数将多个写操作的日志拷贝到相同的日志缓冲区，接着再调用 flush_log 函数将日志缓冲区中的内容一次性写入到日志文件中。

2. MemTable

MemTable 底层是一个高性能内存 B 树。MemTable 封装了 B 树，对外提供统一的读写接口。

B 树中的每个叶子节点对应 MemTable 中的一行数据，key 为行主键，value 为行操作链表的指针。每行的操作按照时间顺序构成一个行操作链表。

如图 9-4 所示，MemTable 的内存结构包含两部分：索引结构以及行操作链表，索引结构为 9.1.2 节中提到的 B 树，支持插入、删除、更新、随机读取以及范围查询操作。行操作链表保存的是对某一行各个列（每个行和列确定一个单元，称为 Cell）的修改操作。

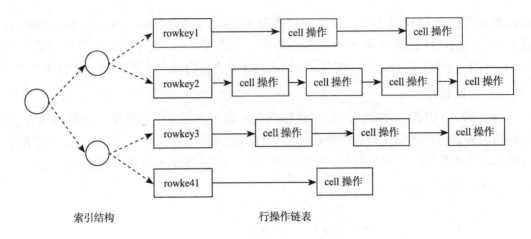

图 9-4 MemTable 的内存结构

例 9-3 对主键为 1 的商品有 3 个修改操作，分别是：将商品购买人数修改为 100，删除该商品，将商品名称修改为"女鞋"，那么，该商品的行操作链中将保存三个 Cell，分别为：<update，购买人数，100>、<delete，*> 以及 <update，商品名，"女鞋">。

MemTable 中存储的是对该商品的所有修改操作，而不是最终结果。另外，MemTable 删除一行也只是往行操作链表的末尾加入一个逻辑删除标记，即 <delete，*>，而不是实际删除索引结构或者行操作链表中的行内容。

MemTable 实现时做了很多优化，包括：

- 哈希索引：针对主要操作为随机读取的应用，MemTable 不仅支持 B 树索引，还支持哈希索引，UpdateServer 内部会保证两个索引之间的一致性。
- 内存优化：行操作链表中每个 cell 操作都需要存储操作列的编号（column_id）、操作类型（更新操作还是删除操作）、操作值以及指向下一个 cell 操作的指针，如果不做优化，内存膨胀会很大。为了减少内存占用，MemTable 实现时会对整数值进行变长编码，并将多个 cell 操作编码后序列到同一块缓冲区中，共用一个指向下一批 cell 操作缓冲区的指针：

```
struct ObCellMeta
{
    const static int64_t TP_INT8 = 1; // int8 整数类型
    const static int64_t TP_INT16= 2; // int16 整数类型
    const static int64_t TP_INT32= 3; // int32 整数类型
    const static int64_t TP_INT64= 4; // int64 整数类型
    const static int64_t TP_VARCHAR = 6; // 变长字符串类型
    const static int64_t TP_DOUBLE = 13; // 双精度浮点类型
    const static int64_t TP_ESCAPE = 0x1f; // 扩展类型
    const static int64_t ES_DEL_ROW = 1; // 删除行操作
};
```

```
class ObCompactCellWriter
{
public:
    // 写入更新操作，存储成压缩格式
    int append(uint64_t column_id, const ObObj& value);
    // 写入删除操作，存储成压缩格式
    int row_delete();
};
```

MemTable 通过 ObCompactCellWriter 来将 cell 操作序列化到内存缓冲区中，如果为更新操作，调用 append 函数；如果为删除操作，调用 row_delete 函数。更新操作的存储格式为：数据类型 + 值 + 列 ID，TP_INT8 / TP_INT16 / TP_INT32 / TP_INT64 分别表示 8 位 / 16 位 / 32 位 / 64 位整数类型，TP_VARCHAR 表示变长字符串类型，TP_DOUBLE 表示双精度浮点类型。删除操作为扩展操作，其存储格式为：TP_ESCAPE + ES_DEL_ROW。例 9-3 中的三个 Cell：<update，购买人数，100>、<delete，*> 以及 <update，商品名，"女鞋" > 在内存缓冲区的存储格式为：

1	2	3	4	5	6	7	8
TP_INT8	100	购买人数列 ID	TP_ESCAPE	ES_DEL_ROW	TP_VARCHAR	女鞋	商品名列 ID

第 1 ～ 3 字节表示第一个 Cell，即 <update，购买人数，100>；第 4 ～ 5 字节表示第二个 cell，即 <delete，*>；第 6 ～ 8 字节表示第三个 Cell，即 <update，商品名，"女鞋" >。

MemTable 的主要对外接口可以归结如下：

```
// 开启一个事务
// @param [in] trans_type 事务类型，可能为读事务或者写事务
// @param [out] td 返回的事务描述符
int start_transaction(const TETransType trans_type, MemTableTransDescriptor&
td);
// 提交或者回滚一个事务
// @param [in] td 事务描述符
// @param [in] rollback 是否回滚，默认为 false
int end_transaction(const MemTableTransDescriptor td, bool rollback = false);
// 执行随机读取操作，返回一个迭代器
// @param [in] td 事务描述符
// @param [in] table_id 表格编号
// @param [in] row_key 待查询的主键
// @param [out] iter 返回的迭代器
int get(const MemTableTransDescriptor td,const uint64_t table_id,const ObRowkey&
row_key, MemTableIterator& iter);
// 执行范围查询操作，返回一个迭代器
// @param [in] td 事务描述符
// @param [in] range 查询范围，包括起始行、结束行，开区间或者闭区间
// @param [out] iter 返回的迭代器
int scan(const MemTableTransDescriptor td, const ObRange& range,
```

```
MemTableIterator& iter);
    // 开始执行一次修改操作
    // @param [in] td 事务描述符
    int start_mutation(const MemTableTransDescriptor td);
    // 提交或者回滚一次修改操作
    // @param [in] td 事务描述符
    // @param [in] rollback 是否回滚
    int end_mutation(const MemTableTransDescriptor td, bool rollback);
    // 执行修改操作
    // @param [in] td 事务描述符
    // @param [in] mutator 修改操作，包含一个或者多个对多个表格的cell操作
    int set(const MemTableTransDescriptor td,ObUpsMutator& mutator);
```

对于读事务，操作步骤如下：

1）调用 start_transaction 开始一个读事务，获得事务描述符；

2）执行随机读取或者扫描操作，返回一个迭代器；接着可以从迭代器不断迭代数据；

3）调用 end_transaction 提交或者回滚一个事务。

```
class MemTableIterator
{
    public:
        // 迭代器移动到下一个cell
        int next_cell();
        // 获取当前cell的内容
        // @param [out] cell_info 当前cell的内容，包括表名（table_id），行主键（row_
key），列编号（column_id）以及列值（column_value）
        int get_cell(ObCellInfo** cell_info);
        // 获取当前cell的内容
        // @param [out] cell_info 当前cell的内容
        // @param is_row_changed 是否迭代到下一行
        int get_cell(ObCellInfo** cell_info, bool * is_row_changed);
};
```

读事务返回一个迭代器 MemTableIterator，通过它可以不断地获取下一个读到的 cell。在例 9-3 中，读取编号为 1 的商品可以得到一个迭代器，从这个迭代器中可以读出行操作链中保存的 3 个 Cell，依次为：<update，购买人数，100>，<delete，*>，<update，商品名，"女鞋" >。

写事务总是批量执行，步骤如下：

1）调用 start_transaction 开始一批写事务，获得事务描述符；

2）调用 start_mutation 开始一次写操作；

3）执行写操作，将数据写入到 MemTable 中；

4) 调用 end_mutation 提交或者回滚一次写操作；如果还有写事务，转到步骤 2）；

5. 调用 end_transaction 提交写事务。

3. SSTable

当活跃的 MemTable 超过一定大小或者管理员主动发起冻结命令时，活跃的

MemTable 将被冻结，生成冻结的 MemTable，并同时以 SSTable 的形式转储到 SSD 磁盘中。

SSTable 的详细格式请参考 9.4 节 ChunkServer 实现机制，与 ChunkServer 中的 SSTable 不同的是，UpdateServer 中所有的表格共用一个 SSTable，且 SSTable 为稀疏格式，也就是说，每一行数据的每一列可能存在，也可能不存在修改操作。

另外，OceanBase 设计时也尽量避免读取 UpdateServer 中的 SSTable，只要内存足够，冻结的 MemTable 会保留在内存中，系统会尽快将冻结的数据通过定期合并或者数据分发的方式转移到 ChunkServer 中去，以后不再需要访问 UpdateServer 中的 SSTable 数据。

当然，如果内存不够需要丢弃冻结 MemTable，大量请求只能读取 SSD 磁盘，UpdateServer 性能将大幅下降。因此，希望能够在丢弃冻结 MemTable 之前将 SSTable 的缓存预热。

UpdateServer 的缓存预热机制实现如下：在丢弃冻结 MemTable 之前的一段时间（比如 10 分钟），每隔一段时间（比如 30 秒），将一定比率（比如 5%）的请求发给 SSTable，而不是冻结 MemTable。这样，SSTable 上的读请求将从 5% 到 10%，再到 15%，依次类推，直到 100%，很自然地实现了缓存预热。

9.3.2　任务模型

任务模型包括网络框架、任务队列、工作线程，UpdateServer 最初的任务模型基于淘宝网实现的 Tbnet 框架（已开源，见 http://code.taobao.org/p/tb-common-utils/src/trunk/tbnet/）。Tbnet 封装得很好，使用比较方便，每秒收包个数最多可以达到接近 10 万，不过仍然无法完全发挥 UpdateServer 收发小数据包以及内存服务的特点。OceanBase 后来采用优化过的任务模型 Libeasy，小数据包处理能力得到进一步提升。

1. Tbnet

如图 9-5 所示，Tbnet 队列模型本质上是一个生产者—消费者队列模型，有两个线程：网络读写线程以及超时检查线程，其中，网络读写线程执行事件循环，当服务器端有可读事件时，调用回调函数读取请求数据包，生成请求任务，并加入到任务队列中。工作线程从任务队列中获取任务，处理完成后触发可写事件，网络读写线程会将处理结果发送给客户端。超时检查线程用于将超时的请求移除。

Tbnet 模型的问题在于多个工作线程从任务队列获取任务需要加锁互斥，这个过程将产生大量的上下文切换（context switch），测试发现，当 UpdateServer 每秒处理包的数量超过 8 万个时，UpdateServer 每秒的上下文切换次数接近 30 万次，在测试环境中已经达到极限（测试环境配置：Linux 内核 2.6.18，CPU 为 2 * Intel Nehalem E5520，共 8 核 16 线程）。

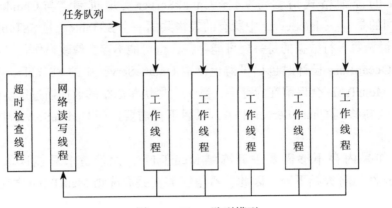

图 9-5　Tbnet 队列模型

2. Libeasy

为了解决收发小数据包带来的上下文切换问题，OceanBase 目前采用 Libeasy 任务模型。Libeasy 采用多个线程收发包，增强了网络收发能力，每个线程收到网络包后立即处理，减少了上下文切换，如图 9-6 所示。

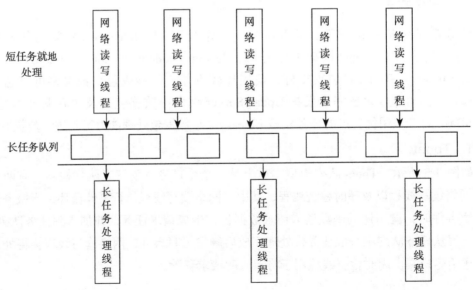

图 9-6　Libeasy 任务模型

UpdateServer 有多个网络读写线程，每个线程通过 Linux epool 监听一个套接字集合上的网络读写事件，每个套接字只能同时分配给一个线程。当网络读写线程收到网络包后，立即调用任务处理函数，如果任务处理时间很短，可以很快完成并回复客户端，不需要加锁，避免了上下文切换。UpdateServer 中大部分任务为短任务，比如随机读取内存表，另外还有少量任务需要等待共享资源上的锁，可以将这些任务加入到长任务队列中，交给专门的长任务处理线程处理。

由于每个网络读写线程处理一部分预先分配的套接字，这就可能出现某些套接字上请求特别多而导致负载不均衡的情况。例如，有两个网络读写线程 thread1 和 thread2，其中 thread1 处理套接字 fd1、fd2，thread2 处理套接字 fd3、fd4，fd1 和 fd2 上每秒 1000 次请求，fd3 和 fd4 上每秒 10 次请求，两个线程之间的负载很不均衡。为了处理这种情况，Libeasy 内部会自动在网络读写线程之间执行负载均衡操作，将套接字从负载较高的线程迁移到负载较低的线程。

9.3.3　主备同步

8.4.1 节已经介绍了 UpdateServer 的一致性选择。OceanBase 选择了强一致性，主 UpdateServer 往备 UpdateServer 同步操作日志，如果同步成功，主 UpdateServer 操作本地后返回客户端更新成功，否则，主 UpdateServer 会把备 UpdateServer 从同步列表中剔除。另外，剔除备 UpdateServer 之前需要通知 RootServer，从而防止 RootServer 将不一致的备 UpdateServer 选为主 UpdateServer。

如图 9-7 所示，主 UpdateServer 往备机推送操作日志，备 UpdateServer 的接收线程接收日志，并写入到一块全局日志缓冲区中。备 UpdateServer 只要接收到日志就可以回复主 UpdateServer 同步成功，主 UpdateServer 接着更新本地内存并将日志刷到磁盘文件中，最后回复客户端写入操作成功。这种方式实现了强一致性，如果主 UpdateServer

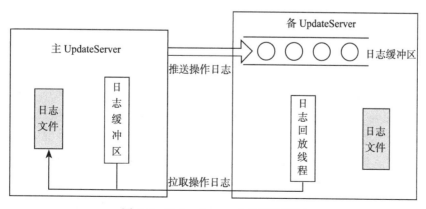

图 9-7　UpdateServer 主备同步原理

出现故障，备 UpdateServer 包含所有的修改操作，因而能够完全无缝地切换为主 UpdateServer 继续提供服务。另外，主备同步过程中要求主机刷磁盘文件，备机只需要写内存缓冲区，强同步带来的额外延时也几乎可以忽略。

正常情况下，备 UpdateServer 的日志回放线程会从全局日志缓冲区中读取操作日志，在内存中回放并同时将操作日志刷到备机的日志文件中。如果发生异常，比如备 UpdateServer 刚启动或者主备之间网络刚恢复，全局日志缓冲区中没有日志或者日志不连续，此时，备 UpdateServer 需要主动请求主 UpdateServer 拉取操作日志。主 UpdateServer 首先查找日志缓冲区，如果缓冲区中没有数据，还需要读取磁盘日志文件，并将操作日志回复备 UpdateServer。代码如下：

```
class ObReplayLogSrc
{
public:
    // 读取一批待回放的操作日志
    // @param [in] start_cursor 日志起始点
    // @param [out] end_id 读取到的最大日志号加 1，即下一次读取的起始日志号
    // @param [in] buf 日志缓冲区
    // @param [in] len 日志缓冲区长度
    // @param [out] read_count 读取到的有效字节数
    int get_log(const ObLogCursor& start_cursor, int64_t& end_id, char* buf,
const int64_t len, int64_t& read_count);
};
class ObUpsLogMgr
{
public:
    enum WAIT_SYNC_TYPE
    {
        WAIT_NONE = 0,
        WAIT_COMMIT = 1,
        WAIT_FLUSH = 2,
    };
public:
    // 备 UpdateServer 接收主 UpdateServer 发送的操作日志
    int slave_receive_log(const char* buf, int64_t len, const int64_t wait_sync_
time_us, const WAIT_SYNC_TYPE wait_event_type);
    // 备 UpdateServer 获取并回放操作日志
    int replay_log();
};
```

备 UpdateServer 接收到主 UpdateServer 发送的操作日志后，调用 ObUpsLogMgr 类的 slave_receive_log 将操作日志保存到日志缓冲区中。备 UpdateServer 可以配置成不等待（WAIT_NONE）、等待提交到 MemTable（WAIT_COMMIT）或者等待提交到 MemTable 且写入磁盘（WAIT_FLUSH）。另外，备 UpdateServer 有专门的日志回放线程不断地调用 ObUpsLogMgr 中的 replay_log 函数获取并回放操作日志。

备 UpdateServer 执行 replay_log 函数时，首先调用 ObReplayLogSrc 的 get_log

函数读取一批待回放的操作日志，接着，将操作日志应用到 MemTable 中并写入日志文件持久化。Get_log 函数执行时首先查看本机的日志缓冲区，如果缓冲区中不存在日志起始点（start_cursor）开始的操作日志，那么，生成一个异步任务，读取主 UpdateServer。一般情况下，slave_receive_log 接收的日志刚加入日志缓冲区就被 get_log 读走了，不需要读取主 UpdateServer。

9.4　ChunkServer 实现机制

ChunkServer 用于存储基线数据，它由如下基本部分组成：

❑ 管理子表，主动实现子表分裂，配合 RootServer 实现子表迁移、删除、合并；
❑ SSTable，根据主键有序存储每个子表的基线数据；
❑ 基于 LRU 实现块缓存（Block cache）以及行缓存（Row cache）；
❑ 实现 Direct IO，磁盘 IO 与 CPU 计算并行化；
❑ 通过定期合并 & 数据分发获取 UpdateServer 的冻结数据，从而分散到整个集群。

每台 ChunkServer 服务着几千到几万个子表的基线数据，每个子表由若干个 SSTable 组成（一般为 1 个）。下面从 SSTable 开始介绍 ChunkServer 的内部实现。

9.4.1　子表管理

每台 ChunkServer 服务于多个子表，子表的个数一般在 10000 ~ 100000 之间。Chunk-Server 内部通过 ObMultiVersionTabletImage 来存储每个子表的索引信息，包括数据行数（row_count），数据量（occupy_size），校验和（check_sum），包含的 SSTable 列表，所在磁盘编号（disk_no）等，代码如下：

```
class ObMultiVersionTabletImage
{
public:
    // 获取第一个包含指定数据范围的子表
    // @param [in] range 数据范围
    // @param [in] scan_direction 正向扫描（默认）还是逆向扫描
    // @param [in] version 子表的版本号
    // @param [out] tablet 获取的子表索引结构
    int acquire_tablet(const ObNewRange& range, const ScanDirection scan_
direction, const int64_t version, ObTablet*& tablet) const;
    // 释放一个子表
    int release_tablet(ObTablet* tablet);

    // 新增一个子表，load_sstable 表示是否立即加载其中的 SSTable 文件
    int add_tablet(ObTablet* tablet, const bool load_sstable=false);
    // 每日合并后升级子表到新版本，load_sstable 表示是否立即加载新版本的 SSTable 文件
```

```
    int upgrade_tablet(ObTablet* old_tablet, ObTablet* new_tablet, const bool
load_sstable=false);
    // 每日合并后升级子表到新版本，且子表发生分裂，有一个变成多个。load_sstable 表示是否立即加
载分裂后的 SSTable 文件
    int upgrade_tablet(ObTablet* old_tablet, ObTablet* new_tablets[], const
int32_t split_size, const bool load_sstable=false);
    // 删除一个指定数据范围和版本的子表
    int remove_tablet(const ObNewRange& range, const int64_t version);
    // 删除一个表格对应的所有子表
    int delete_table(const uint64_t table_id);
    // 获取下一批需要进行每日合并的子表
    // @param [in] version 子表的版本号
    // @param [out] size 下一批需要进行每日合并的子表个数
    // @param [out] tablets 下一批需要进行每日合并的子表索引结构
    int get_tablets_for_merge(const int64_t version, int64_t& size, ObTablet*&
tablets[]) const;
};
```

ChunkServer 维护了多个版本的子表数据，每日合并后升级子表的版本号。如果子表发生分裂，每日合并后将由一个子表变成多个子表。子表相关的操作方法包括：

1）add_tablet：新增一个子表。如果 load_sstable 参数为 true，那么，立即加载其中的 SSTable 文件。否则，使用延迟加载策略，即读取子表时再加载其中的 SSTable。

2）remove_tablet：删除一个子表。RootServer 发现某个子表的副本数过多，则会通知其中某台 ChunkServer 删除指定的子表。

3）delete_table：删除表格。用户执行删除表格命令时，RootServer 会通知每台 ChunkServer 删除表格包含的所有子表。

4）upgrade_tablet：每日合并后升级子表的版本号。如果没有发生分裂，只需要将老子表的版本号加 1；否则，将老子表替换为多个范围连续的新子表，每个新子表的版本号均为老子表的版本号加 1。

5）acquire_tablet / release_tablet：读取时首先调用 acquire_tablet 获取一个子表，增加该子表的引用计数从而防止它在读取过程中被释放掉，接着读取其中的 SSTable，最后调用 release_tablet 释放子表。

6）get_tablets_for_merge：每日合并时通过调用该函数获取下一批需要进行每日合并的子表。

9.4.2　SSTable

如图 9-8 所示，SSTable 中的数据按主键排序后存放在连续的数据块（Block）中，Block 之间也有序。接着，存放数据块索引（Block Index），由每个 Block 最后一行的主键（End Key）组成，用于数据查询中的 Block 定位。接着，存放布隆过滤器（Bloom Filter）和表格的 Schema 信息。最后，存放固定大小的 Trailer 以及 Trailer 的偏移位置。

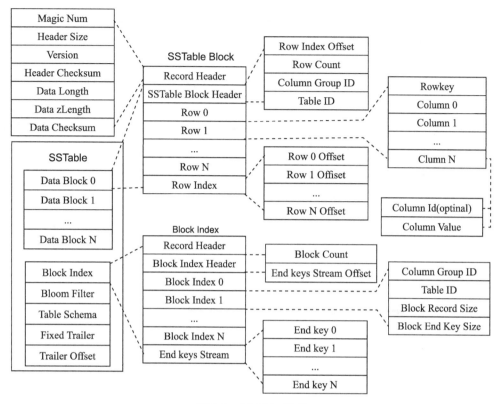

图 9-8 SSTable 格式

查找 SSTable 时，首先从子表的索引信息中读取 SSTable Trailer 的偏移位置，接着获取 Trailer 信息。根据 Trailer 中记录的信息，可以获取块索引的大小和偏移，从而将整个块索引加载到内存中。根据块索引记录的每个 Block 的最后一行的主键，可以通过二分查找定位到查找的 Block。最后将 Block 加载到内存中，通过二分查找 Block 中记录的行索引（Row Index）查找到具体某一行。本质上看，SSTable 是一个两级索引结构：块索引以及行索引；而整个 ChunkServer 是一个三级索引结构：子表索引、块索引以及行索引。

SSTable 分为两种格式：稀疏格式以及稠密格式。对于稀疏格式，某些列可能存在，也可能不存在，因此，每一行只存储包含实际值的列，每一列存储的内容为：< 列 ID，列值 >（<Column ID，Column Value>）；而稠密格式中每一行都需要存储所有列，每一列只需要存储列值，不需要存储列 ID，这是因为列 ID 可以从表格 Schema 中获取。

例 9-4 假设有一张表格包含 10 列，列 ID 为 1~10，表格中有一行的数据内容为：

column_id=2	column_id =3	column_id =5	column_id =7	column_id =8
20	30	50	70	80

那么，如果采用稀疏格式存储，内容为：<2，20>，<3，30>，<5，50>，<7，70>，<8，80>；如果采用稠密格式存储，内容为：null，20，30，null，50，null，70，80，null，null。

ChunkServer 中的 SSTable 为稠密格式，而 UpdateServer 中的 SSTable 为稀疏格式，且存储了多张表格的数据。另外，SSTable 支持列组（Column Group），将同一个列组下的多个列的内容存储在一块。列组是一种行列混合存储模式，将每一行的所有列分成多个组（称为列组），每个列组内部按行存储。

如图 9-9 所示，当一个 SSTable 中包含多个表格 / 列组时，数据按照 [表格 ID，列组 ID，行主键]（[table_id，column group id，row_key]）的形式有序存储。

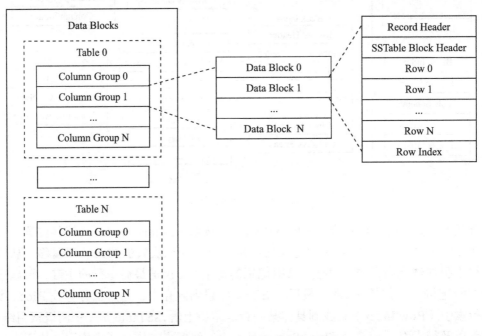

图 9-9　SSTable 包含多个表格 / 列组

另外，SSTable 支持压缩功能，压缩以 Block 为单位。每个 Block 写入磁盘之前调用压缩算法执行压缩，读取时需要解压缩。用户可以自定义 SSTable 的压缩算法，目前支持的算法包括 LZO 以及 Snappy。

SSTable 的操作接口分为写入和读取两个部分，其中，写入类为 ObSSTableWriter，读取类为 ObSSTableGetter（随机读取）和 ObSSTableScanner（范围查询）。代码如下：

```
class ObSSTableWriter
{
    public:
```

```
    // 创建 SSTable
    // @param [in] schema 表格 schema 信息
    // @param [in] path SSTable 在磁盘中的路径名
    // @param [in] compressor_name 压缩算法名
    // @param [in] store_type SSTable 格式，稀疏格式或者稠密格式
    // @param [in] block_size 块大小，默认 64KB
     int create_sstable(const ObSSTableSchema& schema, const ObString& path,
const ObString& compressor_name, const int store_type, const int64_t block_
size);

    // 往 SSTable 中追加一行数据
    // @param [in] row 一行 SSTable 数据
    // @param [out] space_usage 追加完这一行后 SSTable 大致占用的磁盘空间
    int append_row(const ObSSTableRow& row, int64_t& space_usage);

    // 关闭 SSTable，将往磁盘中写入 Block Index, Bloom Filter, Schema, Trailer 等信息
    // @param [out] trailer_offset 返回 SSTable 的 Trailer 偏移量
    int close_sstable(int64_t& trailer_offset);
};
```

定期合并 & 数据分发过程将产生新的 SSTable，步骤如下：

1）调用 create_sstable 函数创建一个新的 SSTable；

2）不断调用 append_row 函数往 SSTable 中追加一行行数据；

3）调用 close_sstable 完成 SSTable 写入。

与 9.2.1 节中的 MemTableIterator 一样，ObSSTableGetter 和 ObSSTableScanner 实现了迭代器接口，通过它可以不断地获取 SSTable 的下一个 cell。

```
class ObIterator
{
   public:
      // 迭代器移动到下一个 cell
      int next_cell();
      // 获取当前 cell 的内容
      // @param [out] cell_info 当前 cell 的内容，包括表名 (table_id)，行主键 (row_
   key)，列编号 (column_id) 以及列值 (column_value)
      int get_cell(ObCellInfo** cell_info);
      // 获取当前 cell 的内容
      // @param [out] cell_info 当前 cell 的内容
      // @param is_row_changed 是否迭代到下一行
      int get_cell(ObCellInfo** cell_info, bool * is_row_changed);
};
```

OceanBase 读取的数据可能来源于 MemTable，也可能来源于 SSTable，或者是合并多个 MemTable 和多个 SSTable 生成的结果。无论底层数据来源如何变化，上层的读取接口总是 ObIterator。

9.4.3 缓存实现

ChunkServer 中包含三种缓存：块缓存（Block Cache）、行缓存（Row Cache）以及块索引缓存（Block Index Cache）。其中，块缓存中存储了 SSTable 中访问较热的数据块（Block），行缓存中存储了 SSTable 中访问较热的数据行（Row），而块索引缓存中存储了最近访问过的 SSTable 的块索引（Block Index）。一般来说，块索引不会太大，ChunkServer 中所有 SSTable 的块索引都是常驻内存的。不同缓存的底层采用相同的实现方式。

1. 底层实现

经典的 LRU 缓存实现包含两个部分：哈希表和 LRU 链表，其中，哈希表用于查找缓存中的元素，LRU 链表用于淘汰。每次访问 LRU 缓存时，需要将被访问的元素移动到 LRU 链表的头部，从而避免被很快淘汰，这个过程需要锁住 LRU 链表。

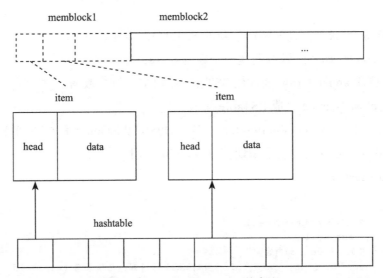

图 9-10　Key-Value Cache 的实现

如图 9-10 所示，块缓存和行缓存底层都是一个 Key-Value Cache，实现步骤如下：

1）OceanBase 一次分配 1MB 的连续内存块（称为 memblock），每个 memblock 包含若干缓存项（item）。添加 item 时，只需要简单地将 item 追加到 memblock 的尾部；另外，缓存淘汰以 memblock 为单位，而不是以 item 为单位。

2）OceanBase 没有维护 LRU 链表，而是对每个 memblock 都维护了访问次数和最近频繁访问时间。访问 memblock 中的 item 时将增加 memblock 的访问次数，如果最近一段时间之内的访问次数超过一定值，那么，更新最近频繁访问时间；淘汰 memblock

时，对所有的 memblock 按照最近频繁访问时间排序，淘汰最近一段时间访问较少的 memblock。可以看出，读取时只需要更新 memblock 的访问次数和最近频繁访问时间，不需要移动 LRU 链表。这种实现方式通过牺牲 LRU 算法的精确性，来规避 LRU 链表的全局锁冲突。

3）每个 memblock 维护了引用计数，读取缓存项时所在 memblock 的引用计数加 1，淘汰 memblock 时引用计数减 1，引用计数为 0 时 memblock 可以回收重用。通过引用计数，实现读取 memblock 中的缓存项不加锁。

2．惊群效应

以行缓存为例，假设 ChunkServer 中有一个热点行，ChunkServer 中的 N 个工作线程（假设为 N = 50）同时发现这一行的缓存失效，于是，所有工作线程同时读取这行数据并更新行缓存。可以看出，N-1 共 49 个线程不仅做了无用功，还增加了锁冲突。这种现象称为"惊群效应"。为了解决这个问题，第一个线程发现行缓存失效时会往缓存中加入一个 fake 标记，其他线程发现这个标记后会等待一段时间，直到第一个线程从 SSTable 中读到这行数据并加入到行缓存后，再从行缓存中读取。

算法描述如下：

```
调用 internal_get 读取一行数据；
if（行不存在）{
    调用 internal_set 往缓存中加入一个 fake 标记；
    从 SSTable 中读取数据行；
    将 SSTable 中读到的行内容加入缓存，清除 fake 标记，唤醒等待线程；
    返回读到的数据行；
} else if（行存在且为 fake 标记）
{
    线程等待，直到清除 fake 标记；
    if（等待成功）返回行缓存中的数据；
    if（等待超时）返回读取超时；
}
else
{
    返回行缓存中的数据；
}
```

3. 缓存预热

ChunkServer 定期合并后需要使用生成的新的 SSTable 提供服务，如果大量请求同时读取新的 SSTable 文件，将使得 ChunkServer 的服务能力在切换 SSTable 瞬间大幅下降。因此，这里需要一个缓存预热的过程。OceanBase 最初的版本实现了主动缓存预热，即：扫描原来的缓存，根据每个缓存项的 key 读取新的 SSTable 并将结果加入到新的缓存中。例如，原来缓存数据项的主键分别为 100、200、500，那么只需要从新的 SSTable 中读取主键为 100、200、500 的数据并加入新的缓存。扫描完成后，原来的缓存可以丢弃。

线上运行一段时间后发现，定期合并基本上都安排在凌晨业务低峰期，合并完成后 OceanBase 集群收到的用户请求总是由少到多（早上 7 点之前请求很少，9 点以后请求逐步增多），能够很自然地实现被动缓存预热。由于 ChunkServer 在主动缓存预热期间需要占用两倍的内存，因此，目前的线上版本放弃了这种方式，转而采用被动缓存预热。

9.4.4 IO 实现

OceanBase 没有使用操作系统本身的页面缓存（page cache）机制，而是自己实现缓存。相应地，IO 也采用 Direct IO 实现，并且支持磁盘 IO 与 CPU 计算并行化。

ChunkServer 采用 Linux 的 Libaio[一]实现异步 IO，并通过双缓冲区机制实现磁盘预读与 CPU 处理并行化，实现步骤如下：

1）分配当前（current）以及预读（ahead）两个缓冲区；

2）使用当前缓冲区读取数据，当前缓冲区通过 Libaio 发起异步读取请求，接着等待异步读取完成；

3）异步读取完成后，将当前缓冲区返回上层执行 CPU 计算，同时，原来的预读缓冲区变为新的当前缓冲区，发送异步读取请求将数据读取到新的当前缓冲区。CPU 计算完成后，原来的当前缓冲区变为空闲，成为新的预读缓冲区，用于下一次预读。

4）重复步骤 3），直到所有数据全部读完。

例 9-5 假设需要读取的数据范围为 (1, 150]，分三次读取：(1, 50], (50, 100], (100, 150]，当前和预读缓冲区分别记为 A 和 B。实现步骤如下：

1）发送异步请求将 (1, 50] 读取到缓冲区 A，等待读取完成；

2）对缓冲区 A 执行 CPU 计算，发送异步请求，将 (50, 100] 读取到缓冲区 B；

3）如果 CPU 计算先于磁盘读取完成，那么，缓冲区 A 变为空闲，等到 (50, 100] 读取完成后将缓冲区 B 返回上层执行 CPU 计算，同时，发送异步请求，将 (100, 150] 读取到缓冲区 A；

4）如果磁盘读取先于 CPU 计算完成，那么，首先等待缓冲区 A 上的 CPU 计算完成，接着，将缓冲区 B 返回上层执行 CPU 计算，同时，发送异步请求，将 (100,150] 读取到缓冲区 A；

5）等待 (100, 150] 读取完成后，将缓冲区 A 返回给上层执行 CPU 计算。

双缓冲区广泛用于生产者 / 消费者模型，ChunkServer 中使用了双缓冲区异步预读

⊖ Oracle 公司实现的 Linux 异步 IO 库，开源地址：https://oss.oracle.com/projects/libaio-oracle/

的技术，生产者为磁盘，消费者为 CPU，磁盘中生产的原始数据需要给 CPU 计算消费掉。

所谓"双缓冲区"，顾名思义就是两个缓冲区（简称 A 和 B）。这两个缓冲区，总是一个用于生产者，另一个用于消费者。当两个缓冲区都操作完，再进行一次切换，先前被生产者写入的被消费者读取，先前消费者读取的转为生产者写入。为了做到不冲突，给每个缓冲区分配一把互斥锁（简称 La 和 Lb）。生产者或者消费者如果要操作某个缓冲区，必须先拥有对应的互斥锁。

双缓冲区包括如下几种状态：

❑ 双缓冲区都在使用的状态（并发读写）。大多数情况下，生产者和消费者都处于并发读写状态。不妨设生产者写入 A，消费者读取 B。在这种状态下，生产者拥有锁 La；同样地，消费者拥有锁 Lb。由于两个缓冲区都是处于独占状态，因此每次读写缓冲区中的元素都不需要再进行加锁、解锁操作。这是节约开销的主要来源。

❑ 单个缓冲区空闲状态。由于两个并发实体的速度会有差异，必然会出现一个缓冲区已经操作完，而另一个尚未操作完。不妨假设生产者快于消费者。在这种情况下，当生产者把 A 写满的时候，生产者要先释放 La（表示它已经不再操作 A），然后尝试获取 Lb。由于 B 还没有被读空，Lb 还被消费者持有，所以生产者进入等待（wait）状态。

❑ 缓冲区的切换。过了若干时间，消费者终于把 B 读完。这时候，消费者也要先释放 Lb，然后尝试获取 La。由于 La 刚才已经被生产者释放，所以消费者能立即拥有 La 并开始读取 A 的数据。而由于 Lb 被消费者释放，所以刚才等待的生产者会苏醒过来（wakeup）并拥有 Lb，然后生产者继续往 B 写入数据。

9.4.5　定期合并 & 数据分发

RootServer 将 UpdateServer 上的版本变化信息通知 ChunkServer 后，ChunkServer 将执行定期合并或者数据分发。

如果 UpdateServer 执行了大版本冻结，ChunkServer 将执行定期合并。ChunkServer 唤醒若干个定期合并线程（比如 10 个），每个线程执行如下流程：

1）加锁获取下一个需要定期合并的子表；

2）根据子表的主键范围读取 UpdateServer 中的修改操作；

3）将每行数据的基线数据和增量数据合并后，产生新的基线数据，并写入到新的 SSTable 中；

4）更改子表索引信息，指向新的 SSTable。

等到 ChunkServer 上所有的子表定期合并都执行完成后，ChunkServer 会向 RootServer 汇报，RootServer 会更新 RootTable 中记录的子表版本信息。定期合并一般安排在每天凌晨业务低峰期（凌晨 1:00 开始）执行一次，因此也称为每日合并。另外，定期合并过程中 ChunkServer 的压力比较大，需要控制合并速度，否则可能影响正常的读取服务。

如果 UpdateServer 执行了小版本冻结，ChunkServer 将执行数据分发。与定期合并不同的是，数据分发只是将 UpdateServer 冻结的数据缓存到 ChunkServer，并不会生成新的 SSTable 文件。因此，数据分发对 ChunkServer 造成的压力不大。

数据分发由外部读取请求驱动，当请求 ChunkServer 上的某个子表时，除了返回使用者需要的数据外，还会在后台生成这个子表的数据分发任务，这个任务会获取 UpdateServer 中冻结的小版本数据，并缓存在 ChunkServer 的内存中。如果内存用完，数据分发任务将不再进行。当然，这里可以做一些改进，比如除了将 UpdateServer 分发的数据存放到 ChunkServer 的内存中，还可以存储到 SSD 磁盘中。

例 9-6 假设某台 ChunkServer 上有一个子表 t1，t1 的主键范围为 (1, 10]，只有一行数据：`rowkey=8 => (<2, update, 20>, <3, update, 30>, <4, update, 40>)`。UpdateServer 的冻结版本有两行更新操作：`rowkey=8 => (<2, update, 30>, <3, up-date, 38>)` 和 `rowkey=20 => (<4, update, 50>)`。

❏ 如果是大版本冻结，那么，ChunkServer 上的子表 t1 执行定期合并后结果为：`ro-wkey=8 => (<2, update, 30>, <3, update, 38>, <4, update, 40>)`；

❏ 如果是小版本冻结，那么，ChunkServer 上的子表 t1 执行数据分发后的结果为：`rowkey=8 => (<2, update, 20>, <3, update, 30>, <4, update, 40>, <2, update, 30>, <3, update, 38>)`。

9.4.6 定期合并限速

定期合并期间系统的压力较大，需要控制定期合并的速度，避免影响正常服务。定期合并限速的措施包括如下步骤：

1）ChunkServer：ChunkServer 定期合并过程中，每合并完成若干行（默认 2000 行）数据，就查看本机的负载（查看 Linux 系统的 Load 值）。如果负载过高，一部分定期合并线程转入休眠状态；如果负载过低，唤醒更多的定期合并线程。另外，RootServer 将 UpdateServer 冻结的大版本通知所有的 ChunkServer，每台 ChunkServer 会随机等待一段时间再开始执行定期合并，防止所有的 ChunkServer 同时将大量的请求发给 UpdateServer。

2）UpdateServer：定期合并过程中 ChunkServer 需要从 UpdateServer 读取大量的数据，为了防止定期合并任务用满带宽而阻塞用户的正常请求，UpdateServer 将任务区分为高优先级（用户正常请求）和低优先级（定期合并任务），并单独统计每种任务的输出带宽。如果低优先级任务的输出带宽超过上限，降低低优先级任务的处理速度；反之，适当提高低优先级任务的处理速度。

如果 OceanBase 部署了两个集群，还能够支持主备集群在不同时间段进行"错峰合并"：一个集群执行定期合并时，把全部或大部分读写流量切到另一个集群，该集群合并完成后，把全部或大部分流量切回，以便另一个集群接着进行定期合并。两个集群都合并完成后，恢复正常的流量分配。

9.5　消除更新瓶颈

UpdateServer 单点看起来像是 OceanBase 架构的软肋，然而，经过 OceanBase 团队持续不断地性能优化以及旁路导入功能的开发，单点的架构在实践过程中经受住了线上考验。每年淘宝网"双十一"光棍节，OceanBase 系统都承载着核心的数据库业务，系统访问量出现 5 到 10 倍的增长，而 OceanBase 只需简单地增加机器即可。

当然，UpdateServer 单点架构并不是不可突破。虽然目前 UpdateServer 单点架构还不是瓶颈，但是 OceanBase 系统设计时已经留好了"后门"，以后可以通过对系统打补丁的方式支持 UpdateServer 线性扩展。当然，这里可能会做一些牺牲，比如短期内暂不支持全局事务，只支持针对单个用户的事务操作。

本节首先回顾 OceanBase 已经实现的优化工作，包括读写性能优化以及旁路导入功能，接着介绍一种数据分区实现 UpdateServer 线性扩展的方法。

9.5.1　读写优化回顾

OceanBase UpdateServer 相当于一个内存数据库，其架构设计和"世界上最快的内存数据库"MemSQL 比较类似，能够支持每秒数百万次单行读写操作，这样的性能对于目前关系数据库的应用场景都是足够的。为了达到这样的性能指标，我们已经完成或正在进行的工作如下。

1. 网络框架优化

9.2.2 节中提到，如果不经过优化，单机每秒最多能够接收的数据包个数只有 10 万个左右，而经过优化后的 libeasy 框架对于千兆网卡每秒最多收包个数超过 50 万，对于万兆网卡则超过 100 万。另外，UpdateServer 内部还会在软件层面实现多块网卡的负载均衡，从而更好地发挥多网卡的优势。通过网络框架优化，使得单机支持百万次操作成为可能。

2. 高性能内存数据结构

UpdateServer 的底层是一颗高性能内存 B 树。为了最大程度地发挥多核的优势，B 树实现时大部分情况下都做到了无锁（lock-free）。测试数据表明，即使在普通的 16 核机器上，OceanBase B 树每秒支持的单行修改操作都超过 150 万次。

3. 写操作日志优化

在软件层面，写操作日志涉及的工作主要有如下几点：

1）成组提交。将多个写操作聚合在一起，一次性刷入磁盘中。

2）降低日志缓冲区的锁冲突。多个线程同时往日志缓冲区中追加数据，实现时需要尽可能地减少追加过程的锁冲突。追加过程包含两个阶段：第一个阶段是占位，第二个阶段是拷贝数据，相比较而言，拷贝数据比较耗时。实现的关键在于只对占位操作互斥，而允许多线程并发拷贝数据。例如，有两个线程，线程 1 和线程 2，他们分别需要往缓冲区追加大小为 100 字节和大小为 300 字节的数据。假设缓冲区初始为空，那么，线程 1 可以首先占住位置 0 ～ 100，线程 2 接着占住 100 ~300。最后，线程 1 和线程 2 并发将数据拷贝到刚才占住的位置。

3）日志文件并发写入。UpdateServer 中每个日志缓冲区的大小一般为 2MB，如果写入太快，那么，很快会产生多个日志缓冲区需要刷入磁盘，可以并发地将这些日志缓冲区刷入不同的磁盘。当然，UpdateServer 目前并没有实现 2 和 3 这两个优化点。在硬件层面，UpdateServer 机器需要配置较好的 RAID 卡。这些 RAID 卡自带缓存，而且容量比较大（例如 1GB），从而进一步提升写磁盘性能。

4. 内存容量优化

随着数据不断写入，UpdateServer 的内存容量将成为瓶颈。因此，有两种解决思路。一种思路是精心设计 UpdateServer 的内存数据结构，尽可能地节省内存使用；另外一种思路就是将 UpdateServer 内存中的数据很快地分发出去。

OceanBase 实现了这两种思路。首先，UpdateServer 会将内存中的数据编码为精心设计的格式，从 9.3.1 节中可以看出，100 以内的 64 位整数在内存中只需要占用两个字节。这种编码格式不仅能够有效地减少内存占用，而且往往使得 CPU 缓存能够容纳更多的数据，从而弥补编码和解码操作造成的性能损失。另外，当 UpdateServer 的内存使用量到达一定大小时，OceanBase 会自动触发数据分发操作，将 UpdateServer 的数据分发到集群中的 ChunkServer 中，从而避免 UpdateServer 的内存容量成为瓶颈。当然，随着单机内存容量变得越来越大，普通的 2U 服务器已经具备 1TB 内存的扩展能力，数据分发也可能只是一种过渡方案。

9.5.2 数据旁路导入

虽然 OceanBase 内部实现了大量优化技术,但是 UpdateServer 单点写入对于某些 OLAP 应用仍然可能成为问题。这些应用往往需要定期(例如每天,每个月)导入大批数据,对导入性能要求很高。为此,OceanBase 专门开发了旁路导入功能,本节介绍直接将数据导入到 ChunkServer 中的方法(即 ChunkServer 旁路导入)。

OceanBase 的数据按照全局有序排列,因此,旁路导入的第一步就是使用 Hadoop MapReduce 这样的工具将所有的数据排好序,并且划分为一个个有序的范围,每个范围对应一个 SSTable 文件。接着,再将 SSTable 文件并行拷贝到集群中所有的 ChunkServer 中。最后,通知 RootServer 要求每个 ChunkServer 并行加载这些 SSTable 文件。每个 SSTable 文件对应 ChunkServer 的一个子表,ChunkServer 加载完本地的 SSTable 文件后会向 RootServer 汇报,RootServer 接着将汇报的子表信息更新到 RootTable 中。

例 9-7 有 4 台 ChunkServer:A、B、C 和 D。所有的数据排好序后划分为 6 个范围:r1(0~100]、r2(100~200]、r3(200~300]、r4(300~400]、r5(400~500]、r6(500~600],对应的 SSTable 文件分别记为 sst1,sst2,…,sst6。假设每个子表存储两个副本,那么,拷贝完 SSTable 文件后,可能的分布情况为:

```
A: sst1, sst3, sst4
B: sst2, sst3, sst5
C: sst1, sst4, sst6
D: sst2, sst5, sst6
```

接着,每个 ChunkServer 分别加载本地的 SSTable 文件,完成后向 RootServer 汇报。RootServer 最终会将这些信息记录到 RootTable 中,如下:

```
r1(0~100]: A、C
r2(100~200]: B、D
r3(200~300]: A、B
r4(300~400]: A、C
r5(400~500]: B、D
r6(500~600]: C、D
```

如果导入的过程中 ChunkServer 发生故障,例如拷贝 sst1 到机器 C 失败,那么,旁路导入模块会自动选择另外一台机器拷贝数据。

当然,实现旁路导入功能时还需要考虑很多问题。例如,如何支持将数据导入到多个数据中心的主备 OceanBase 集群,这里不会涉及这些细节。

9.5.3 数据分区

虽然我们坚持认为通过单机性能优化以及硬件性能的提升,UpdateServer 单点对于互联网数据库业务不会成为瓶颈。但是，随着 OceanBase 的应用场景越来越广，例如，存储原始日志，我们也可能需要实现更新节点可扩展。本节探讨一种可能的做法。

OceanBase 可以借鉴关系数据库中的分区表的概念，将数据划分为多个分区，允许不同的分区被不同的 UpdateServer 服务。例如，将所有的数据按照哈希的方式划分为 4096 个分区，这样，同一个集群中最多允许 4096 个写节点。

如图 9-11 所示，可以将 Users 表格和 Albums 的 user_id 列按照相同的规则做哈希，这样，同一个用户的所有数据属于相同的分区。由于同一个分区只会被同一个 UpdateServer 服务，因此，保证了同一个用户下读写操作的事务性，另外，不同用户之间的事务可以通过两阶段提交或者最终一致性的方式实现。这种方式实现起来非常简单，而且能够完全兼容 SQL 语法。

```
CREATE TABLE Users (
    user_id int not null,
    email varchar(100),
    PRIMARY KEY(user_id)
) PARTITION BY HASH(user_id);
CREATE TABLE Albums (
    user_id int not null,
    album_id int,
    name varchar(100,
    PRIMARY KEY(user_id, album_id)
) PARTITION BY HASH(user_id);
```

图 9-11 哈希分区 SQL 语法

从图 8-1 中的整体架构图可以看出，在目前的单更新节点架构中，UpdateServer 进程总是与 ChunkServer 进程部署到不同的服务器，而且两种服务器对硬件的要求不同。如果 OceanBase 支持哈希分区，还能够将 UpdateServer 进程和 ChunkServer 进程部署到一起，这样部署起来会更加方便。

除了哈希分区，OceanBase 还能够通过范围分区实现更新节点可扩展，即不同的用户按照 user_id 有序分布到多台 UpdateServer。虽然支持 UpdateServer 线性可扩展的架构看似"比较优雅"，但是，这件事情并不紧急。这是因为，OLTP 类应用对性能的需求是有天花板的（例如全世界人口共 50 亿，即使其中五分之一的人都在某一天产生了一笔交易，这一天的总交易笔数也只有 10 亿笔），单 UpdateServer 对于 OLTP 类数据库业务的性能是足够的。

第 10 章　数据库功能

数据库功能层构建在分布式存储引擎层之上，实现完整的关系数据库功能。

对于使用者来说，OceanBase 与 MySQL 数据库并没有什么区别，可以通过 MySQL 客户端连接 OceanBase，也可以在程序中通过 JDBC/ODBC 操作 OceanBase。OceanBase 的 MergeServer 模块支持 MySQL 协议，能够将其中的 SQL 请求解析出来，并转化为 OceanBase 系统的内部调用。

OceanBase 定位为全功能的关系数据库，但这并不代表我们会同等对待所有的关系数据库功能。关系数据库系统中优化器是最为复杂的，这个问题困扰了关系数据库几十年，更不可能是 OceanBase 的长项。因此，OceanBase 支持的 SQL 语句一般比较简单，绝大部分为针对单张表格的操作，只有很少一部分操作涉及多张表格。OceanBase 内部将事务划分为只读事务和读写事务，只读事务执行过程中不需要加锁，读写事务最终需要发给 UpdateServer 执行。相比传统的关系数据库，OceanBase 执行简单的 SQL 语句要高效得多。

除了支持 OLTP 业务，OceanBase 还能够支持 OLAP 业务。OLAP 业务的查询请求并发数不会太高，但每次查询的数据量都非常大。为此，OceanBase 专门设计了并行计算框架和列式存储来处理 OLAP 业务面临的大查询问题。

最后，OceanBase 还针对实际业务的需求开发了很多特色功能，例如，用于淘宝网收藏夹的大表左连接功能，数据自动过期以及批量删除功能。这些功能在关系数据库中要么不支持，要么效率很低，不能满足业务的需求，我们将这些需求通用化后集成到 OceanBase 系统中。

10.1　整体结构

数据库功能层的整体结构如图 10-1 所示。

用户可以通过兼容 MySQL 协议的客户端、JDBC/ODBC 等方式将 SQL 请求发送给某一台 MergeServer，MergeServer 的 MySQL 协议模块将解析出其中的 SQL 语句，并交给 MS-SQL 模块进行词法分析（采用 GNU Flex 实现）、语法分析（采用 GNU Bison 实现）、预处理、并生成逻辑执行计划和物理执行计划。

如果是只读事务，MergeServer 需要首先定位请求的数据所在的 ChunkServer，接着往相应的 ChunkServer 发送 SQL 子请求，每个 ChunkServer 将调用 CS-SQL 模块计算 SQL 子请求的结果，并将计算结果返回给 MergeServer。最后，MergeServer 需要整合这些子请求的返回结果，执行结果合并、联表、子查询等操作，得到最终结果并返回给客户端。

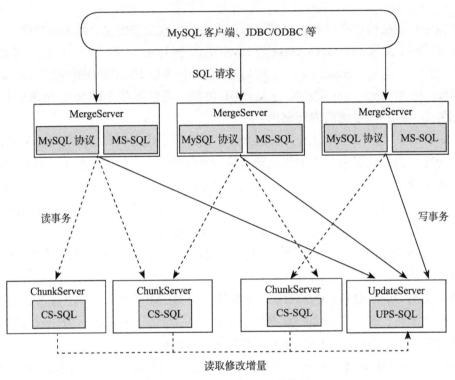

图 10-1　数据库功能层整体结构

如果是读写事务，MergeServer 需要首先从 ChunkServer 中读取需要的基线数据，接着将物理执行计划以及基线数据一起发送给 UpdateServer，UpdateServer 将调用 UPS-SQL 模块完成最终的写事务。这几个模块功能如下所示：

- CS-SQL：实现针对单个子表的 SQL 查询，包括表格扫描（table scan）、投影（projection）、过滤（filter）、排序（order by）、分组（group by）、分页（limit），支持表达式计算、聚集函数（count、sum、max、min 等）。执行表格扫描时，需要从 UpdateServer 读取修改增量，与本地的基线数据合并。
- UPS-SQL：实现写事务，支持的功能包括多版本并发控制、操作日志多线程并发回放等。
- MS-SQL：SQL 语句解析，包括词法分析、语法分析、预处理、生成执行计划，按照子表范围合并多个 ChunkServer 返回的部分结果，实现针对多个表格的物理操作符，包括联表（Join），子查询（subquery）等。

10.2　只读事务

只读事务（SELECT 语句），经过词法分析、语法分析，预处理后，转化为逻辑查询计划和物理查询计划。以 SQL 语句 select c1, c2 from t1 where id = 1 group by c1 order by c2 为例，MergeServer 收到该语句后将调用 ObSql 类的静态方法 direct_execute，执行步骤如下：

1）调用 flex、bison 解析 SQL 语句生成一个语法树。

2）解析语法树，生成逻辑执行计划 ObSelectStmt。ObSelectStmt 结构中记录了 SQL 语句扫描的表格名（t1），投影列（c1, c2），过滤条件（id = 1），分组列（c1）以及排序列（c2）。

3）根据逻辑执行计划生成物理执行计划。ObSelectStmt 只是表达了一种意图，但并不知道实际如何执行，ObTransformer 类的 generate_physical_plan 将 ObSelectStmt 转化为物理执行计划。

逻辑查询计划的改进以及物理查询计划的选择，即查询优化器，是关系数据库最难的部分，OceanBase 目前在这一部分的工作不多。因此，本节不会涉及太多关于如何生成物理查询计划的内容，下面仅以两个例子说明 OceanBase 的物理查询计划。

例 10-1　假设有一个单表 SQL 语句如图 10-2 所示。

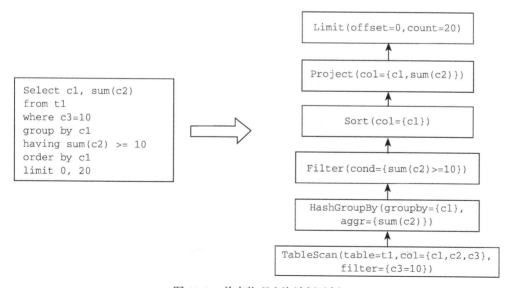

图 10-2　单表物理查询计划示例

单表 SQL 语句执行过程如下：

1）调用 TableScan 操作符，读取子表 t1 中的数据，该操作符还将执行投影（Project）和过滤（Filter），返回的结果只包含 c3=10 的数据行，且每行只包含 c1、c2、c3 三列。

2）调用 HashGroupBy 操作符（假设采用基于哈希的分组算法），按照 c1 对数据分组，同时计算每个分组内 c2 列的总和。

3）调用 Filter 操作符，过滤分组后生成的结果，只返回上一层 sum(c2) >= 10 的行。

4）调用 Sort 操作符将结果按照 c1 排序。

5）调用 Project 操作符，只返回 c1 和 sum(c2) 这两列数据。

6）调用 Limit 操作符执行分页操作，只返回前 20 条数据。

例 10-2 假设有一个需要联表的 SQL 语句如图 10-3 所示。

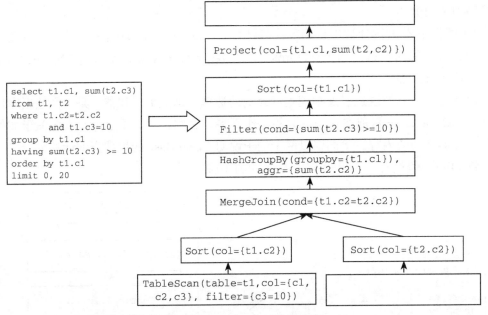

图 10-3 多表物理查询计划示例

多表 SQL 语句执行过程如下：

1）调用 TableScan 分别读取 t1 和 t2 的数据。对于 t1，使用条件 c3=10 对结果进行过滤，t1 和 t2 都只需要返回 c1，c2，c3 这三列数据。

2）假设采用基于排序的表连接算法，t1 和 t2 分别按照 t1.c2 和 t2.c2 排序后，调用 Merge Join 运算符，以 t1.c2=t2.c2 为条件执行等值连接。

3）调用 HashGroupBy 运算符（假设采用基于哈希的分组算法），按照 t1.c1 对数据分组，同时计算每个分组内 t2.c3 列的总和。

4）调用 Filter 运算符，过滤分组后的生成的结果，只返回上一层 sum(t2.c3) >= 10 的行。

5）调用 Sort 操作符将结果按照 t1.c1 排序。

6）调用 Project 操作符，只返回 t1.c1 和 sum(t2.c3) 这两列数据。

7）调用 Limit 操作符执行分页操作，只返回前 20 条数据。

10.2.1　物理操作符接口

9.4.2 节介绍一期分布式存储引擎中的迭代器接口为 ObIterator，通过它，可以将读到的数据以 cell 为单位逐个迭代出来。然而，数据库操作总是以行为单位的，因此，二期实现数据库功能层时考虑将基于 cell 的迭代器修改为基于行的迭代器。

行迭代器接口如下：

```
// ObRow 表示一行数据内容
class ObRow
{
public:
    // 根据表 ID 以及列 ID 获得指定 cell
    // @param [in] table_id 表格 ID
    // @param [in] column_id 列 ID
    // @param [out] cell 读到的 cell
    int get_cell(const uint64_t table_id, const uint64_t column_id, ObObj *&cell);

    // 获取第 cell_idx 个 cell
    int raw_get_cell(const int64_t cell_idx, const ObObj *&cell, uint64_t &table_id,
        uint64_t &column_id);
    // 获取本行的列数
    int64_t get_column_num() const;
};
```

每一行数据（ObRow）包括多个列，每个列的内容包括所在的表 ID（table_id），列 ID（column_id）以及列内容（cell）。ObRow 提供两种访问方式：根据 table_id 和 column_id 随机访问某个列，以及根据列下标（cell_idx）获取某个指定列。

物理运算符接口如下：

```
// 物理运算符接口
class ObPhyOperator
{
public:
    // 添加子运算符，所有非叶子节点物理运算符都需要调用该接口
    virtual int set_child(int32_t child_idx, ObPhyOperator &child_operator);
    // 打开物理运算符。申请资源，打开子运算符等
    virtual int open() = 0;
    // 关闭物理运算符。释放资源，关闭子运算符等
    virtual int close() = 0;
```

```
// 获得下一行数据内容
// @param[out] row 下一行数据内容的引用
// @return 返回码，包括成功、迭代过程中出现错误以及迭代完成
virtual int get_next_row(const ObRow *&row) = 0;
};
```

ObPhyOperator 每次获取一行数据，使用方法如下：

```
ObPhyOperator root_operator = root_operator_; // 根运算符
root_operator->open();
ObRow *row = NULL;
while (OB_SUCCESS == root_operator->get_next_row(row))
{
    Output(row); // 输出本行
}
root_operator->close();
```

为什么 ObPhyOperator 类中有一个 set_child 接口呢？这是因为所有的物理运算符构成一个树，每个物理运算的输出结果都可以认为是一个临时的二维表，树中孩子节点的输出总是作为它的父亲节点的输入。例 10-1 中，叶子节点为一个 TableScan 类型的物理运算符（称为 table_scan_op），它的父亲节点为一个 HashGroupBy 类型的物理运算符（称为 hash_group_by_op），接下来依次为 Filter 类型物理运算符 filter_op，Sort 类型物理运算符 sort_op，Project 类型物理运算符 project_op，Limit 类型物理运算符 limit_op。其中，limit_op 为根运算符。那么，生成物理运算符时将执行如下语句：

```
limit_op->set_child(0, project_op);
project_op->set_child(0, sort_op);
sort_op->set_child(0, filter_op);
filter_op->set_child(0, hash_group_by_op);
hash_group_by_op->set_child(0, table_scan_op);
root_op = limit_op;
```

SQL 最终执行时，只需要迭代 root_op（即 limit_op）就能够把需要的数据依次迭代出来。limit_op 发现前一批数据迭代完成则驱动下层的 project_op 获取下一批数据，project_op 发现前一批数据迭代完成则驱动下层的 sort_op 获取下一批数据。以此类推，直到最底层的 table_scan_op 不断地从原始表 t1 中读取数据。

10.2.2 单表操作

单表相关的物理运算符包括：

❑ TableScan：扫描某个表格，MergeServer 将扫描请求发给请求的各个子表所在的 ChunkServer，并将 ChunkServer 返回的结果按照子表范围拼接起来作为输出。如果请求涉及多个子表，TabletScan 可由多台 ChunkServer 并发执行。

❑ Filter：针对每行数据，判断是否满足过滤条件。

❑ Projection：对输入的每一行，根据定义的输出表达式，计算输出结果行。

❑ GroupBy：把输入数据按照指定列进行聚集，对聚集后的每组数据可以执行计数（count）、求和（sum）、计算最小值（min）、计算最大值（max）、计算平均值（avg）等聚集操作。

❑ Sort：对输入数据进行整体排序，如果内存不够，需要使用外排序。

❑ Limit（offset, count）：返回行号在 [offset, offset + count) 范围内的行。

❑ Distinct：消除某些列相同的重复行。

GroupBy、Distinct 物理操作符可以通过基于排序的算法实现，也可以通过基于哈希的算法实现，分别对应 HashGroupBy 和 MergeGroupBy，以及 HashDistinct 和 MergeDistinct。下面分别讨论排序算法和哈希算法。

1. 排序算法

MergeGroupBy、MergeDistinct 以及 Sort 都需要使用排序算法。通用的 <key, value> 排序器可以分为两个阶段：

❑ 数据收集：在数据收集阶段，调用者将 <key, value> 对依次加入到排序器。如果数据总量超过排序器的内存上限，需要首先将内存中的数据排好序，并存储到外部磁盘中。

❑ 迭代输出：迭代第一行数据时，内存中可能有一部分未排序的数据，磁盘中也可能有几路已经排好序的数据。因此，首先将内存中的数据排好序。如果数据总量不超过排序器内存上限，那么将内存中已经排好序的数据按行迭代输出（内排序）；否则，对内存和磁盘中的部分有序数据执行多路归并，一边归并一边将结果迭代输出。

2. 哈希算法

HashGroupBy 以及 HashDistinct 都需要使用哈希算法。假设需要对 <key, value> 对按照 key 分组，那么首先使用 key 计算哈希值 K，并将这个 <key, value> 对写入到第 K 个桶中。不同的 key 可能对应相同的哈希桶，因此，还需要对每个哈希桶内的 <key, value> 对排序，这样才能使得 key 相同的元组能够连续迭代出来。哈希算法的难点在于数据总量超过内存上限的处理，由于篇幅有限，请自行思考。

10.2.3 多表操作

多表相关的物理操作符主要是 Join。最为常见的 Join 类型包括两种：内连接（Inner Join）和左外连接（Left Outer Join），而且基本都是等值连接。如果需要连接多张表，可以先连接前两张表，再将前两张表连接生成的结果（相当于一张临时表）与第三张表格连接，以此类推。

两张表实现等值连接方式主要分为两类：基于排序的算法（MergeJoin）以及基于哈希的算法（HashJoin）。对于 MergeJoin，首先使用 Sort 运算符分别对输入表格预处理，使得两张输入表都在连接列上排好序，接着按顺序迭代两张输入表，合并连接列相同的行并输出；对于 HashJoin，首先根据连接列计算哈希值 K，并分别将两张输入表格的数据写入到第 K 个桶中。接着，对每个哈希桶按照连接列排序。最后，依次对每个哈希桶合并连接列相同的行并输出。

子查询分为两种：关联子查询和非关联子查询，其中比较常用的是使用 IN 子句的非关联子查询。举例如下：

例 10-3 假设有两张表格：item（商品表，包括商品号 item_id，商品名 item_name，分类号 category_id，），category（类别表，包括分类号 category_id，分类名 category_name）。如果需要查询分类号出现在 category 表中商品，可以采用图 10-4 左边 的 IN 子查询，而这个子查询将被自动转化为图 10-4 右边的等值连接。如果 category 表中的 category_id 列有重复，表连接之前还需要使用 distinct 运算符来删除重复的记录。

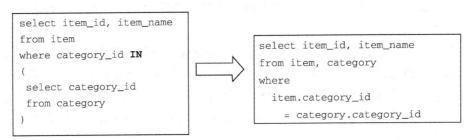

图 10-4 IN 子查询转化为等值连接

例 10-4 例 10-3 中，如果 category 表只包含 category_id 为 1~10 的记录，那么，可以将 IN 子查询写成图 10-5 中的常量表达式。

转化为常量表达式后，MergeServer 执行 SQL 计算时，可以将 IN 后面的常量列表发送给 ChunkServer，ChunkServer 只返回 category_id 在常量列表中的商品记录，而不是将所有的记录返回给 MergeServer 过滤，从而减少二者之间传输的数据量。

```
select item_id, item_name
from item
where category_id IN
{1,2,3,4,5,6,7,7,9,10}
```

图 10-5 IN 子查询转化为常量表达式

OceanBase 多表操作做得还很粗糙，例如不支持嵌套连接（Nested Loop Join），不支持非等值连接，不支持查询优化等，后续将在合适的时间对这一部分代码进行重构。

10.2.4　SQL 执行本地化

MergeServer 包含 SQL 执行模块 MS-SQL，ChunkServer 也包含 SQL 执行模块 CS-SQL，那么，如何区分二者的功能呢？多表操作由 MergeServer 执行，对于单表操作，OceanBase 设计的基本原则是尽量支持 SQL 计算本地化，保持数据节点与计算节点一致，也就是说，只要 ChunkServer 能够实现的操作，原则上都应该由它来完成。

- ☐ TableScan：每个 ChunkServer 扫描各自子表范围内的数据，由 MergeServer 合并 ChunkServer 返回的部分结果。
- ☐ Filter：对基本表的过滤集成在 TableScan 操作符中，由 ChunkServer 完成。对分组后的结果执行过滤（Having）集成在 GroupBy 操作符中，一般情况下由 MergeServer 完成；但是，如果能够确定每个分组的所有数据行只属于同一个子表，比如 SQL 请求只涉及一个 tablet，那么，分组以及分组后的过滤操作符可以由 ChunkServer 完成。
- ☐ Projection：对基本表的投影集成在 TableScan 操作符中，由 ChunkServer 完成，对最终结果的投影由 MergeServer 完成。
- ☐ GroupBy：如果 SQL 读取的数据只在一个子表上，那么由该子表所在的 ChunkServer 完成分组操作；否则，每台 ChunkServer 各自完成部分数据的分组操作，执行聚合运算后得到部分结果，再由 MergeServer 合并所有 ChunkServer 返回的部分结果，对于属于同一个分组的数据再次执行聚合运算。某些聚合运算需要做特殊处理，比如 avg，需要转化为 sum 和 count 操作发送给 ChunkServer，MergeServer 合并 ChunkServer 返回的部分结果后计算出最终的 sum 和 count 值，并通过 sum / count 得到 avg 的最终结果。
- ☐ Sort：如果 SQL 读取的数据只在一个子表上，那么由该子表所在的 ChunkServer 完成排序操作；否则，每台 ChunkServer 各自完成部分数据的排序，并将排好序的部分数据返回 MergeServer，再由 MergeServer 执行多路归并。
- ☐ Limit：Limit 操作一般由 MergeServer 完成，但是，如果请求的数据只在一个子表上，可以由 ChunkServer 完成，这往往会大大减少 MergeServer 与 ChunkServer 之间传输的数据量。
- ☐ Distinct：Distinct 与 GroupBy 类似。ChunkServer 先完成部分数据的去重，再由 MergeServer 进行整体去重。

例 10-5　图 10-2 中的 SQL 语句为 "select c1, sum(c2) from t1 where c3 = 10 group by c1 having sum(c2) >= 10 order by c1 limit 0, 20"。执行步骤如下：

1）ChunkServer 调用 TableScan 操作符，读取子表 t1 中的数据，该操作符还将执

行投影（Project）和过滤（Filter），返回的结果只包含 c3=10 的数据行，且每行只包含
c1、c2、c3 三列。

2）ChunkServer 调用 HashGroupBy 操作符（假设采用基于哈希的分组算法），按照
c1 对数据分组，同时计算每个分组内 c2 列的总和 sum(c2)。

3）每个 ChunkServer 将分组后的部分结果返回 MergeServer，MergeServer 将来自
不同 ChunkServer 的 c1 列相同的行合并在一起，再次执行 sum 运算。

4）MergeServer 调用 Filter 操作符，过滤第 3）步生成的最终结果，只返回 sum(c2)
>= 10 的行。

5）MergeServer 调用 Sort 操作符将结果按照 c1 排序。

6）MergeServer 调用 Project 操作符，只返回 c1 和 sum(c2) 这两列数据。

7）MergeServer 调用 Limit 操作符执行分页操作，只返回前 20 条数据。

当然，如果能够确定请求的数据全部属于同一个子表，那么，所有的物理运算符都
可以由 ChunkServer 执行，MergeServer 只需要将 ChunkServer 计算得到的结果转发给
客户端。

10.3　写事务

写事务，包括更新（UPDATE）、插入（INSERT）、删除（DELETE）、替换（REPLACE,
插入或者更新，如果行不存在则插入新行；否则，更新已有行），由 MergeServer 解析
后生成物理执行计划，这个物理执行计划最终将发给 UpdateServer 执行。写事务可能需
要读取基线数据，用于判断更新或者插入的数据行是否存在，判断某个条件是否满足，
等等，这些基线数据也会由 MergeServer 传给 UpdateServer。

10.3.1　写事务执行流程

大部分写事务都是针对单行的操作，如果单行事务不带其他条件：

❑ REPLACE：REPLACE 事务不关心写入行是否已经存在，因此，MergeServer 直
接将修改操作发送给 UpdateServer 执行。

❑ INSERT：MergeServer 首先读取 ChunkServer 中的基线数据，并将基线数据中行
是否存在信息发送给 UpdateServer，UpdateServer 接着查看增量数据中行是否被
删除或者有新的修改操作，融合基线数据和增量数据后，如果行不存在，则执行
插入操作；否则，返回行已存在错误。

❑ UPDATE：与 INSERT 事务执行步骤类似，不同点在于，行已存在则执行更新操
作；否则，什么也不做。

❑ DELETE：与 UPDATE 事务执行步骤类似。如果行已存在则执行删除操作；否则，什么也不做。

如果单行写事务带有其他条件：

❑ UPDATE：如果 UPDATE 事务带有其他条件，那么，MergeServer 除了从基线数据中读取行是否存在，还需要读取用于条件判断的基线数据，并传给 UpdateServer。UpdateServer 融合基线数据和增量数据后，将会执行条件判断，如果行存在且判断条件成立则执行更新操作。否则，什么也不做。

❑ DELETE：与 UPDATE 事务执行步骤类似。

例 10-6　有一张表格 item（user_id, item_id, item_status, item_name），其中，<user_id, item_id> 为联合主键。

MergeServer 首先解析图 10-6 的 SQL 语句产生执行计划，确定待修改行的主键为 <1，2>，接着，请求主键 <1，2> 所在的 ChunkServer，获取基线数据中行是否存在，最后，将 SQL 执行计划和基线数据中行是否存在一起发送给 UpdateServer。UpdateServer 融合基线数据和增量数据，如果行已存在且未被删除，UPDATE 和 DELETE 语句执行成功，INSERT 语句执行返回"行已存在"；如果行不存在或者最后被删除，INSERT 语句执行成功，UPDATE 和 DELETE 语句什么也不做。

图 10-7 中的 UPDATE 和 DELETE 语句还带有 item_name = "item1" 的条件，MergeServer 除了请求 ChunkServer 获取基线数据中行是否存在，还需要获取 item_name 的内容，并将这些信息一起发送给 UpdateServer。UpdateServer 融合基线数据和增量数据，判断最终结果中行是否存在，以及 item_name 的内容是否为 "item1"，只有两个条件同时成立，UPDATE 和 DELETE 语句才能够执行成功；否则，什么也不做。

```
// 插入语句
insert into item
values(1, 2, 0, "item1");
// 更新语句
update item
set item_status=1
where user_id=1
    and item_id=2;
// 删除语句
delete from item
where user_id=1
    and item_id=2;
```

图 10-6　单行写事务（不带条件）

```
// 更新语句
update item
set item_status=1
where user_id=1
    and item_id=2
    and item_name="item1";
// 删除语句
delete from item
where user_id=1
    and item_id=2
    and item_name="item1";
```

图 10-7　单行写事务（带条件）

当然，并不是所有的写事务都这么简单。复杂的写事务可能需要修改多行数据，事务执行过程也可能比较复杂。

例 10-7 有两张表格 item（user_id, item_id, item_status, item_name）以及 user（user_id，user_name）。其中，<user_id, item_id> 为 item 表格的联合主键，user_id 为 user 表格的主键。

图 10-8 的 UPDATE 语句可能会更新多行。MergeServer 首先从 ChunkServer 获取编号为 1 的用户包含的全部 item（可能包含多行），并传给 UpdateServer。接着，UpdateServer 融合基线数据和增量数据，更新每个存在且未被删除的 item 的 item_status 列。

```
// 更新多行
update item
set item_status=1
where user_id=1;
// 复杂条件
delete item
where user_id in
    select user_id
    from user
    where user_name=" 张三 ";
```

图 10-8 复杂写事务举例

图 10-8 的 DELETE 语句更加复杂，执行时需要首先获取 user_name 为"张三"的用户的 user_id，考虑到事务隔离级别，这里可能需要锁住 user_name 为"张三"的数据行（防止 user_name 被修改为其他值）甚至锁住整张 user 表（防止其他行的 user_name 修改为"张三"或者插入 user_name 为"张三"的新行）。接着，获取用户名为"张三"的所有用户的所有 item，最后，删除这些 item。这条语句执行的难点在于如何降低锁粒度以及锁占用时间，具体的做法请读者自行思考。

10.3.2 多版本并发控制

OceanBase 的 MemTable 包含两个部分：索引结构及行操作链。其中，索引结构存储行头信息，采用 9.1.2 节中的内存 B 树实现；行操作链表中存储了不同版本的修改操作，从而支持多版本并发控制。

OceanBase 支持多线程并发修改，写操作拆分为两个阶段：

❑ **预提交**（多线程执行）：事务执行线程首先锁住待更新数据行，接着，将事务中针对数据行的操作追加到该行的未提交行操作链表中，最后，往提交任务队列中加入一个提交任务。

❑ **提交**（单线程执行）：提交线程不断地扫描并取出提交任务队列中的提交任务，将这些任务的操作日志追加到日志缓冲区中。如果日志缓冲区到达一定大小，将日志缓冲区中的数据同步到备机，同时写入主机的磁盘日志文件。操作日志写成功后，将未提交行操作链表中的 cell 操作追加到已提交行操作链表的末尾，释放锁并回复客户端写操作成功。

如图 10-9 所示，MemTable 行操作链表包含两个部分：已提交部分和未提交部分。另外，每个事务管理结构记录了当前事务正在操作的数据行的行头，每个数据行的行头包含已提交和未提交行操作链表的头部指针。在预提交阶段，每个事务会将 cell 操作追加到未提交行操作链表中，并在行头保存未提交行操作链表的头部指针以及锁信息，同时，将行头信息记录到事务管理结构中；在提交阶段，根据事务管理结构中记录的行头信息找到未提交行操作链表，链接到已提交行操作链表的末尾，并释放行头记录的锁。

```
Class ObTransExecutor
{
public:
    // 处理预提交任务
    void handle_trans(void* ptask, void* pdata);
    // 处理提交任务
    void handle_commit(void* ptask, void* pdata);
};
```

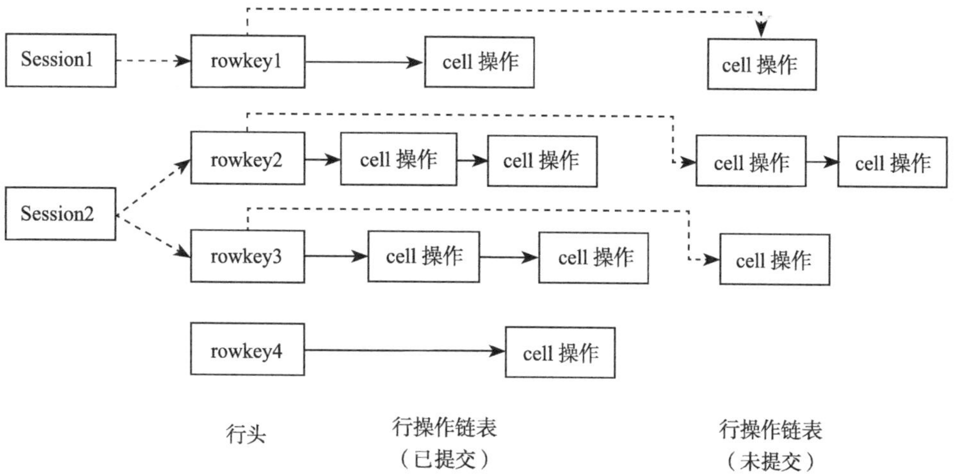

图 10-9　MemTable 实现 MVCC

ObTransExecutor 是 UpdateServer 读写事务处理的入口类，它主要包含两个方法：handle_trans 以及 handle_commit。其中，handle_trans 处理预提交任务，handle_commit 处理提交任务。handle_trans 首先将写事务预提交到 MemTable 中，接着将写事务加入到提交任务队列。提交线程不断地从提交任务队列中取出提交任务，并调用 handle_commit 进行处理。

每个写事务会根据提交时的系统时间生成一个事务版本，读事务只会读取在它之前提交的写事务的修改操作。

如图 10-10 所示，对主键为 1 的商品有 2 个写事务，事务 T1（提交版本号为 2）将商品购买人数修改为 100，事务 T2（提交版本号为 4）将商品购买人数修改为 50。那么，事务 T2 预提交时，T1 已经提交，该商品的已提交行操作链包含一个 cell：<update，购买人数，100>，未提交操作链包含一个 cell：<update, 购买人数，50>。事务 T2 成功提交后，该商品的已提交行操作链将包含两个 cell：<update，购买人数，100> 以及 <update，购买人数，50>，未提交行操作链为空。对于只读事务：

- T3：事务版本号为 1，T1 和 T2 均未提交，该行数据为空。
- T4：事务版本号为 3，T1 已提交，T2 未提交，读取到 <update，购买人数，100>。尽管 T2 在 T4 执行过程中将购买人数修改为 50，T4 第二次读取时会过滤掉 T2 的修改操作，因而两次读取将得到相同的结果。
- T5：事务版本号为 5，T1 和 T2 均已提交，读取到 <update, 购买人数, 100> 以及 <update，购买人数，50 >，购买人数最终值为 50。

时间戳	T1	T2	T3	T4	T5
1			READ		
2	WRITE(购买人数，100)				
3				READ	
4		WRITE(购买人数，50)			
5				READ	READ

图 10-10　读写事务并发执行实例

1. 锁机制

OceanBase 锁定粒度为行锁，默认情况下的隔离级别为读取已提交（read committed）。另外，读操作总是读取某个版本的快照数据，不需要加锁。

- **只写事务**（修改单行）：事务预提交时对待修改的数据行加写锁，事务提交时释放写锁。
- **只写事务**（修改多行）：事务预提交时对待修改的多个数据行加写锁，事务提交时释放写锁。为了保证一致性，采用两阶段锁的方式实现，即需要在事务预提交阶段获取所有数据行的写锁，如果获取某行写锁失败，整个事务执行失败。
- **读写事务**（read committed）：读写事务中的读操作读取某个版本的快照，写操作的加锁方式与只写事务相同。

为了保证系统并发性能，OceanBase 暂时不支持更高的隔离级别。另外，为了支持对一致性要求很高的业务，OceanBase 允许用户显式锁住某个数据行。例如，有一张账务表 account（account_id, balance），其中 account_id 为主键。假设需要从 A 账户

（account_id=1）向 B 账户（account_id=2）转账 100 元，那么，A 账户需要减少 100 元，B 账户需要增加 100 元，整个转账操作是一个事务，执行过程中需要防止 A 账户和 B 账户被其他事务并发修改。

如图 10-11 所示，OceanBase 提供了 "select ... for update" 语句用于显示锁住 A 账户或者 B 账户，防止转账过程中被其他事务并发修改。

事务执行过程中可能会发生死锁，例如事务 T1 持有账户 A 的写锁并尝试获取账户 B 的写锁，事务 T2 持有账户 B 的写锁并尝试获

```
select balance as balance_a
    from account
    where account_id=1
    for update; // 锁住 A 账户
select balance as balance_b
    from account
    where account_id=2
    for update; // 锁住 B 账户
```

图 10-11　select...for update 示例

取账户 A 的写锁，这两个事务因为循环等待而出现死锁。OceanBase 目前处理死锁的方式很简单，事务执行过程中如果超过一定时间无法获取写锁，则自动回滚。

2. 多线程并发日志回放

9.2.3 节介绍了主备同步原理，引入多版本并发控制机制后，UpdateServer 备机支持多线程并发回放日志功能。如图 10-12 所示，有一个日志分发线程每次从日志源读取一批日志，拆分为单独的日志回放任务交给不同的日志回放线程处理。一批日志回放完成时，日志提交线程会将对应的事务提交到内存表并将日志内容持久化到日志文件。

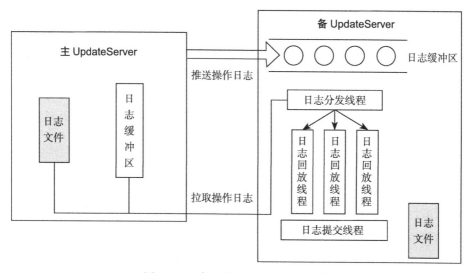

图 10-12　备机多线程并发日志回放

```
Class ObLogReplayWorker
{
public:
```

```
    // 提交一批待回放的操作日志
    // @param [out] task_id 最后一条操作日志的编号
    // @param [in] buf 日志缓冲区
    // @param [in] len 日志缓冲区的大小
    // @param [in] replay_type 日志回放类型，包括 RT_LOCAL（回放本地日志）和 RT_APPLY（回
放通过网络接收到的日志）
    int submit_batch(int64_t& task_id, const char* buf, int64_t len, const
ReplayType replay_type);

public:
    // 回放一条操作日志
    int handle_apply(ObLogTask* task);
};
```

在 9.3.3 节中提到，备 UpdateServer 有专门的日志回放线程不断地调用 ObUpsLog-Mgr 中的 replay_log 函数获取并回放操作日志。UpdateServer 支持多线程并发写事务后，replay_log 函数实现成调用 ObLogReplayWorker 中的 submit_batch，将一批待回放的操作日志加入到回放任务队列中。多个日志回放线程会取出回放任务并不断地调用 handle_apply 回放操作日志，即首先将操作日志预提交到 MemTable 中，接着加入到提交任务队列。另外，还有一个单独的提交线程会从提交任务队列中一次取出一批任务，提交到 MemTable 并持久化到日志文件中。

10.4 OLAP 业务支持

OLAP 业务的特点是 SQL 每次执行涉及的数据量很大，需要一次性分析几百万行甚至几千万行的数据。另外，SQL 执行时往往只读取每行的部分列而不是整行数据。

为了支持 OLAP 计算，OceanBase 实现了两个主要功能：并发查询以及列式存储。并行查询功能允许将 SQL 请求拆分为多个子请求同时发送给多台机器并发执行，列式存储能够提高压缩率，大大降低 SQL 执行时读取的数据量。本节首先介绍并发查询功能，接着介绍 OceanBase 的列式存储引擎。

10.4.1 并发查询

如图 10-13 所示，MergeServer 将大请求拆分为多个子请求，同时发往每个子请求所在的 ChunkServer 并发执行，每个 ChunkServer 执行子请求并将部分结果返回给 MergeServer。MergeServer 合并 ChunkServer 返回的部分结果并将最终结果返回给客户端。

MergeServer 并发查询执行步骤如下：

1）MergeServer 解析 SQL 语句，根据本地缓存的子表位置信息获取需要请求的 ChunkServer。

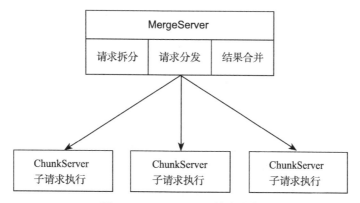

图 10-13 OceanBase 并发查询

2）如果请求只涉及一个子表，将请求发送给该子表所在的 ChunkServer 执行；如果请求涉及多个子表，将请求按照子表拆分为多个子请求，每个子请求对应一个子表，并发送给该子表所在的 ChunkServer 并发执行。MergeServer 等待每个子请求的返回结果。

3）ChunkServer 执行子请求，计算子请求的部分结果。SQL 执行遵从 10.2.4 节提到的本地化原则，即能让 ChunkServer 执行的尽量让 ChunkServer 执行，包括 Filter、Project、子请求部分结果的 GroupBy、OrderBy、聚合运算等。

4）每个子请求执行完成后，ChunkServer 将执行结果回复 MergeServer，MergeServer 首先将每个子请求的执行结果保存起来。如果某个子请求执行失败，MergeServer 会将该子请求发往子表其他副本所在的 ChunkServer 执行。

5）等到所有的子请求执行完成后，MergeServer 会对全部数据排序、分组、聚合并将最终结果返回给客户。OceanBase 还支持批量读取（multiget）操作一次性读取多行数据，且读取的数据可能在不同的 ChunkServer 上。对于这样的操作，MergeServer 会按照 ChunkServer 拆分子请求，每个子请求对应一个 ChunkServer。假设客户端请求 5 行数据，其中第 1、3、5 行在 ChunkServer A 上，第 2、4 行在 ChunkServer B 上。那么，该请求将被拆分为（1、3、5）和（2、4）两个子请求，分别发往 ChunkServer A 和 B。

```
Class ObMsSqlRequest
{
public:
    // 唤醒正在等待的工作线程
    int signal(ObMsSqlRpcEvent& event);
    // 等待某个子请求返回
    int wait_single_event(int64_t& timeout);
    // 处理某个子请求的返回结果
    virtual int process_result(const int64_t timeout, ObMsSqlRpcEvent* event,
bool& finish) = 0;
};
```

ObMsSqlRequest 类用于实现并发查询，相应地，ObMsSqlScanRequest 以及 ObMs-SqlGetRequest 类分别用于实现并发扫描和并发批量读取。MergeServer 将大请求拆分为多个子请求，每个子请求对应一个子请求事件（ObMsSqlRpcEvent）。工作线程将子请求发给相应的 ChunkServer 后开始等待（调用 wait_single_event 方法），ChunkServer 执行完子请求后应答 MergeServer。MergeServer 收到应答包后回调 signal 函数，唤醒工作线程，工作线程接着调用 process_result 进行处理。ObMsSqlScanRequest 和 ObMsSql-GetRequest 实现了 process_result 接口，将每个子请求返回的部分结果保存到结果合并器 merge_operator_ 中。如果所有的子请求全部执行完成，process_result 函数返回的 finish 变量将置为 true，这时，merge_operator_ 中便保存了并发查询的最终结果。

细心的读者可能会发现，OceanBase 这种查询模式虽然解决了绝大部分大查询请求的延时问题，但是，如果查询的返回结果特别大，MergeServer 将成为性能瓶颈。因此，新版的 OceanBase 系统将对 OLAP 查询执行逻辑进行升级，使其能够支持数据量更大且更加复杂的 SQL 查询。

10.4.2　列式存储

列式存储主要的目的有两个：1）大部分 OLAP 查询只需要读取部分列而不是全部列数据，列式存储可以避免读取无用数据；2）将同一列的数据在物理上存放在一起，能够极大地提高数据压缩率。

列组（Column Group）

OceanBase 通过列组支持行列混合存储，每个列组存储多个经常一起访问的列。

如图 10-14 所示，OceanBase SSTable 首先按照列组存储，每个列组内部再按行存储。分为几种情况：

- ❏ 所有列属于同一个列组。数据在 SSTable 中按行存储，OLTP 应用往往配置为这种方式。
- ❏ 每列对应一个列组。数据在 SSTable 中按列存储，这种方式在实际应用中比较少见。
- ❏ 每个列组对应一行数据的部分列。数据在 SSTable 中按行列混合存储，OLAP 应用往往配置为这种方式。

OceanBase 还允许一个列属于多个列组，通过冗余存储这些列，能够提高访问性能。例如，某表格总共包含 5 列，用户经常一起访问（1，3，5）或者（1，2，3，4）列。如果将（1，3，5）和（1，2，3，4）存储到两个列组中，那么，大部分访问只需要读取一个列组，避免了多个列组的合并操作。

列式存储提高了数据压缩比，然而，实践过程中我们发现，由于 OceanBase 最初的几个版本内存操作实现得不够精细，例如数据结构设计不合理，数据在内存中膨胀很多倍，导致大查询的性能瓶颈集中在 CPU，列式存储的优势完全没有发挥出来。这就告诉我们，列式存储的前提是设计好内存数据结构，把 CPU 操作优化好，否则，后续的工作都是无用功。为了更好地支持 OLAP 应用，新版的 OceanBase 将重新设计列式存储引擎。

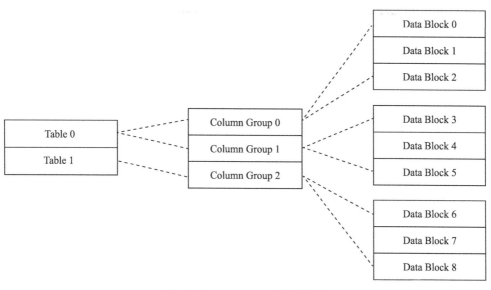

图 10-14　OceanBase 列组设计

10.5　特色功能

虽然 OceanBase 是一个通用的分布式关系数据库，然而，在阿里巴巴集团落地过程中，为了满足业务的需求，也实现了一些特色功能。这些功能在互联网应用中很常见，然而，传统的关系数据库往往实现得比较低效。本节介绍其中两个具有代表性的功能，分别为大表左连接以及数据过期与批量删除。

10.5.1　大表左连接

大表左连接需求来源于淘宝收藏夹业务。简单来讲，收藏夹业务包含两张表格：收藏表 collect_info 以及商品表 collect_item，其中，collect_info 表存储了用户的收藏信息，比如收藏时间、标签等，collect_item 存储了用户收藏的商品或者店铺的信息，包括价格、人气等。collect_info 的数据条目达到 100 亿条，collect_item 的数据条目接近 10 亿条，每个用户平均收藏了 50 ～ 100 个商品或者店铺。用户可以按照收藏时间浏览收藏项，也可以对收藏项按照价格、人气排序。

自然想到的做法是直接采用关系数据库多表连接操作实现，即根据 collect_info 中存储的商品编号（item_id），实时地从商品表读取商品的价格、人气等信息。然而，商品表数据量太大，需要分库分表后分布到多台数据库服务器，即使是同一个用户收藏的商品也会被打散到多台服务器。某些用户收藏了几千个商品或者店铺，如果需要从很多台服务器读取几千条数据，整体延时是不可接受的，系统的并发能力也将受限。

另外一种常见的做法是做冗余，即在 collect_info 表中冗余商品的价格、人气等信息，读取时就不需要读取 collect_item 表了。然而，热门商品可能被数十万个用户收藏，每次价格、人气发生变化时都需要修改数十万个用户的收藏条目。显然，这是不可接受的。

这个问题本质上是一个大表左连接（Left Join）的问题，连接列为 item_id，即右表（商品表）的主键。对于这个问题，OceanBase 的做法是在 collect_info 的基线数据中冗余 collect_item 信息，修改增量中将 collect_info 和 collect_item 两张表格分开存储。商品价格、人气变化信息只需要记录在 UpdateServer 的修改增量中，读取操作步骤如下：

1）从 ChunkServer 读取 collect_info 表格的基线数据（冗余了 collect_item 信息）。

2）从 UpdateServer 读取 collect_info 表格的修改增量，并融合到第 1）步的结果中。

3）从 UpdateServer 读取 collect_item 表格中每个收藏商品的修改增量，并融合到第 2）步的结果中。

4）对第 3）步生成的结果执行排序（按照人气、价格等），分页等操作并返回给客户端。

OceanBase 的实现方式得益于每天业务低峰期进行的每日合并操作。每日合并时，ChunkServer 会将 UpdateServer 上 collect_info 和 collect_item 表格中的修改增量融合到 collect_info 表格的基线数据中，生成新的基线数据。因此，collect_info 和 collect_item 的数据量不至于太大，从而能够存放到单台机器的内存中提供高效查询服务。

10.5.2 数据过期与批量删除

很多业务只需要存储一段时间，比如三个月或者半年的数据，更早之前的数据可以被丢弃或者转移到历史库从而节省存储成本。OceanBase 支持数据自动过期功能。

OceanBase 线上每个表格都包含创建时间（gmt_create）和修改时间（gmt_modified）列。使用者可以设置自动过期规则，比如只保留创建时间或修改时间不晚于某个时间点的数据行，读取操作会根据规则过滤这些失效的数据行，每日合并时这些数据行会被物理删除。

批量删除需求来源于 OLAP 业务。这些业务往往每天导入一批数据，由于业务逻辑复杂，上游系统很可能出错，导致某一天导入的数据出现问题，需要将这部分出错的数据删除掉。由于导入的数据量很大，一条一条删除其中的每行数据是不现实的。因此，OceanBase 实现了批量删除功能，具体做法和数据自动过期功能类似，使用者可以增加一个删除规则，比如删除创建时间在某个时间段的数据行，以后所有的读操作都会自动过滤这些出错的数据行，每日合并时这些出错的数据行会被物理删除。

第11章 质量保证、运维及实践

OceanBase 系统一直在不断演化，需要在代码不断变化的过程中保持系统的稳定性。因此，合理的质量保证体系关乎系统的成败。为了保证系统质量，OceanBase 做了大量工作，在 RD（指开发工程师）开发、QA（指测试工程师）测试、上线试运行各个阶段对系统质量把关。

系统的性能和稳定性得到保障后，还需要具备良好的可运维性。OceanBase 借鉴了 Oracle 数据库中的"系统表"机制，将表格 Schema、监控数据、系统内部状态等信息保存到内部系统表中，从而能够基于系统表构建监控界面、运维管理界面以及运维工具。

最后，系统只有通过上线使用才能证明自己并发现设计和实现上的不足。本章首先介绍 OceanBase 的质量保证体系和运维体系，接着以收藏夹、天猫评价和直通车报表为例介绍 OceanBase 系统的使用情况。最后，笔者总结了实践过程中的经验教训。

11.1 质量保证

互联网基础产品的质量保证不只是 QA 的事情，从 RD 设计、编码开始，系统提测，直至最后上线，每个环节都需要重视质量保证工作。OceanBase 的质量保证体系如图 11-1 所示。

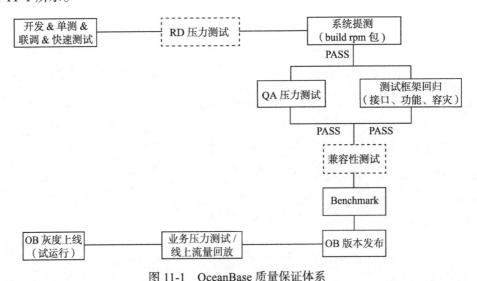

图 11-1　OceanBase 质量保证体系

一个新版本需要经过开发 => 单元测试 & 快速测试 => RD（开发工程师）压力测试 => 系统提测 => QA（测试工程师）接口、功能、容灾、压力测试 => 兼容性测试 => Benchmark 测试才能最终发布，其中，RD 压力测试和兼容性测试是可选的。发布的新版本还需要经过业务压力测试或者线上流量回放才能上线试运行，试运行一段时间后没有发现问题才能最终上线。

11.1.1　RD 开发

系统 Bug 暴露越早修复代价越低，开发工程师是产生 Bug 的源头，开发阶段主要通过编码规范、代码审核（Code Review）、单元测试保证代码质量。另外，系统提测前 RD 需要主动执行快速测试（quicktest），从而避免返工。

1.　编码规范

编码规范规定了函数、变量、类型的命名规则，保证统一的注释和排版风格。除此之外，为了避免 C/C++ 服务器端编程常见缺陷，OceanBase 编码规范还制定了一些规则，如下所示：

1）一个函数只能有一个入口和一个出口。不允许在函数中使用 goto 语句，也不允许函数中途 return 返回。

如图 11-2 所示，左边的代码中途调用了 return，在 OceanBase 编码规范中是不允许的，可以修改为右边的方式。这条规定有一定的争议，很多优秀的开源项目都允许函数中途 return。之所以这么规定，是为了确保函数执行过程中申请的资源被释放掉。对于分布式存储系统，代码稳定运行的重要性远远高于代码写得更漂亮。

```
alloc_memory();
if (x > 0)
{
    do_something1();
    free_memory();
    return true;
}
else
{
    do_something2();
    free_memory();
    return false;
}
```

```
boolean ret = true;
alloc_memory();
if (x > 0)
{
    do_something1();
    ret = true;
}
else
{
    do_something2();
    ret = false;
}
free_memory();
return ret;
```

图 11-2　单入口单出口

2）禁止在函数中抛异常，谨慎使用 STL、boost。C/C++ 编程的麻烦之处在于资源管理，尤其是内存管理。STL、boost 库接口容易使用，能够提高编码效率，但是内存管理混乱，不易调试，且大多数开发工程师不了解其内部实现，不适用于高性能服务器的开发。

3）资源管理做到可控。所有的内存申请操作都需要经过 OceanBase 全局内存管理器，不允许直接在代码中调用 new/malloc 申请内存。另外，系统初始化时启动所有线程，执行过程中不允许动态启动额外的线程。

4）每个可能失败的函数都必须返回错误码，0 表示成功，其他值表示出错。调用者需要仔细、全面地处理调用函数返回的每个错误码。

5）所有的指针使用前都必须判空，不允许使用 assert[⊖]语句替代错误检查。这条规定是为了保证程序执行过程中出现异常情况时能够打印错误日志而不是 core dump。

6）不允许使用 strcpy/strcat/strcpy/sprintf 等字符串操作函数，而改用对应的限制字符串长度函数：strncpy/strncat/strncpy/snprintf，从而防止字符串操作越界。

7）严格要求自己，编译时要开启 GCC 所有报警开关，例如：-Wall –Werror –Wextra –Wunused-parameter –Wformat –Wconversion –Wdeprecated。代码提交前需要确保解决所有的报警。

2. 代码审核

OceanBase 开发时要求所有代码提交前至少由一人审核，对于关键代码改动，例如，紧急修复线上 Bug，需要架构师和各个小组的技术负责人参与。

代码审核工作主要包含两个部分：编码风格审核，比如是否符合编码规范，接口设计是否合理，以及实现逻辑审核。其中，实现逻辑审核是难点，要求理解每个代码实现细节，并给出建设性意见。每个刚刚加入团队的新人都会分配一个师兄，师兄的其中一项职责就是审核新人的代码，与新人一起共同对代码质量负责。

OceanBase 采用开源的 ReviewBoard(http://www.reviewboard.org/) 作为代码审核系统，如图 11-3 所示。

3. 单元测试

OceanBase 采用 google test 以及 google mock 进行单元测试。单元测试的关键点在于系统接口设计时考虑可测性，并提高每个开发人员的单元测试意识。

OceanBase 单元测试已接入一淘网内部开发的 Toast 平台，每天晚上会自动回归所有的单元测试用例。Toast 平台说明文档见：http://testing.etao.com/book/export/html/285。

⊖ C 语言中的宏定义，如果传入条件不成立，程序直接 core dump 退出。

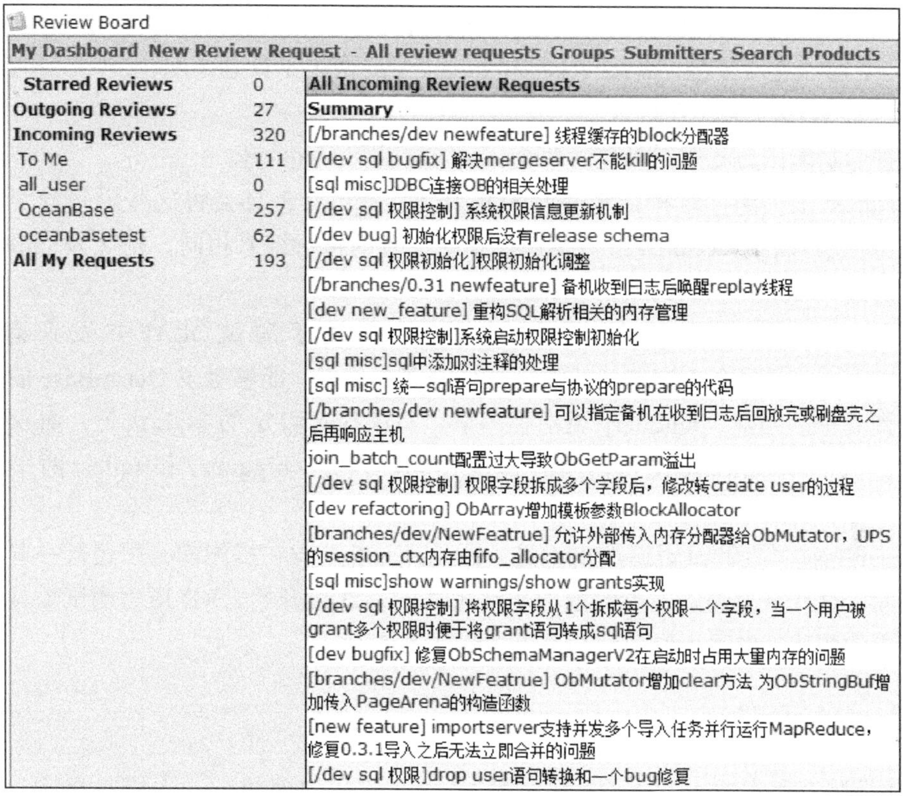

图 11-3　OceanBase ReviewBoard

4. 快速测试（quicktest）

快速测试选取所有测试用例的一个子集，这个子集中的每个用例执行都很快，从而做到快速回归。快速测试部署成定时任务，每天自动回归，RD 提交某个功能的代码之前也会主动运行快速测试，从而使得主干代码保持基本稳定。

5. RD 压力测试

（1）分布式存储引擎压力测试

分布式存储引擎压力测试工具包含两个：syschecker 以及 mixed_test。

在 syschecker 工具中，多个客户端并发读写一行或者多行数据，并对读取到的每行数据进行校验。对于每行数据，其中的每一列都对应一个辅助列，二者数据之和为 0。假设某列数据出错，syschecker 能够很快检测出来。

syschecker 写入速度很快，能够发现分布式存储引擎中的大部分问题，然而，syschecker 只校验单行数据，不校验多行数据之间的关系。因此，syschecker 无法发现某行数据全部丢失的情况。mixed_test 正是用来解决这个问题的，它不仅对每行数据进行校验，还校验多行数据之间的关系，能够检测出某行数据全部丢失的情况。当然，mixed_test 写入速度较慢，syschecker 和 mixed_test 两个工具总是配合使用，各有优势。

（2）数据库功能压力测试

数据库功能压力测试工具包含两个：sqltest 以及 bigquery。

❑ sqltest 工具测试时将指定一些 SQL 语句，sqltest 工具会将这些语句分别发送给 MySQL 以及 OceanBase 数据库。如果二者的执行结果相同，则认为 sqltest 测试通过；否则，测试失败。

❑ bigquery 工具是 sqltest 工具的补充，专门用于测试 OLAP 并发查询功能。bigquery 中每个查询涉及的数据往往跨多个子表，能够触发 OceanBase 的并发查询功能。当然，bigquery 灵活性不够，只能执行特定的 SQL 语句，而 sqltest 能够执行 OceanBase 支持的所有 SQL 语句。因此，bigquery 和 sqltest 两个工具也是配合使用，各有优势。

OceanBase 早期测试资源严重不足，因此，要求开发在提测前必须运行一遍压力测试。然而，这些压力测试工具的维护非常耗时。2013 年开始，RD 压力测试工具逐步废弃，其中的测试用例逐步融合到 QA 压力测试工具中。

11.1.2 QA 测试

RD 提测新版本后，进入 QA 测试阶段。QA 首先快速执行一次快速测试，如果快速测试失败，则通知 RD 修复问题后重新提测。否则，进入后续的接口、功能、容灾、压力测试。如果系统设计变化较大，还需要执行专门的兼容性测试。需要注意的是，OceanBase 开发模式逐步走向敏捷化，QA 往往在正式提测前就已经完成了一部分测试用例的执行。

1. 接口、功能、容灾测试

（1）接口测试

使用者通过 JDBC / MySQL C 客户端库访问 OceanBase。由于 OceanBase 访问协议兼容 MySQL 协议，因此，直接将 MySQL 数据库的官方测试工具和部分官方测试用例移植过来测试 OceanBase。

（2）功能、容灾测试

OceanBase 包含很多功能，例如每日合并、负载均衡、新机器上线、主备同步、主 UpdateServer 选举等。功能测试会构造场景触发这些功能，并引入各种异常，如阻塞网络、杀死服务器进程、模拟磁盘故障等来验证系统的容灾能力。

OceanBase 的接口、功能、容灾用例都实现了自动化和文本化。自动化的好处在于无须人工介入，文本化的好处在于方便添加和维护测试用例，从而适应系统快速开发的需要。下面是 UpdateServer 其中一个主备切换测试用例：

```
# 部署一个 OceanBase 集群
deploy ob1=OBI(cluster=1211);
deploy ob1.reboot;
sleep 10;

# 连接到其中一台 MergeServer (ms0)
deploy ob1.connect conn1 ms0 admin admin test;
connection conn1;
# 执行DDL（建表）以及DML语句（insert/update/delete）
create table t1(pk int primary key, c1 varchar);
insert into t1 values(2,'2_abc'), (3,'3_abc'), (4,'4_abc'), (5,'5_abc');
update t1 set c1='5_UPDATE' where pk=5;
delete from t1 where pk=2;
# 读取表格内容
select * from t1;
# 获取原有的主 UpdateServer 的地址并记录为 $a
let $a=deploy_get_value(ob1.get_master_ups);
# 关闭主 UpdateServer 并等待30秒
deploy ob1.stop_master_ups;
sleep 30;
# 获取新的主 UpdateServer 的地址记录为 $b
let $b=deploy_get_value(ob1.get_master_ups);
# 读取表格内容
select * from t1;
# 比较 $a 和 $b, 看二者是否不同
if ( $a != $b )
{
    --echo success
}
deploy ob1.stop;
```

执行步骤如下：

1）部署一个 OceanBase 集群，集群名称为 ob1。

2）连接到其中一台 MergeServer（ms0）。

3）执行 DDL（建表）以及 DML 语句（insert/update/delete）。create_table 语句创建了一个包含两列的表格 t1，其中，pk 列为主键。DML 语句对表格 t1 执行增、删、改操作。

4）读取表格 t1 中的内容；获取原有的主 UpdateServer 的地址并记录为 $a。

5）关闭主 UpdateServer 并等待 30 秒。正常情况下，OceanBase 将自动发生主备切换，主 UpdateServer 的地址会发生变化，且仍然能够正常读取表格 t1 中的内容。

6）再次读取表格 t1 中的内容；获取新的主 UpdateServer 的地址并记录为 $b。

7）比较主备切换前后的主 UpdateServer 地址，看二者是否不同。

每个测试用例对应一个预期结果文件，OceanBase 的测试框架将执行该测试用例并

生成一个运行结果文件。如果运行结果文件和预期结果文件完全相同，则测试用例通过；否则，测试用例不通过，测试框架将输出预期结果文件和运行结果文件的差异。

2. 压力测试

分布式存储系统中很多问题只有在高并发或者大数据量的情况下才会出现。OceanBase 压力测试的原理是持续不断地写入数据，并在这个过程使用大量客户端读取并验证数据。假设线上的数据量为 2TB，查询次数为每秒 10000 次，那么，只要测试环境的数据量为 4 ～ 10TB（线上数据量的 2 ～ 5 倍），测试环境的读压力为每秒 20000 ～ 50000 次（线上读压力的 2 ～ 5 倍），那么，基本可以认为系统是稳定的。

QA 压力测试工具融合了 11.1.1 节中提到的 RD 压力测试工具的测试用例，且支持自动持续回归和测试用例文本化，从而降低维护成本。另外，QA 压力测试工具还支持容灾操作，例如杀死某个服务器进程，发起主备切换，等等。

3. Benchmark 测试

Benchmark 测试是具有代表性的 SQL 语句，例如读写一行数据，读写一批数据但不排序，读写一批数据且排序，计算 count/sum/distinct，等值连接，等等。测试团队定期发布 Benchmark 测试报告，如果发现系统性能相比前一次有明显提升或者下降，需要开发团队说明其中的原因。另外，每个版本正式发布时需要提供一份 Benchmark 测试报告。

4. 兼容性测试

OceanBase 开发过程中保证兼容应用以前使用的接口，如果系统做了较大的设计重构，需要执行兼容性测试确保使用过的接口不会出现问题。

另外，OceanBase 支持主备两个集群，系统升级时往往先升级备集群，如果没有发现问题，才会升级主集群。升级过程中两个集群会部署不同版本的程序，兼容性测试需要确保这种部署方式能够正常工作，且新版本出现问题时，需要能够回滚到老版本。

11.1.3 试运行

互联网产品开发的理念是"小步快跑，快速试错"，QA 测试阶段不可能发现所有的 Bug，很多问题需要等到系统上线试运行阶段才能发现。试运行部分有如下几步。

1. 业务压力测试

业务第一次上线时，无法执行线上流量回放测试，此时，应用方往往会和 OceanBase 团队一起对业务进行一次压力测试。OceanBase 测试人员首先将应用初始数据导入到一个模拟环境，应用方会选取几个经常使用的业务场景，对 OceanBase 系统进行压力测试。

2. 线上流量回放

系统试运行之前，往往需要构造环境模拟线上请求。OceanBase 测试人员会将线上环境的数据导入到一个模拟环境，并在模拟环境回放线上的读写请求。线上流量回放工具支持回放任意倍数的线上请求，从而发现各种问题，包括接口使用、性能、负载均衡等方面的问题。线上流量回放是 OceanBase 上线试运行的最后一道防线。

3. 灰度上线

系统通过了所有的测试环节便可以上线试运行了，这个过程又称为灰度上线。

如果应用从别的数据库迁移到 OceanBase，那么，灰度上线阶段会同时写两份数据，一份写到之前的系统，一份写到 OceanBase，这个阶段应用方还会对两个系统的数据进行数据比对。如果没有问题，则将读流量逐步切入到 OceanBase。

如果应用从 OceanBase 老版本升级到新版本，那么，灰度上线阶段会首先升级备集群到新版本，并将读流量逐步切入。如果没有发现问题，则将备集群切换为主集群，由新版本提供读写服务，最后再升级原先的主集群到新版本。备集群切换为主集群的风险较高，如果发现问题，需要立即切换回老版本。整个升级过程需要通过之前提到的兼容性测试模拟。

11.2　使用与运维

OceanBase 不是设计出来的，而是在使用过程中不断进化出来的。因此，系统使用以及运维的方便性至关重要。

OceanBase 的使用者是业务系统开发人员，并交由专门的 OceanBase DBA 来运维。为了方便业务使用，OceanBase 实现了 SQL 接口且兼容 MySQL 协议，从而融入到 MySQL 开源生态圈。MySQL 大部分管理工具，例如 MySQL 客户端，MySQL admin，能够在 OceanBase 系统中直接使用。另外，OceanBase 将系统运维、监控相关的内部信息存放到内部的系统表中，从而方便运维、监控系统获取。

11.2.1　使用

OceanBase 早期版本只允许通过 Java 或者 C API 接口访问，新版本增加了 SQL 支持，且兼容 MySQL 客户端访问协议。OceanBase 推荐用户使用 SQL，但老应用仍然可以使用以前的 Java API 访问 OceanBase。下面介绍几个访问与使用场景。

1. MySQL 客户端连接

如图 11-4 所示，使用者采用 MySQL 客户端连接 OceanBase。通过 MySQL 客户端可以查看系统已有的表格、表格 schema，执行 select、update、insert、delete 等 SQL 语句，查看系统内部状态，以及发送 OceanBase 集群运维命令。图中首先通过 create table 命令创建一张名称为 test 的表格，表格包含两列：id 和 name，其中 id 为主键。接着，往表格中写入两行记录（1，"alice"），（2，"bob"）。最后，通过 select 语句读取这两行数据。

```
Welcome to the MySQL monitor.  Commands end with ; or \g.
Your MySQL connection id is 0
Server version: 5.5.1 OceanBase 0.4.1.2 (r12220) (Built Feb 26 2013 15:02:19)

Type 'help;' or '\h' for help. Type '\c' to clear the current input statement.

mysql> drop table test;
Query OK, 0 rows affected (0.28 sec)

mysql> create table test(id int primary key, name varchar(64));
Query OK, 1 row affected (0.43 sec)

mysql> select * from test;
Empty set (0.00 sec)

mysql> insert into test values(1, "alice");
Query OK, 1 row affected (0.02 sec)

mysql> insert into test values(2, "bob");
Query OK, 1 row affected (0.02 sec)

mysql> select * from test;
+------+-------+
| id   | name  |
+------+-------+
|    1 | alice |
|    2 | bob   |
+------+-------+
2 rows in set (0.01 sec)
```

图 11-4　采用 MySQL 客户端连接 OceanBase

2. JDBC 访问（JDBC template）

Java 应用通过标准 JDBC 访问 OceanBase，代码如下所示：

```
ObGroupDataSource groupSource = new OBGroupDataSource();
groupSource.setUserName("user"); // 设置用户名
groupSource.setPasswd("pass"); // 设置密码
groupSource.setDbName("test"); // OceanBase 不支持 db，这里可以填任意值
groupSouorce.setConfigURL(ob_addr_url); // 设置 OceanBase 集群的地址
groupSource.init();              // 初始化 data source
JdbcTemplate jtp = new JdbcTemplate();
jtp.setDataSource(groupSource);  // 设置 jdbc template 依赖的 data source
String sql = "select 1 from dual";
int ret = jtp.queryForInt(sql);  // 执行 SQL 查询
```

3. Spring 集成

可以通过将 OceanBase DataSource 集成到 Spring 中，配置如下：

```
<bean id = "groupDataSource"
        class = "com.alipay.oceanbase.ObGroupDataSource"
        init-method = "init">
    <property name="username" value="user" />
    <property name="passwd" value="pass" />
    <property name="dbName" value="test" />
    <property name="configURL" value=ob_addr_url />
</bean>
```

4. C 客户端

C 应用通过 OceanBase C 客户端访问 OceanBase，使用方式与 MySQL C 客户端完全一致，代码如下：

```
MYSQL mysql;
mysql_init(&mysql); // 初始化
mysql_real_connect(&mysql, ob_url, ob_user, ob_pass, NULL, 0, NULL, 0);
                                                // 连接 OceanBase 数据库
mysql_real_query(&mysql, sql, strlen(sql));     // 执行 SQL 查询
MYSQL_RES* res = mysql_store_result(&mysql);    // 获取 SQL 查询结果集
// 处理 SQL 查询返回的结果集
while (MYSQL_ROW row = mysql_fetch_row(res))    // 从结果集读取一行数据
{
    // 处理结果集中的一行结果
}
mysql_free_result(res);    // 释放结果集
mysql_close(&mysql);       // 关闭连接
```

当然，应用可能会在客户端维护 OceanBase 连接池，Java 应用还可能会使用其他持久层框架，例如 iBatis。由于 OceanBase 兼容 JDBC 和 MySQL C 客户端，使用 MySQL 的应用无须修改代码就能接入 OceanBase。

11.2.2　运维

OceanBase 内部实现了系统表机制，用于存储监控以及运维相关的信息。内部系统表包含的内容如下：

❑ 数据字典：表格的定义以及表格之间的关系、用户以及权限信息；

❑ 服务器列表：集群中每种角色所在的服务器列表；

❑ 配置信息：集群中每台服务器的配置信息；

❑ 内部状态：每台服务器的读写次数、读写延时、缓存命中率、子表个数、内存、磁盘、CPU 使用情况、请求关键路径时间消耗，每日合并状态等；

基于内部系统表，可以开发各种方便的 OceanBase 运维功能，如 OceanBase 数据

库会话（Session）管理，读写性能实时监控工具、监控平台等。

　　图 11-5 是 OceanBase 某线上应用平均读取延时的监控图，包括单行读取平均延时（average_succ_get_time）以及多行扫描平均延时（average_succ_scan_time）两个指标，且单位均为微秒。监控图包含三种数据：当前数据（currval），昨天数据（lastval）以及上周数据（baseval），便于对比。由于监控、运维工具变化较快，这里不做太多介绍。

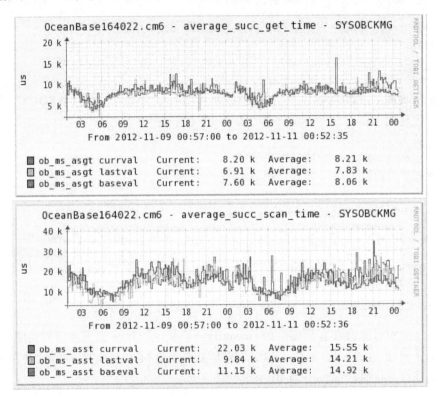

图 11-5　OceanBase 某线上应用读取延时

11.3　应用

　　OceanBase 上线两年左右的时间已经接入了 30 多个业务，线上服务器数量超过 300 台。虽然 OceanBase 同时支持 OLTP 以及 OLAP 应用，但是 OceanBase 具有一定的适用场景。如果应用总数据量小于 200TB，每天更新的数据量小于 1TB，且读写压力较大，单台关系数据库无法支撑，那么，适合采用 OceanBase。对于这种应用，OceanBase 具有如下优势：

　　❑ 无须分库分表。OceanBase 系统内部自动按照数据范围划分子表，支持子表合并、分裂、复制、迁移，无须应用考虑分库分表以及扩容问题。

❑ 易于使用。OceanBase 的使用方式和关系数据库基本一致，且保证强一致性，从而简化应用。

❑ 更低的成本。OceanBase 采用 C++ 语言实现，并针对多核、SSD、大内存等现代服务器硬件特点做了专门的优化，能够最大程度地发挥单台服务器的性能。

如果应用需要使用 OceanBase 专有的功能，例如 10.4 和 10.5 节提到的并发查询、大表左连接、数据过期，那么，OceanBase 的优势会更加明显。

当然，OceanBase 并不是万能的。例如，OceanBase 不适合存储图片、视频等非结构化数据，也不适合存储业务原始日志。这些信息更适合存储在专门的分布式文件系统，比如 Taobao File System、HDFS 中。

本节选取收藏夹、天猫评价、直通车报表这几个典型业务说明 OceanBase 的使用情况。

11.3.1　收藏夹

图 11-6 展示了淘宝某用户的收藏夹。

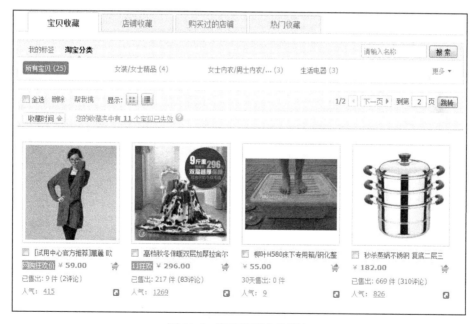

图 11-6　淘宝某用户收藏夹

收藏夹属于典型的 OLTP 业务，主要功能如下：

❑ 收藏列表功能（范围查询）：按照某种过滤条件，例如标题、标签等查询某个用户的所有收藏；可能需要按照某种特定条件排序，例如商品价格、收藏时间等；
支持对结果的分页；支持在结果集上执行聚合操作，例如 Count 计数。

☐ 修改操作：将商品或者店铺添加到收藏夹，删除收藏，对收藏条目打标签。

10.5.1 节中提到的大表左连接功能是收藏夹的难点，OceanBase 高效地实现了这个
需求。截至 2012 年 11 月 11 日，收藏夹集群规模接近 60 台服务器，单表数据量超过
100 亿条，整体数据量超过 200 亿条。2012 年 11 月 11 日当天读取次数超过 15 亿，且
大部分查询为范围查询，读取总条目数超过 900 亿条，读取平均延时在 10 ～ 20 毫秒。

11.3.2 天猫评价

图 11-7 展示了天猫某商品在线评价。

图 11-7 天猫某商品评价

天猫评价也属于典型的 OLTP 应用，主要功能如下：

☐ 评价展示（范围查询）：按照某种过滤条件，例如标签，查询某个商品的所有评
价；可能需要按照某种特定条件排序，例如时间、信用；支持对结果的分页；支
持在结果集上执行聚合操作，例如 Count 计数。

☐ 修改操作：新增一条评价，修改评价，例如将好评修改为差评。

天猫评价的难点在于部分商品评价数很多，达到数十万条，极少数商品的评价数甚至超过一百万条，采用传统数据库方案很容易出现超时的情况。OceanBase 的优势主要体现在两个方面：

- 相比传统数据库，OceanBase 的数据在物理上连续存放，因此，顺序扫描性能更好，适合大查询使用场景。
- 如果一个商品的评价数过多，OceanBase 系统内部会自动将该商品的数据拆分成多个子表，从而发挥 OceanBase 的并发查询优势。

天猫评价总体数据量超过 7 亿条，大部分查询能够在 20 毫秒之内返回，大查询的延时约为 200ms，满足了应用的需求。当然，大查询延时还有较大的优化空间。

11.3.3 直通车报表

直通车报表是典型的 OLAP 报表需求如图 11-8 所示，包含如下几个方面：

- 数据定期导入：每天凌晨将 Hadoop 分析结果导入 OceanBase。
- 报表查询 ：按照用户、推广计划、宝贝、关键词等多种维度分组，统计展现量、财务花费等数据，响应前端的实时查询需求。

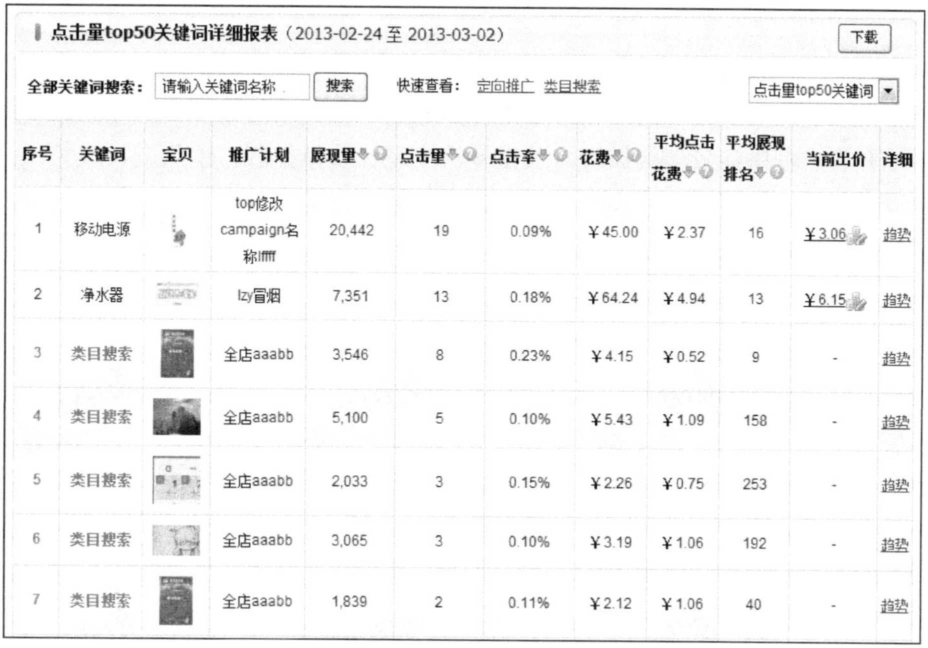

序号	关键词	宝贝	推广计划	展现量	点击量	点击率	花费	平均点击花费	平均展现排名	当前出价	详细
1	移动电源		top修改campaign名称lffff	20,442	19	0.09%	¥45.00	¥2.37	16	¥3.06	趋势
2	净水器		lzy冒烟	7,351	13	0.18%	¥64.24	¥4.94	13	¥6.15	趋势
3	类目搜索		全店aaabb	3,546	8	0.23%	¥4.15	¥0.52	9	-	趋势
4	类目搜索		全店aaabb	5,100	5	0.10%	¥5.43	¥1.09	158	-	趋势
5	类目搜索		全店aaabb	2,033	3	0.15%	¥2.26	¥0.75	253	-	趋势
6	类目搜索		全店aaabb	3,065	3	0.10%	¥3.19	¥1.06	192	-	趋势
7	类目搜索		全店aaabb	1,839	2	0.11%	¥2.12	¥1.06	40	-	趋势

图 11-8 直通车报表查询页面

每天导入 OceanBase 的数据中，每个关键词会有一条数据，包含了这个关键词当天的展现量、点击量、财务花费等统计数值。用户允许查看最近三天、最近一周、最近一个月或者其他任意时间范围的统计数据，统计值包含这个时间范围内展现量总和、财务花费总和等，还包括一些计算值，例如点击率（Click Through Rate，CTR）、每次点击花费（Cost Per Click，CPC）等值，按照用户、推广计划、宝贝、关键词等维度分组，并且可以按照任意列对这些分组的统计数据进行排序，排序后分页展示。

直通车报表的难点在于多维度组合查询，每次查询最多需要分析上千万条记录，且要求响应时间在秒级。由于多个维度可以任意组合，传统数据库二级索引的方式不再适用。OceanBase 支持并行计算，自动将大请求拆分为多个小请求同时发给多台 ChunkServer 并发执行，从而将延时降低一到两个数量级。另外，由于直通车报表大部分字段为整数类型，OceanBase 内部会自动将整数编码以后压缩存储，从而节省存储资源。

基于容灾考虑，直通车报表部署了主备两个集群，每个集群 12 台服务器，整体数据量超过 1500 亿条。每天导入数据量大约为 100GB，导入时间在 1 到 2 个小时。线上平均查询延时小于 100 毫秒，涉及千万条以内记录的大查询延时在 3 秒以内。

11.4 最佳实践

分布式存储系统从整体架构的角度看大同小异，实现起来却困难重重。自主研发的分布式存储系统往往需要两到三年才能逐步成熟起来，其中的难点在于如何把系统做稳定。系统开发过程中涉及架构设计、关键算法实现、质量控制、团队成员成长、线上运维、应用合作等，任何一个环节出现问题都可能导致整个项目失败。

本节首先介绍通用分布式存储系统发展路径，接着分享个人在人员成长、架构设计、系统实现、线上运维的一些经验，最后给出实践过程中发现的工程现象以及经验法则。

11.4.1 系统发展路径

通用分布式存储系统不是设计出来的，而是随着应用需求不断发展起来的。它来源于具体业务，又具有一定的通用性，能够解决一大类问题。通用分布式存储平台的优势在于规模效应，等到平台的规模超过某个平衡点时，成本优势将会显现。

通用分布式存储平台主要有两种成长模式：

1）公司高层制定战略大力发展通用平台。这种模式前期发展会比较顺利，但是往往会因为离业务太远而在中期暴露大量平台本身的问题。

2）来源于具体业务并将业务需求通用化。这种模式会面临更大的技术挑战，但是团队成员反而能够在这个过程中得到更多的锻炼。

第 2 种发展模式相对更加曲折，大致需要经历如下几个阶段。

1）起步：解决特定问题

在起步阶段，需要解决业务提出的特殊需求，这些特殊需求是以前的系统无法解决或者解决得不太好的。例如，OceanBase 系统起步时需要解决淘宝收藏夹业务提出的两张大表左连接问题。起步期的挑战主要在于技术挑战，团队成员能够在这个阶段获得较大的技术成长。

2）求生存：应用为王

为了证明平台的通用性，需要接入大量的业务。如果没有公司战略支持，这个阶段将面临"鸡生蛋还是蛋生鸡"的问题，没有业务就无法完善平台，平台不完善就无法吸引更多业务接入。在这个阶段，优先级最高的事情是接入合适的应用并把应用服务好，形成良好的口碑。求生存阶段还将面临一个来自团队内部的挑战，团队成员缺乏起步期的新鲜感，部分成员工作热情会有所降低。这个阶段需要明确团队的愿景，耐住寂寞，重视每个细节。

3）平台化：提升易用性、可运维性

当应用数量积累到一定程度后，就需要花大力气提升易用性和可运维性了。易用性的关键在于采用标准的使用接口，兼容应用以前的使用方式，从而降低学习成本和应用改造成本；提升可运维性要求将系统内部更多状态暴露给运维人员并开发方便的部署、监控、运维工具。

4）成熟期：持续不断地优化

分布式存储系统步入成熟期后，应用推广将会比较顺利。开发团队在这个阶段做的事情主要是持续不断地优化系统，并根据应用的需求补充一些功能支持。随着平台规模不断增长以及优化工作不断深入，平台的规模效应将显现，平台取得成功。

通用存储平台发展过程中困难重重，要求团队成员有强烈的信念和长远的理想，能够耐得住寂寞。另外，系统发展过程中需要保持对技术细节的关注，每个实现细节问题都可能导致用户抱怨，甚至引起线上故障。

从公司的角度看，是否发展通用分布式存储平台取决于公司的规模。对于小型互联网公司（员工数小于 100 人），那么，应该更多地选择广泛使用的存储技术，例如 MySQL 开源关系数据库；对于中型互联网公司（员工数在 100 到 1000 人之间），那么，可以组合使用各种 SQL 或 NoSQL 存储技术，改进开源产品或者基于开源产品做二次开发，例如基于 MySQL 数据库做二次开发，实现 7.1 节中的 MySQL Sharding 架构；对于大型互联网公司（员工数超过 1000 人），那么，往往需要自主研发核心存储技术，包括分布式架构、存储引擎等。通用分布式存储系统研发周期很长，系统架构需要经过多次迭代，团队成员也需要通过研发过程来获得成长，因此，这种事情要么不做，要做就务必坚持到底。

11.4.2　人员成长

1．师兄带师弟

分布式存储系统新人培养周期较长，新人的成长一方面需要靠自己的努力，另一方面更需要有经验的师兄悉心的指导。

OceanBase 团队新人加入时，会给每人分配一个具有三年以上大规模分布式存储实践经验的师兄。师兄的主要职责包括：

1）对于新加入的师弟（无论应届生与否），提供各种技术文档，并解惑文档中的问题；

2）与技术负责人协商安排师弟的工作；

3）与师弟沟通代码编写（包括功能实现、bug 修复等）的思路；

4）审核师弟的代码并对代码质量负责，确保代码符合部门编码规范；

5）保持代码修改与文档更新的同步并审核师弟文档的正确性及质量。

OceanBase 的各种技术文档包括：

1）技术框架文档：介绍 OceanBase 整体技术架构和各个模块的详细设计；

2）模块接口文档：各个模块之间的接口和一些约定；

3）数据结构文档：OceanBase 系统中的核心数据结构，例如 ChunkServer 模块的 SSTable、UpdateServer 模块的 MemTable、RootServer 模块的 RootTable；

4）编码规范。

可以看出，师兄主要的职责就是帮助师弟把关设计和编码的质量，帮助师弟打好基础。同时，师兄需要根据师弟的情况安排具有一定挑战性但又在师弟能力范围之内的工作，并解答师弟提出的各种问题。当然，成长靠自己，师弟需要主动利用业余时间学习分布式存储相关理论。

2．架构理论学习

基于互联网的开放性，我们能够很容易获取分布式存储架构相关资料，例如 Google File System、Bigtable、Spanner 论文、Hadoop 系统源代码等。然而，这些论文或者系统仅仅给出一种整体方案，并不会明确给出方案的实现细节以及背后经历的权衡。这就要求我们在架构学习的过程中主动挖掘整体架构背后的设计思想和关键实现细节。

阅读 GFS 论文时，可以尝试思考如下问题：

1）为什么存储三个副本？而不是两个或者四个？

2）Chunk 的大小为何选择 64MB？这个选择主要基于哪些考虑？

3）GFS 主要支持追加（append）、改写（overwrite）操作比较少。为什么这样设计？如何基于一个仅支持追加操作的文件系统构建分布式表格系统 Bigtable？

4）为什么要将数据流和控制流分开？如果不分开，如何实现追加流程？

5）GFS 有时会出现重复记录或者补零记录（padding），为什么？

6）租约（Lease）是什么？在 GFS 起什么作用？它与心跳（heartbeat）有何区别？

7）GFS 追加操作过程中如果备副本（Secondary）出现故障，如何处理？如果主副本（Primary）出现故障，如何处理？

8）GFS Master 需要存储哪些信息？Master 数据结构如何设计？

9）假设服务一千万个文件，每个文件 1GB，Master 中存储的元数据大概占用多少内存？

10）Master 如何实现高可用性？

11）负载的影响因素有哪些？如何计算一台机器的负载值？

12）Master 新建 chunk 时如何选择 ChunkServer？如果新机器上线，负载值特别低，如何避免其他 ChunkServer 同时往这台机器迁移 chunk？

13）如果某台 ChunkServer 报废，GFS 如何处理？

14）如果 ChunkServer 下线后过一会重新上线，GFS 如何处理？

15）如何实现分布式文件系统的快照操作？

16）ChunkServer 数据结构如何设计？

17）磁盘可能出现"位翻转"错误，ChunkServer 如何应对？

18）ChunkServer 重启后可能有一些过期的 chunk，Master 如何能够发现？

阅读 Bigtable 论文时，可以尝试思考如下问题：

1）GFS 可能出现重复记录或者补零记录（padding），Bigtable 如何处理这种情况使得对外提供强一致性模型？

2）为什么 Bigtable 设计成根表（RootTable）、元数据表（MetaTable）、用户表（UserTable）三级结构，而不是两级或者四级结构？

3）读取某一行用户数据，最多需要几次请求？分别是什么？

4）如何保证同一个子表不会被多台机器同时服务？

5）子表在内存中的数据结构如何设计？

6）如何设计 SSTable 的存储格式？

7）minor、merging、major 这三种 compaction 有什么区别？

8）TabletServer 的缓存如何实现？

9）如果 TabletServer 出现故障，需要将服务迁移到其他机器，这个过程需要排序操作日志。如何实现？

10）如何使得子表迁移过程停服务时间尽量短？

11）子表分裂的流程是怎样的？

12）子表合并的流程是怎样的？

总而言之，学习论文或者开源系统时，将自己想象为系统设计者，对每个设计要点提出质疑，直到找到合理的解释。

当然，更加有效的学习方式是加入类似 OceanBase 这样的开发团队，通过参与周围同事对每个细节问题的讨论，并应用到实际项目中，能够较快地理解分布式存储理论。

11.4.3 系统设计

1. 架构师职责

分布式存储系统架构师的工作不仅在于整体架构设计，还需要考虑清楚关键实现细节，做到即使只有自己一人也可以把系统做出来，只是需要花费更多的时间而已。

架构师的主要工作包括：

1）权衡架构，从多种设计方案中选择一种与当前团队能力最为匹配的方案。架构设计的难点在于权衡，架构师需要能够在理解业务和业界其他方案的前提下提出适合自己公司的架构。这样的架构既能很好地满足业务需求，复杂度也在开发团队的掌控范围之内。另外，制定系统技术发展路线图，提前做好规划。

2）模块划分、接口设计、代码规范制定。系统如何分层，模块如何划分以及每个模块的职责，模块的接口、客户端接口，这些问题都应该在设计阶段考虑清楚，而不是遗留到编码阶段。另外，确保整个团队的编码风格一致。

3）思考清楚关键实现细节并写入设计文档。架构师需要在设计阶段和团队成员讨论清楚关键数据结构、算法，并将这些内容文档化。如果架构师都不清楚关键实现细节，那么，团队成员往往更不清楚，最终的结果就是实现的系统带有不确定性。如果分布式存储系统存在多处缺陷，那么，系统集成测试或者试运行的时候一定会出现进程 Core Dump、数据不正确等问题。这些问题在分布式以及多线程环境下非常难以定位。如果引发这些错误的原因比较低级，团队成员将无法从解决错误的过程中收获成就感，团队士气下降，甚至形成恶性循环。

4）提前预知团队成员的问题并给予指导。划分模块以及安排工作时需要考虑团队成员的能力，给每个成员安排适当超出其当前能力的任务，并给予一定的指导，例如，帮助其完善设计方案，建议其参考业界的某个方案等。

总而言之，每个问题总会有多种技术方案，架构师要有能力在整体上从稳定性、性能及工程复杂度明确一种设计方案，而且思考清楚实现细节，切忌模棱两可。分布式存储系统的挑战不在于存储理论，而在于如何做出稳定运行且能够逐步进化的系统。

2．设计原则

大规模分布式存储系统有一些可以参考的设计准则：

1）**容错**。服务器可能宕机，网络交换机可能发生故障，服务器时钟可能出错，磁盘存储介质可能损坏等。设计分布式存储系统需要考虑这些因素，将他们看成系统运行过程中必然发生的"正常情况"。这些错误发生时，要求系统能够自动处理，而不是要求人工干预。

2）**自动化**。人总是会犯错的，加上互联网公司往往要求运维人员在凌晨执行系统升级等操作，因此，运维人员操作失误的概率远远高于机器故障的概率。很多设计方案是无法做到自动化的，例如 MySQL 数据库主备之间异步复制。如果主机出现故障，那么有两种选择：一种选择是强制切换到备机，可能丢失最后一部分更新事务；另外一种选择是停写服务。显然，这两种选择都无法让人接受，因此，只能在主机出现故障时报警，运维人员介入根据实际情况采取不同的措施。另一方面，如果主备之间实现强同步，那么，当主机出现故障时，只需要简单地将服务切换到备机即可，很容易实现自动化。当集群规模较小时，是否自动化没有太大的分别；然而，随着集群规模越来越大，自动化的优势也会变得越来越明显。

3）**保持兼容**。分布式存储面临的需求比较多样，系统最初设计，尤其是用户接口设计时需要考虑到后续升级问题。如果没有兼容性问题，用户很乐意升级到最新版本。这样，团队可以集中精力开发最新版本，而不是将精力分散到优化老版本性能或者修复老版本的 Bug 上。

11.4.4　系统实现

分布式存储系统实现的关键在于可控性，包括代码复杂度、服务器资源、代码质量等。开发基础系统时，一个优秀工程师发挥的作用会超过 10 个平庸的工程师，常见的团队组建方式是有经验的优秀工程师加上有潜质的工程师，这些有潜质的工程师往往是优秀的应届生，能够在开发过程中迅速成长起来。

1．重视服务器代码资源管理

内存，线程池，socket 连接等都是服务器资源，设计的时候就需要确定资源的分配和使用。比如，对于内存使用，设计的时候需要计算好服务器的服务能力，常驻内存及临时内存的大小，系统能够自动发现内存使用异常。一般来说，可以设计一个全局的内存池，管理内存分配和释放，并监控每个模块的内存使用情况。线程池一般在服务器程序启动时静态创建，运行过程中不允许动态创建线程。

2. 做好代码审核

代码中的一些 bug，比如多线程 bug，异常情况处理 bug，后期发现并修复的成本很高。我们经历过系统的数据规模达到 10TB 才会出现 bug 的情况，这样的 bug 需要系统持续运行接近 48 小时，并且我们分析了大量的调试日志才发现了问题所在。前期的代码审核很重要，我们没有必要担心代码审核带来的时间浪费，因为编码时间在整个项目周期中只占很少一部分。

代码审核的难点在于执行，花时间理解其他人的代码看起来没什么"技术含量"。OceanBase 团队采取的措施是"师兄责任制"。每个进入团队的同学会安排一个师兄，师兄最主要的工作就是审核师弟的代码和设计细节。另外，每个师兄只带一个师弟，要求把工作做细，避免形式主义。

3. 重视测试

分布式存储系统开发有一个经验：如果一个系统或者一个模块设计时没有想好怎么测试，说明设计方案还没有想清楚。比如开发一个基于 Paxos 协议的分布式锁服务，只有想好了怎么测试，才可以开始开发，否则所做的工作都将是无用功。系统服务的数据规模越大，开发人员调试和测试人员测试的时间就越长。项目进展到后期需要依靠测试人员推动，测试人员的素质直接决定项目成败。

另外，系统质量保证不只是测试人员的事情，开发人员也需要通过代码审核、单元测试、小规模代码集成测试等方式保证系统质量。

11.4.5 使用与运维

稳定性和性能并不是分布式存储系统的全部，一个好的系统还必须具备较好的可用性和可运维性。

1. 吃自己的狗粮

开发人员和运维人员往往属于不同的团队，这就会使得运维人员的需求总是被开发人员排成较低的优先级甚至忽略。一种比较有效的方式是让开发人员轮流运维自己开发的系统，定期总结运维过程中的问题，这样，运维相关的需求能够更快地得到解决。

2. 标准客户端

标准客户端的好处在于客户端版本升级不至于太过频繁。通用系统的上游应用往往会很多，推动应用升级到某个客户端版本是非常困难的。如果客户端频繁修改，最后的结果往往是不同的应用使用了不同的客户端版本，以至于服务器端程序需要考虑和很多不同版本客户端之间的兼容性问题。例如，OceanBase 的客户端初期采用专有 API 接口，两年之内线上客户端的版本数达到数十个之多。后来我们将客户端和服务端之间的协议升级为标准 MySQL 访问协议，客户端的底层采用标准的 MySQL 驱动程序，从而解决了客户端版本混乱的问题。

3. 线上版本管理

存储系统发展过程中会产生很多版本，有的版本之间变化较大，有的版本之间变化较小。如果线上维护太多不同版本，那么，每个 Bug 的修复代码都需要应用到多个版本，维护代价很高。推荐的方式是保证版本之间的兼容性，定期将线上的低版本升级到高版本。

4. 自动化运维

在系统设计时，就需要考虑到自动化运维，如主备之间采用强同步从而实现故障自动切换；又如，在系统内部实现自动下线一批机器的功能，确保下线过程中每个子表至少有一个副本在提供服务。另外，可以开发常用的运维工具，如一键部署、集群自动升级等。

11.4.6　工程现象

1. 错误必然出现

只要是理论上有问题的设计或实现，实际运行时一定会出现，不管概率有多低。如果没有出现问题，要么是稳定运行时间不够长，要么是压力不够大。系统开发过程中要有洁癖，不要放过任何一个可能的错误，或者心存侥幸心理。

2. 错误必然复现

实践表明，分布式系统测试中发现的错误等到数据规模增大以后必然会复现。分布式系统中出现的分布式或者多线程问题可能很难排查，但是，没关系，根据现象推测原因并补调试日志吧，加大数据规模，错误肯定会复现的。

3. 两倍数据规模

分布式存储系统压力测试过程中，每次数据量或者压力翻倍，都会暴露一些新的问题。这个原则当然是不完全准确的，不过可以用来指导我们的测试过程。例如，OceanBase 压测过程中往往会提一个目标：TB 级别数据量的稳定性。假设线上真实的数据量为 1TB，那么我们会在线上测试过程中构造 2TB ～ 5TB 的数据量，并且将测试过程分为几个阶段：百 GB 级别压力测试、TB 级别压力测试、5TB 数据量测试、真实数据线下模拟实验等。

4. 怪异现象的背后总有一个愚蠢的初级 bug

调试过程中有时候会发现一些特别怪异的错误，比如总线错误，core dump 的堆栈面目全非等，不用太担心，仔细审核代码，看看编译连接的库是否版本错误等，特别怪异的现象背后一般是很初级的 bug。

5. 线上问题第一次出现后，第二次将很快重现

线上问题第一次出现往往是应用引入了一些新的业务逻辑，这些业务逻辑加大了问题触发的概率。开发人员经常会认为线上的某个问题是小概率事件，例如多线程问题，加上修复难度大，从而产生懈怠心理。然而，正确的做法是永远把线上问题当成第一优先级，尽快找出错误根源并修复掉。

11.4.7 经验法则

1. 简单性原则

简单就是美。系统开发过程中，如果某个方案很复杂，一般是实践者没有想清楚。OceanBase 开发过程中，我们会要求开发人员用一两句话描述清楚设计方案，如果不能做到，说明还需要梳理其中的关键点。

2. 精力投入原则

开发资源总是有限的，不可能把所有的事情都做得很完美。以性能优化为例，我们需要把更多的时间花在优化在整体时间中占比例较大或者频繁调用的函数上。另外，在系统设计时，如果某个事件出现概率高，我们应该选择复杂但更加完美的方案；如果某个事件出现概率低，我们可以选择不完美但更加简单的方案。

3. 先稳定再优化

系统整体性能的关键在于架构，架构上的问题需要在设计阶段解决，实现细节的问题可以留到优化阶段。开发人员常犯的错误就是在系统还没有稳定的时候就做性能优化，最后引入额外的 Bug 导致系统很难稳定下来。实践表明：把一个高效但有 Bug 的系统做稳定的难度远远高于把一个稳定但效率不高的系统做高效。当然，前提是系统的整体架构没有重大问题。

4. 想清楚，再动手

无论是设计还是编码，都要求"想清楚，再动手"。对于数据结构或者算法类代码，如果有大致的思路但是无法确定细节，可以尝试写出伪代码，通过伪代码把细节梳理清楚。开发人员常犯的一个错误就是先写出一个半成品，然后再修复 Bug。然而，如果发现 Bug 太多或者整体思路出现问题，已经写完的代码将成为"食之无味，弃之可惜"的鸡肋，只能无奈返工。

第四篇
专　题　篇

本篇内容

第 12 章　云存储

第 13 章　大数据

第 12 章 云 存 储

Google、Amazon、Microsoft 等国外互联网巨头为我们描述了云计算的美妙场景：当云计算时代到来之时，不必在你的计算机上安装各种各样的软件，只需要访问"云"就可以了，互联网巨头将会像提供水电煤一样提供随时可用的计算能力。云存储是云计算的存储部分，并且可以作为一种服务提供给用户，任何经过授权的合法用户都可以通过网络访问云存储，享受云存储带来的便利。云存储是随着互联网和云计算逐步发展起来的，从大规模系统软件架构的角度看，云计算后端架构的难点集中在云存储。本章首先对云存储做一个初步的介绍，接着介绍 Amazon、Google 以及 Microsoft 的云平台整体架构。

12.1 云存储的概念

云存储是在云计算概念上衍生、发展出来的一个概念，它除了可以节省整体的硬件成本（包括电力成本）外，还具备良好的可扩展性、对用户的透明性、按需分配的灵活性和负载的均衡性等特点。近年来，虽然已经有很多公司推出了云存储产品，包括 Amazon S3、Microsoft 的 Azure、Google AppEngine 中使用的 Datastore，以及 Google Cloud Storage 等，但是到目前为止，云存储并没有一个明确的定义。本章给出一种定义，供读者参考。

云存储是通过网络将大量普通存储设备构成的存储资源池中的存储和数据服务以统一的接口按需提供给授权用户。

云存储属于云计算的底层支撑，它通过多种云存储技术的融合，将大量普通 PC 服务器构成的存储集群虚拟化为易扩展、弹性、透明、具有伸缩性的存储资源池，并将存储资源池按需分配给授权用户，授权用户即可以通过网络对存储资源池进行任意的访问和管理，并按使用付费。云存储将存储资源集中起来，并通过专门的软件进行自动管理，无须人为参与。用户可以动态使用存储资源，无须考虑数据分布，扩展性，自动容错等复杂的大规模存储系统技术细节，从而更加专注于自己的业务，有利于提高效率、降低成本和技术创新。云存储具有如下特点：

❑ **超大规模**。云存储具有相当的规模，单个系统存储的数据可以到达千亿级，甚至万亿级，如 2011 年 Q4 Amazon S3 存储的对象个数已经达到 7620 亿个。

❏ **高可扩展性**。云存储的规模可以动态伸缩，满足数据规模增长的需要。可扩展性包含两个维度：第一，系统本身可以很容易地动态增加服务器资源以应对数据增长；第二，系统运维可扩展，意味着随着系统规模的增加，不需要增加太多运维人员。

❏ **高可靠性和可用性**。通过多副本复制以及节点故障自动容错等技术，云存储提供了很高的可靠性和可用性。

❏ **安全**。云存储内部通过用户鉴权，访问权限控制，安全通信（如 HTTPS，TLS 协议）等方式保障安全性。

❏ **按需服务**。云存储是一个庞大的资源池，用户按需购买，像自来水，电和煤气那样计费。

❏ **透明服务**。云存储以统一的接口，比如 RESTful 接口的形式提供服务，后端存储节点的变化，比如增加节点，节点故障对用户是透明的。

❏ **自动容错**。云存储能够自动处理节点故障，从而实现运维可扩展，保证高可靠性和高可用性。

❏ **低成本**。低成本是云存储的重要目标。云存储的自动容错使得可以采用普通的 PC 服务器来构建；云存储的通用性使得资源利用率大幅提升；云存储的自动化管理使得运维成本大幅降低；云存储所在的数据中心可以建在电力资源丰富的地区，从而大幅降低能源成本。

综上所述，云存储是一种弹性、低成本、高利用率、透明的并能满足用户需求的服务，它采用友好的 Web 界面与用户进行交互，提供数据存储、数据保护、数据管理等功能，并使用用户身份认证机制来验证用户身份的真实性与唯一性。

云存储相关的概念还包括云存储系统、云存储技术、云存储服务等，图 12-1 说明它们之间的关系。

云存储系统由大量的廉价的存储设备（一般为普通 PC 服务器）组成，融合了分布式存储、多租户共享、数据安全、数据去重等多种云存储技术，为用户提供灵活的、方便的、按需分配的云存储服务。可以看出，云存储技术的核心在于分布式存储。

在大数据时代，个人用户成为数据的主要创造者，它们贡献了海量的用户行为数据、关系数据、无线互联网中的地理位置数据、交易数据、用户创造内容（User Generated Content，UGC）等。这些数据增长很快，传统的存储技术在成本、可扩展性等方面都无法满足海量数据的快速增长需要。云存储是传统存储技术在大数据时代自然演进的结果，相比传统存储，云存储具有如下优势。

（1）可扩展性

传统存储不具备自动扩展能力，数据量增加时，往往要求管理员手工执行大量的管理操作，比如重新划分数据，停机拷贝数据等才可以加入新的存储设备。

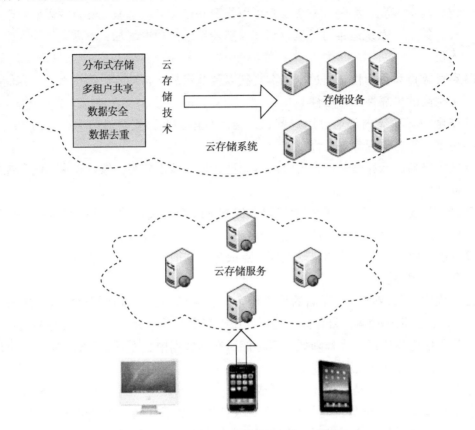

图 12-1　存储设备、云存储技术、云存储系统、云存储服务的关系图

云存储具有良好的扩展性，可以使用大量的普通存储设备，存储方式灵活多样，可以根据业务需求的变化、用户的增减和资金的承受能力，随时调整存储方式。云存储只需对虚拟化后的存储资源池进行统一的管理，即可实现按需使用、按需分配、按需维护。

（2）利用率

传统存储对资源的利用率非常低，对存储资源的分配通常是静态的，即参考用户的估计值对存储设备划分成分区或卷，以分区或卷为单位将存储资源分配给用户。由于用户估计值的偏差或者用户需求动态的增减，这样的分配方式会导致一部分存储资源可能长期处于闲置状态，而这些闲置的存储资源又无法提供给其他用户。

而云存储对资源的利用率非常高，因为云存储采用动态的方法分配存储资源。另外，云存储对资源的管理也十分的弹性，如果用户的某些资源处于闲置状态，云存储可以将这部分资源进行回收，动态地分配给需要更多资源的用户。

（3）成本

传统存储的投资成本和管理成本都十分昂贵。当使用传统存储时，有时很难提前预测业务的增长量，所以会提前采购设备，很容易造成设备的浪费，存储设备并不能得到完全使用，造成了投资浪费。另外，传统存储的管理员需要管理多种类型的存储设备，不同生产厂商生产的存储设备在管理方式及访问方式又不尽相同，因此管理员需要对各种产品都加以了解，增加了管理的难度及人员的开销。

而云存储可以有效降低投资成本和管理成本。云存储具有很好的可伸缩性、弹性和扩展性，可以灵活扩容、方便升级，设备管理和维护也非常容易。云存储可以根据用户的数量和存储的容量，按需扩容，规避了一次性投资所带来的风险，降低了投资成本；云存储通过存储虚拟化技术，将数量众多的廉价存储设备虚拟化，形成统一存储资源池，管理员可以对存储资源池进行统一的管理，最大幅度的降低管理成本。

（4）服务能力

传统存储容易出现由意外故障而导致服务中止的现象。传统存储将业务和存储相互对应，根据特定的业务划分相应的存储设备。由于存储设备之间的隔离，如果某台设备出现意外故障，业务就会中止，必须将故障修复后才能恢复业务。

而云存储则采用业务迁移、数据备份和冗余等多种技术来保证服务的正常运行，当某个存储设备发生故障时，云存储会根据系统目前的状态，自动将用户的请求转移到未发生故障的存储设备上。发生故障的存储设备恢复后，用户的请求也会重新转移到原存储设备，可以有效地可以保证服务的持续性。

（5）便携性

传统存储属于本地存储。数据会保存在本地的存储设备中，并不会和外界进行互联，导致数据具有较差的便携性。

而云存储属于托管存储。云存储可以将数据传送到用户选择的任何媒介，用户可以通过这些媒介访问及管理数据。

12.2　云存储的产品形态

早在 2006 年 3 月，Amazon 就推出了针对企业的 S3 简单存储服务（Amazon Simple Storage Service），它是 Amazon 云计算平台（Amazon Web Service，AWS）的一种对象存储服务，用于存储照片、图片、视频、音乐等个人文件。S3 被认为是目前最为成功的云存储系统，它定义的云存储应用编程对外接口（API）被 Google Cloud Storage、阿里云开放存储服务（Open Storage Service，OSS）、盛大云存储等国内外云存储系统所效仿，成为业界对象云存储系统的事实标准。Amazon S3 以桶（bucket）或者目录为单位管理对象，每个桶包含若干个对象（Object），每个对象可以是照片、图片、视频、音乐等个人文件，支持 REST、SOAP 以及 BitTorrent 下载协议。

Amazon S3 的应用编程接口如下：

❑ List Bucket：列出桶中所有的对象。每次操作最多返回 1000 个对象，如果桶中元素超过 1000 个，可以将前一次获取的最后一个对象的主键作为本次获取的起始点，直到遍历完成。另外，本操作还支持前缀查询，即只列出桶中主键前缀为特定值的对象。

❑ Put Bucket：创建一个桶，创建桶时可以选择桶所在的数据中心。

❑ Delete Bucket：删除一个桶，桶删除之前必须确保其中所有的对象已经提前被删除。

❑ Head Bucket：判断桶是否存在且具有访问权限。

❑ Put Object：创建一个对象并加入到桶中或者修改一个已有对象。如果对象多版本策略生效，S3 会自动为每个新建对象生成唯一的版本号，同一个对象可能存储多个版本。

❑ Get Object：读取对象的数据及元数据，元数据包括对象长度，MD5 哈希值，创建时间等。

❑ Delete Object(s)：删除一个或者多个对象。

❑ Head Object：获取对象的元数据。

S3 支持几 GB 甚至上 TB 的对象，如果对象过大，可以使用多次上传接口：

❑ Initial Multipart Upload：初始化多次上传，获取多次上传的编号（upload ID）。

❑ Upload Part：上传部分数据，每次请求都要带上上传编号以及本次上传序号（part number）。如果前后两次上传的序号相同，后一次上传的内容将直接覆盖前一次上传的内容。

❑ Complete Multipart Upload：完成多次上传，S3 会将之前上传的部分数据连接为一个大对象。

❑ Abort Multipart Upload：中止多次上传请求。

用户可以将本地的文件通过 Put 接口上传到云端，如果文件太大，可以分多次上传；用户也可以通过 List 方法读取云端某个桶中包含的所有文件或者通过 Get 方法读取某个文件。另外，如果文件太大，可以指定读取的数据范围，从而分多次读取大文件。

作为 AWS 的存储部分，Amazon S3 云存储服务针对企业和程序员，需要自行开发使用界面，除此之外，云存储还可以以单独的产品形态提供给个人用户，比如 Amazon "云盘"（Amazon Cloud Drive），苹果 iCloud，Google Drive，Windows Live

SkyDrive，Dropbox，金山快盘等，这类产品称为个人云存储产品。简单地说，个人云存储产品主要定位是用来存储个人文件的，而且从电脑到手机，从苹果到安卓，个人云存储可以跨平台，走到哪里，都能访问到你的个人文件，就像使用 U 盘这么简单，但又无须随时携带，更不用担心这个 U 盘会丢失。 相比云存储平台，个人云存储不需要专门的计算实例来托管应用程序，个人用户可以通过各种终端设备，如 PC 机，平板电脑，智能手机直接访问云数据中心的存储服务，将终端设备中的个人数据实时同步到云存储中。通过个人云存储服务，可以实现多个终端设备之间数据同步，数据分享，备份等功能。

除了个人云存储产品，云存储也经常用于企业的数据集中备份，存档。中小企业往往没有自建云存储的能力，内部数据管理也比较混乱，通过企业云存储，可以省去自建和管理的麻烦，并提供一定的灾难恢复能力。

最后，大型互联网服务的后端也构建在互联网内容提供商的私有云存储系统之上，Google，Amazon，Facebook，Taobao 等互联网内容提供商都维护了各自的私有云存储系统。云存储产品形态如图 12-2 所示。

图 12-2 云存储产品形态

12.3 云存储技术

云存储包含两个部分：云端 + 终端。云端指统一的云存储服务端，终端指多样化的 PC 机、手机、移动多媒体设备等终端设备。云存储的发展需要云端和终端里面的多种技术的支持。

（1）摩尔定律

摩尔定律一直推动着整个硬件产业的发展，芯片、内存和磁盘等硬件设备在性能和容量方面也得到了极大的提升。最明显的例子莫过于 CPU，最新的 x86 芯片在性能上已经是 30 年前 8086 的 1000 倍，而现在手机等低能耗设备的 ARM 芯片在性能上比过去的大型主机的芯片都强大很多，同时这些硬件的价格也比过去更便宜。此外，诸如 SSD、万兆网络和 GPU 等新兴技术的出现也极大地推动着 IT 产业的发展。

（2）宽带网络

公有云存储是一个多区域分布，遍布全国甚至遍布全球的庞大的公用系统，使用者需要通过 ADSL 等宽带接入互联网。由于 ADSL 宽带的发展和光纤入户的不断普及，现在的网络带宽已经从过去 33.6kbps 的 MODEM 拨号网络增长到平均 1Mbps 甚至 10Mbps，再加上无线网络和移动通信的不断发展，个人用户在任何时间、任何地点都能利用互联网。只有实现随时随地快速访问互联网，才能真正享受云存储服务，否则只能是空谈。

（3）Web 技术

Web 技术的核心是分享。只有通过 Web 技术，云存储的使用者才可能通过 PC、手机、移动多媒体等设备，实现数据、文档、图片、音频和视频等内容的集中存储和资料共享。另外，随着类似 AJAX、jQuery、Flash、Silverlight 和 HTML5 等 Web 技术的不断发展，Chrome 和 Safari 等功能强大的浏览器的不断涌现，Web 已经不再是简单的页面，它的用户体验已经越来越接近桌面应用。这样，用户只需要通过互联网连接到云端，就可以享受功能强大的 Web 应用提供的服务。

（4）移动设备

随着苹果的 iOS 和 Google 的 Android 这类智能手机系统的不断发展和普及，诸如手机这样的移动设备已经不再是一个移动电话而已，更是一个完善的信息终端。通过它们，可以轻松访问互联网上的信息和应用。由于移动设备整体功能也越来越接近台式机，通过这些移动设备，能够随时随地访问云存储服务。另外，移动设备价格较低，而且降价较快，用户可能同时拥有多个移动设备且需要经常更换，云存储很好地解决不同移动设备之间的数据共享问题。

（5）分布式存储、CDN、P2P 技术

云存储系统由多个存储设备构成，不同存储设备之间需要通过分布式存储，CDN、P2P 等分布式技术，实现多个存储设备之间的协同工作，使多个存储设备可以对外提供同一种服务，并提供更好的数据访问性能。如果没有这些技术，存储系统只能是一个一个独立的系统，不能形成云状结构，也就没有云存储。另外，CDN（Content Delivery Network）以及 P2P 等技术保证云中的图片，视频等文件能够被快速访问，并且节约云存储服务提供商的带宽成本。

（6）数据加密、云安全

数据加密及其他云安全技术保证云存储中的数据不会被未授权的用户所访问，同时，通过各种数据备份和容灾技术保证云存储中的数据不会丢失。如果云存储中的数据安全得不到保证，没有人会选择云存储。

12.4 云存储的核心优势

作为云计算的存储部分，云存储的核心优势与云计算相同。主要包括两个方面：最大程度地节省成本以及加快创新速度。

全球企业 IT 开销，分为三个部分：硬件开销、能耗以及管理成本。其中硬件开销包括存储、计算服务器以及网络带宽成本。由于摩尔定律的作用，硬件成本越来越低，而能耗以及管理成本所占比例相应地变得越来越高了。

根据 James Hamilton 的数据，一个拥有 5 万个服务器的特大型数据中心与拥有1000 个服务器的中型数据中心相比，特大型数据中心的网络和存储成本只相当于中型数据中心的 1/5 或者 1/7，而每个管理员能够管理的服务器数量则扩大到 7 倍之多。因而，对于规模达到几十万至上百万计算机的云存储平台而言，其网络、存储和管理成本较之中型数据中心至少可以降低 5~7 倍，如表 12-1 所示。

表 12-1　中型数据中心与特大型数据中心的成本比较

类　　别	中型数据中心成本	特大型数据中心成本	比　率
网络	$95 / Mb / 月	$13 / Mb / 月	7.1
存储	$2.20/GB/ 月	$0.40/GB/ 月	5.7
管理	140 台服务器 / 管理员	1000 台以上服务器 / 管理员	7.1

电力和制冷成本也会有明显的差别。例如，美国爱达荷州的电力资源丰富，电价很便宜。而夏威夷是岛屿，本地没有电力资源，电力价格就比较贵，二者相差 5 倍，如表 12-2 所示。

表 12-2　美国不同地区电力价格的差异

每 度 价 格	地　　点	可能的定价原因
3.6 美分	爱达荷州	水力发电，没有长途输送
10.0 美分	加州	加州不允许煤电，电力需在电网上长途输送
18.0 美分	夏威夷州	发电的能源需要海运到岛上

PUE（Power Usage Effectiveness，能源使用效率）用来衡量数据中心的能源效率，等于数据中心所有设备能耗（包括 IT 电源，冷却等设备）/IT 设备能耗。PUE 是一个比率，基准是 2，越接近 1 表明能效水平越好。国内很多中型数据中心的 PUE 值大于 2，也就是说，一半以上的能源被白白浪费掉，而特大型数据中心，比如 Facebook 某太阳能供电数据中心的 PUE 值为 1.07，几乎没有额外的能源损耗。

云存储的规模效应能够大大地降低 IT 成本。当然，我们国家的情况有些特殊，比如电价全国统一，人力成本相对较低，运营商垄断导致网络带宽成本偏高，自建数据中心也有各种政策因素，云存储带来的成本优势虽比不上美国但仍然是巨大的。

再者，云存储与传统存储相比，资源的利用率也有很大的不同。传统存储对资源的利用率非常低，对存储资源的分配通常是静态的，即参考用户的估计值对存储设备划分成分区或卷，以分区或卷为单位将存储资源分配给用户，相应的网络和 CPU 资源也是固定的。然而，绝大多数网站的访问流量都不是均衡的，例如，有的网站时间性很强，白天访问的人少，到了晚上 8 点到 10 点就会流量暴涨，典型的例子是电子商务网站；有的网站季节性很强，平时访问人不多，但是到国庆节，春节的访问量就很大，典型的例子是铁道部火车票预订网站；有的网站突发性很强，典型的例子是微博开放平台上的外部应用。网站拥有者为了应对这些突发流量，需要按照峰值要求来购买服务器和网络带宽，造成资源的平均利用率很低。例如，淘宝网在 2011 年 11 月 11 日"双 11"促销活动时 CDN 流量最高达到 820G，是平常的很多倍。云存储通过共享的方式提供弹性的服务，它根据每个租用者的需要在一个超大的资源池中动态分配和释放资源，而不需要为每个租用者预留峰值资源。由于云存储的规模极大，其租用者数量非常多，支撑的应用种类也是五花八门，通过这种错峰效应，资源利用率可以达到 80% 左右，是传统模式的 5 ～ 7 倍。

综上所述，由于云存储更低的硬件成本和网络成本，更低管理成本和电力成本，以及更高的资源利用率，Google，Amazon，Microsoft 等互联网巨头能够通过从数据中心开始构建整套公有云存储解决方案达到节省 30 倍以上成本的目的。

在我国，由于政府政策及技术实力等问题，大多数企业不可能从头开始构建完整的云存储方案，然而，当企业发展到一定的规模后，仍然可以通过云存储技术降低成本，原因如下：

❑ 由于云存储技术的容错能力很强，使得我们可以使用低端硬件替代高端硬件，如采用普通 PC 服务器替代 EMC 高端存储以及 IBM 小型机。另外，可以通过对云存储系统不断的优化来降低硬件成本和能耗。

❑ 在保证服务质量的前提下，通过云存储调度技术将用户的请求调度到网络带宽费用较低的数据中心，从而降低整体网络带宽成本。

❑ 云存储技术的管理时高度自动化的，极少需要人工干预，可以大大降低管理成本。

❑ 云存储技术的核心理念是多租户共享，多个业务共享相同的资源池，每个业务动态分配和释放资源，提高资源利用率。

云存储的另外一个核心优势就是加快创新速度。云存储通过提供海量的数据存储和处理能力，使得用户不必关心底层基础设施的可扩展性，突发流量处理等复杂的系统架构问题，将有限的精力集中在最核心的创新业务上，使得创新想法很快得到实现，大大地提高了创新速度。由于云平台的存在，加上移动互联网的重大机遇，大量创业公司得以迅速兴起，许多美国当前热门公司，例如 Pinterest、Dropbox、Instagram、Reddit、Zynga，都构架在 Amazon 的云平台（Amazon Web Service，AWS）之上。比如，2012 年 4 月以 10 亿美元（因为大部分是股票，实际价值可能更高）被 Facebook 收购的 Instgram，其技术方案大量采用 AWS（主机选择 Amazon EC2，图片数据库采用 Amazon S3，CDN 选用 Amazon CloudFront 等）。所以虽然 Instgram 只有 13 名员工（工程团队仅 3 人），却构建了最强大的移动端图片分享平台，甚至让 Facebook 感到了威胁。

今天，一个普通的技术人员可以短时间内借助云存储平台，拥有和巨人对手们相同的计算资源，实现梦想，这才是云存储平台的真正价值所在。我们需要共同为之努力。

12.5　云平台整体架构

云存储是云计算的存储部分，理解云存储架构的前提是理解云平台整体架构。云计算按照服务类型大致可以分为三类：基础设施即服务（IaaS）、平台即服务（PaaS）以及软件即服务（SaaS），如图 12-3 所示。

图 12-3　云计算服务类型

IaaS 将硬件设备等基础资源以虚拟机的形式封装成服务供用户使用，如 Amazon 云计算 AWS（Amazon Web Service）的弹性计算云 EC2，PaaS 进一步抽象硬件资源，提供用户应用程序的运行环境，开发者只需要将应用程序提交给 PaaS 平台，PaaS 平台会自动完成程序部署，处理服务器故障，扩容等问题，典型的如（Google App Engine）GAE。另外，微软的云计算平台 Windows Azure Platform 也可大致归入这一类。SaaS 的针对性更强，它将某些特定应用软件封转成服务，如 Salesforce 公司提供的在线客户端管理 CRM 服务，Google 的企业应用套件 Google Apps 等。

本节首先分别介绍 Amazon、Google 以及 Microsoft 这三个云平台的整体架构，其中，Amazon 提供 IaaS 服务，Google 和 Microsoft 提供 PaaS 服务，接着介绍一般情况下云平台的整体架构。

12.5.1　Amazon 云平台

Amazon Web Services（AWS）是 Amazon 构建的一个云计算平台的总称，它提供了一系列云服务。通过这些服务，用户能否访问和使用 Amazon 的存储和计算基础设施。如图 12-4 所示，AWS 平台分为如下几个部分：

- ❑ 计算类：核心产品为弹性计算云 EC2（Elastic Computing）。EC2 几乎可以认为是迄今为止云计算领域最为成功的产品，通俗地讲，就是提供虚拟机，用户的应用程序部署在 EC2 实例中。EC2 架构的核心是弹性伸缩，当托管的应用程序访问量变化时能够自动增加或者减少 EC2 实例，并通过弹性负载均衡技术将访问请求分发到新增的 EC2 实例上。在计费模式上，EC2 按照使用量计费，而不是采用传统的预付费方式。EBS（Elastic Block Store）是一个分布式块设备，可以像本地的磁盘一样直接挂载在 EC2 实例上，与本地磁盘不同的是，保存到 EBS 的数据会由 EBS 的管理节点自动复制到多个存储节点上。EC2 实例的本地存储是不可靠的，如果 EC2 实例出现故障，本地存储上保存的数据将会丢失，而保存到 EBS 上的数据不会丢失。EBS 用于替代 EC2 实例的本地存储，从而增强 EC2 可靠性。
- ❑ 存储类：存储类产品较多，包括简单对象存储 S3，表格存储系统 SimpleDB、DynamoDB、分布式关系数据库服务（Relational Datastore Service，RDS）以及简单消息存储（Simple Queue Service，SQS）。S3 用于存储图片、照片、视频等大对象，为了提高访问性能，S3 中的对象还能够通过 CloudFront 缓存到不同地理位置的内容分发网络（Content Delivery Network，CDN）节点。SimpleDB 和 DynamoDB 是分布式表格系统，支持对一张表格进行读写操作；RDS 是分布式数据库，目前支持 MySQL 以及 Oracle 两种数据库。SQS 主要用于支持多个任务之间的消息传递，解除任务之间的耦合，相当于传统的消息中间件（Message Queue）。为了提高访问性能，可以使用 ElasticCache 缓存存储系统中的热点数据。
- ❑ 工具支持：AWS 支持多种开发语言，提供 Java、Ruby、Python、PHP、Windows &.NET 以及 Android 和 iOS 的工具集。工具集中包含各种语言的 SDK、程序自动部署以及各种管理工具。另外，AWS 通过 CloudWatch 系统提供丰富的监控功能。

AWS 平台引入了区域（Zone）的概念。区域分为两种：地理区域（Region Zone）和可用区域（Availability Zone），其中地理区域是按照实际的地理位置划分的，而可用区域一般是按照数据中心划分的。

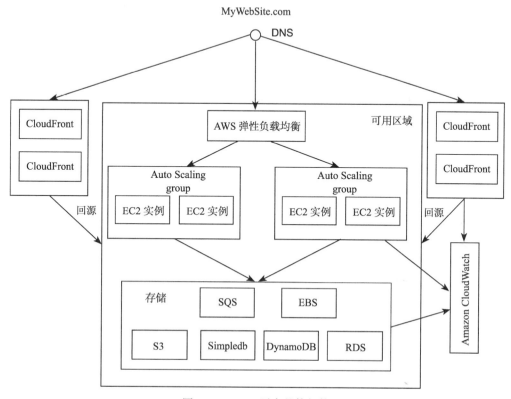

图 12-4 AWS 平台整体架构

假设网站 MyWebSite.com 托管在 AWS 平台的某个可用区域中。AWS 开发者将
Web 应用上传到 AWS 平台并部署到指定的 EC2 实例上。EC2 实例一般分成多个自动扩
展组（Auto Scaling Group），并通过弹性负载均衡（Elastic Load Balancing）技术将访
问请求自动分发到自动扩展组内的 EC2 实例。开发者的 Web 应用可以使用 AWS 平台
上的存储类服务，包括 S3、SimpleDB、DynamoDB、RDS 以及 SQS。

网站上往往有一些大对象，比如图片、视频，这些大对象存储在 S3 系统中，并通
过内容分发技术缓存到多个 CloudFront 节点。当 Internet 用户浏览 MyWebSite.com 时，
可能会请求 S3 中的大对象，这样的请求将通过 DNS 按照一定的策略定位到 CloudFront
节点。CloudFront 首先在本地缓存节点查找对象，如果不存在，将请求源站获取 S3 中
存储的对象数据，这一步操作称为回源。

12.5.2 Google 云平台

Google 云平台（Google App Engine，GAE）是一种 PaaS 服务，使得外部开发者可

以通过 Google 期望的方式使用它的基础设施服务，目前支持 Python 和 Java 两种语言。GAE 虽然在产品上相比 Amazon 云平台还有较大的差距，但在技术上是成功的，尤其适用于企业构建自己的企业私有云。GAE 的整体架构如图 12-5 所示。

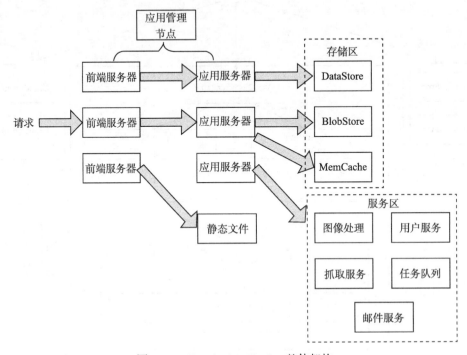

图 12-5　Google App Engine 整体架构

GAE 云平台主要包含如下几个部分：

❑ **前端服务器**。前端的功能包括负载均衡以及路由。前端服务器将静态内容请求转发到静态文件服务器，将动态内容请求转发到应用服务器。

❑ **应用服务器**。应用服务器装载应用的代码并处理接收到的动态内容请求。

❑ **应用管理节点**（App Master）。调度应用服务器，将应用服务器的变化通知前端，从而前端可以将访问流量切换到正确的应用服务器。

❑ **存储区**。包括 DataStore、MemCache 以及 BlobStore 三个部分。应用的持久化数据主要存储在 DataStore 中，MemCache 用于缓存，BlobStore 是 DataStore 的一种补充，用于存储大对象。

❑ **服务区**。除了必备的应用服务器以及存储区之外，GAE 还包含很多服务，比如图像处理服务（Images）、邮件服务、抓取服务（URL fetch）、任务队列（Task Queue）以及用户服务（Users）等。

另外，作为 PaaS 服务，GAE 还提供了如下两种工具：

❑ 本地开发环境。GAE 中大量采用私有 API，因此专门提供了本地开发和调试的
  Sandbox 环境以及 SDK 工具。
❑ 管理工具。GAE 提供 Web 管理工具用于管理应用并监控应用的运行状态，比如
  资源消耗、应用日志等。

GAE 的核心组件为应用服务器以及存储区，其中，应用服务器用于托管 GAE 平台
用户的应用程序，存储区提供云存储服务。下面分别介绍这两个部分。

1. 应用服务器

GAE 对外不提供虚拟机服务，因此，对于不同的开发语言，需要提供不同的应用
服务器实现，目前支持 Python 和 Java 两种语言。每一台应用服务器可能运行多个 GAE
平台用户的应用，为了防止应用程序之间互相干扰，应用程序将在受限制的"沙盒"环
境中运行。"沙盒"环境中的 GAE 应用程序无法执行以下操作：

❑ 写入到本地文件系统。应用程序必须使用数据存储区来存储持久化数据。
❑ 打开套接字或者直接访问其他主机。应用程序必须使用网址提取服务（URL
  Fetch）分别从端口 80 和 443 上的其他主机发出 HTTP 和 HTTPS 请求。
❑ 生成子进程或者线程。应用程序的网络请求必须在单个线程中处理，并且必须在
  几秒内完成，GAE 会自动终止响应时间很长的进程以免应用服务器过载。
❑ 进行其他类型的系统调用。

2. 存储区

Datastore 是 App Engine 存储区的核心，底层为 6.2 节中介绍的 Google Metastore 系
统。与关系数据库最大的不同点在于，Datastore 支持自动增加或者减少存储节点，提供
线性扩展能力。App Engine 直接将开源的 Memcache 用作缓存服务，缓存 Datastore 中
的热点数据。Datastore 不适合存储大对象（Blob 对象），因此，App Engine 设计了专门
的 Blobstore 用于支持大对象存储。

除了 GAE 平台，Google 还单独提供了两种云存储服务，Google Cloud Storage 以
及 Google Cloud SQL。其中，Google Cloud Storage 与 Amazon S3 类似，用于存储图片、
视频等大对象数据，Google Cloud SQL 与 Amazon RDS 类似，用于提供分布式关系数
据库服务。

12.5.3 Microsoft 云平台

Windows Azure Platform 是一个服务平台，用户利用该平台，通过互联网访问微
软数据中心的计算和存储服务，它不但支持传统的微软编程语言和开发平台，如 C#
和 .NET 平台，还支持 PHP、Python、Java 等多种非微软编程语言和架构。Windows

Azure 平台包含如下几个部分。

❑ 计算服务

Windows Azure 平台中每个计算实例是一个运行着 64bit 的 Windows Server 2008 的虚拟机，分为三种类型：Web Role 实例，Worker Role 实例和 VM Role 实例。其中，Web Role 实例提前在内部安装了 IIS7，用于托管 Azure 平台用户的 Web 应用程序；Worker Role 实例设计用来运行各种各样的基于 Windows 的代码，例如，Worker Role 实例可以运行一个模拟程序、进行视频处理等，Worker Role 与 Web Role 的不同点在于，Worker Role 内部并没有安装 IIS。一般来说，用户只会用到 Web Role 和 Worker Role。应用通过 Web Role 与用户相互作用，然后利用 Worker Role 进行任务处理。当用户需要将本地的 Windows Server 应用移动到 Windows Azure 平台时，VM Role 将会起作用。VM Role 除了允许对环境拥有更多的控制权之外，它和 Web Role 以及 Worker Role 是没有区别的。与 Amazon 云平台需要用户提供虚拟机的虚拟映像文件不同的是，Azure 平台会自动虚拟出虚拟机，处理虚拟机升级，Role 实例故障，Azure 平台用户只需要专注于如何创建应用程序即可。

❑ 存储服务

Windows Azure 存储服务包括 Azure Blob，Table，Queue 以及 SQL Azure。其中，Azure Blob 存储二进制数据，如图片，照片，视频等个人文件。Azure Table 存储更加结构化的数据，支持单张表格上的操作，但是它不同于关系数据库系统中的二维关系表，查询语言也不是大家熟悉的关系查询语言 SQL。Azure Queue 的作用和微软消息队列（MSMQ）相近，用来支持在 Windows Azure 应用程序组件之间进行通信。SQL Azure 则是将微软的关系数据库 SQL Server 搬到云环境中，提供二维关系表和 SQL 查询语言。为了提高访问性能，Windows Azure 还提供了两种缓存机制：Azure Caching 以及 Azure 内容分发网络（CDN）。Azure Caching 在数据中心内部缓存热点数据，Azure CDN 在离用户较近的"边缘节点"缓存 Azure Blob 中的 Blob 对象。

❑ 连接服务

Windows Azure 连接服务包括 Azure Service Bus 以及 Azure Connect。Azure Service Bus 包含三个部分：Service Bus Queue，Service Bus Topic 和 Service Bus Relay。其中，Service Bus Queue 和 Service Bus Topic 与消息中间件的 Queue 和 Topic 模式类似，用于解除应用程序之间的耦合。Service Bus Queue 提供点对点的通信，保证每个发送者产生的消息只被一个接收者获取；Service Bus Topic 提供一对多的发布订阅通信，每个发布者发布的消息能被所有的订阅者获取。Service Bus Relay 使得 Azure 平台服务器端可以访问运行在企业内部的本地 WCF 服务，这些 WCF 服务通常没有一个固定的 IP 地址，而且被企业防火墙所保护。Azure Connect 在 Windows Azure 应用和本地运行的机器之间建立一个基于 IPsec 协议的连接，使得两者更容易结合起来使用。例如，某个企业需要将现有的由 ASP.NET 创建的 Windows Server 应用移动到 Windows Azure Web Role 中区，如果这个应用使用的数据库需要保留在本地机器上，那么 Azure Connect 技术能够使运行在 Windows Azure 上的应用正常访问本地数据库，甚至连使用的连接字符串都不需要改变。

❑ 工具支持

Windows Azure 平台不但支持传统的微软编程语言和开发平台如 C# 和 .NET 平台，还支持 PHP、Python、Java、node.js 等多种非微软编程语言和架构。Azure 平台提供各种语言的 SDK 以及平台管理工具。

图 12-6 显示了 Windows Azure Platform 用于托管用户 Web 程序的整体架构。假设网站 MyWebSite.com 托管在 Windows Azure 平台的某个数据中心内。Azure 平台开发者将 Web 应用上传到 Azure 平台，由平台将应用自动部署到 Role 实例上。在 Azure 内部，一个应用可能运行在一个或者多个 Role 实例上，将运行同一个应用的 Role 实例成为一个 Role 实例组，并通过负载均衡器将访问请求按照一定的策略自动分发到其中的 Role 实例。开发者的 Web 应用可以使用 Azure 平台上的存储类服务，包括 Azure Blob、

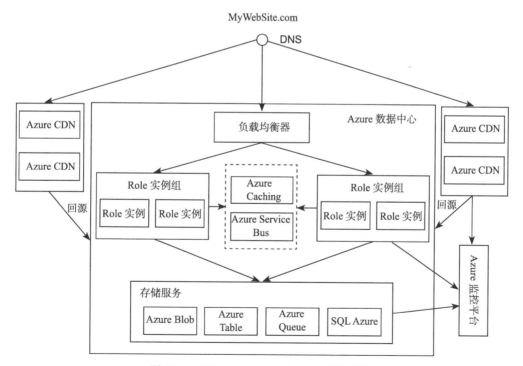

图 12-6　Windows Azure Platform 整体架构

Table、Queue以及 SQL Azure。为了提高性能，应用也可以使用 Azure Caching 缓存热点数据，就像使用 Memcache 一样。

网站上往往有一些 Blob 对象，比如图片、视频，这些对象存储在 Azure Blob 系统中，并通过内容分发技术缓存到多个 Azure CDN 节点。Internet 用户访问 MyWebSite. com 中的 Blob 时，访问请求将通过 DNS 定位到 CDN 节点上，如果 CDN 缓存了 Blob 的副本，直接将副本返回给用户，否则，CDN 节点将请求 Azure 源站中的 Azure Blob 存储系统获取 Blob 对象，这一步操作称为回源。

12.5.4 云平台架构

从托管 Web 应用程序的角度看，云平台主要包括云存储以及应用运行平台，如图 12-7 所示。

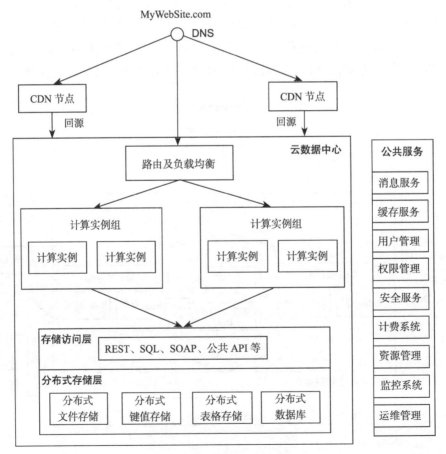

图 12-7 云平台整体架构

云平台的核心组件包括：云存储组件和应用运行平台组件。下面简单介绍一下。

（1）云存储组件

云存储组件包括两层：分布式存储层以及存储访问层。分布式存储层管理存储服务器集群，实现各个存储设备之间的协同工作，保证数据可靠性，对外屏蔽数据所在位置，数据迁移，数据复制，机器增减等变化，使得整个分布式系统看起来像是一台服务器。分布式存储层是云存储系统的核心，也是整个云存储平台最难实现的部分。CDN节点将云存储系统中的热点数据缓存到离用户最近的位置，从而减少用户的访问延时并节约带宽。

存储访问层位于分布式存储层的上一层，该层的主要作用是将分布式存储层的客户端接口封装为 WebService（基于 RESTful，SOAP 等协议）服务，另外，该层通过调用公共服务实现用户认证，权限管理以及计费等功能。存储访问层不是必须的，云存储平台中的计算实例也可以直接通过客户端应用编程接口（API）访问分布式存储层中的存储系统。

（2）应用运行平台组件

应用运行平台的主体为计算实例，计算实例最主要的功能有两个：开发者的应用程序运行环境以及离线任务处理。不同的云计算平台厂商的计算实例形式往往不同：AWS（Amazon Web Service）平台中的计算实例为 Amazon 的弹性计算（Elastic Computing，EC2）虚拟机，它们既用于托管开发者的 Web 程序，又可用来执行 Hadoop MapReduce计算或者图像以及视频转换等离线任务；GAE（Google App Engine）平台中的计算实例分为前端实例（Frontend Instance）以及后端实例（Backend Instance），其中，前端实例为 GAE 特有的 Python、Java 以及 Go 语言运行容器，用于托管开发者使用 Python、Java 或者 Go 语言开发的 Web 程序，后端实例执行运行时间较长的离线任务；微软的 Azure 平台（Windows Azure Platform）的计算实例为运行着一个 64 位的 WindowsServer 2008 的虚拟机，分为 Web Role、Worker Role 以及 VM Role 三种角色，其中，Web Role 用于托管 Web 程序，Worker Role 用于执行视频处理等离线计算任务。

多个计算实例构成一个计算实例组，当实例组中的某个实例出现故障时，能够自动将负载迁移到其他的实例，并且支持动态增加或者减少实例从而使得实例组的处理能力具有动态可伸缩性。运行平台的最前端是路由及负载均衡组件，它将用户的请求按照一定的策略发送到合适的计算实例。

云存储平台还包含一些公共服务，这些基础服务由云存储组件及运行平台组件所共用，如下所示：

❑ **消息服务**。消息服务将执行流程异步化，用于应用程序解耦。计算实例一般分为处理 Web 请求的前台实例以及处理离线任务的后台实例，在很多情况下，前台实例处理 Web 请求的过程中需要启动运行在后台的任务，这种需求可以通过消息服务实现。

☐ **缓存服务**。缓存服务用于存储云存储系统中的读多写少的热点数据，从而加速查询，减少对后端存储系统压力。大多数云存储平台提供 Memcache 服务。

☐ **用户管理**。用户管理主要功能是用户身份认证，确保用户的身份合法，并存储用户相关的个人信息。云计算平台一般支持单点登录，在多个应用系统中，用户只需要登录一次就可以访问所有相互信任的系统。

☐ **权限管理**。为多个服务提供集中的权限控制，以确保应用和数据只能被有授权的用户访问。云存储系统一般会维护一系列的访问策略，每一条策略表示某个用户是否对某个资源具有某种操作权限。

☐ **安全服务**。安全服务包括 Web 漏洞检测，网页挂马检测，端口安全检测，入侵检测，分布式拒绝服务攻击 (Distributed Denial of Service，DDoS) 缓解等。Web 漏洞检测提供对应用的 SQL 注入漏洞、XSS 跨站脚本漏洞、文件包含等高危安全漏洞进行检测；网页挂马检测通过静态分析技术和虚拟机沙箱行为检测技术相结合，对网站进行挂马检测；端口安全检测通过定期扫描服务器开放的高危端口，降低系统被入侵的风险；主机入侵检测通过主机日志安全分析，实时侦测系统密码破解，异常 IP 登录等攻击行为并实时报警；DDos 缓解技术能够抵御 SYN flood 以及其他拒绝服务攻击。

☐ **计费管理**。利用底层的监控系统所采集的数据对每个用户使用的资源和服务进行统计，计算出用户的使用费用，并提供完善和详细的报表。云存储系统计费涉及的参数一般包括：CPU 时间，网络出口带宽，存储量以及服务调用次数（包括读写 API 调用次数）。

☐ **资源管理**。管理云存储平台中的所有服务器资源，将应用程序或者虚拟机映射自动部署到合适的计算实例，另外，自动调整计算实例的数量来帮助运行于其上的应用更好地应对突发流量。当计算实例发生故障时，资源管理系统还需要通知前端的负载均衡层，将流量切换到其他计算实例。

☐ **运维管理**。云存储平台的运维需要做到自动化，从而降低运维成本，一般来说，有一套专门的 Web 运维系统用于系统上下线，批量升级系统程序版本等。

☐ **监控系统**。监控系统有两个层面，其一是资源层面，即资源的运行情况，比如 CPU 使用率、内存使用率和网络带宽利用率、Load 值等，需要注意的是，云计算平台除了监控物理机资源，还需要监控虚拟机资源的运行情况；其二是应用层面，主要记录应用每次请求的响应时间、读写请求数等。

12.6 云存储技术体系

云存储涉及的知识面很广，既涉及云存储服务端的技术，又涉及终端设备应用开发相关的技术。本书关注云存储系统服务端技术，其技术体系如图 12-8 所示。

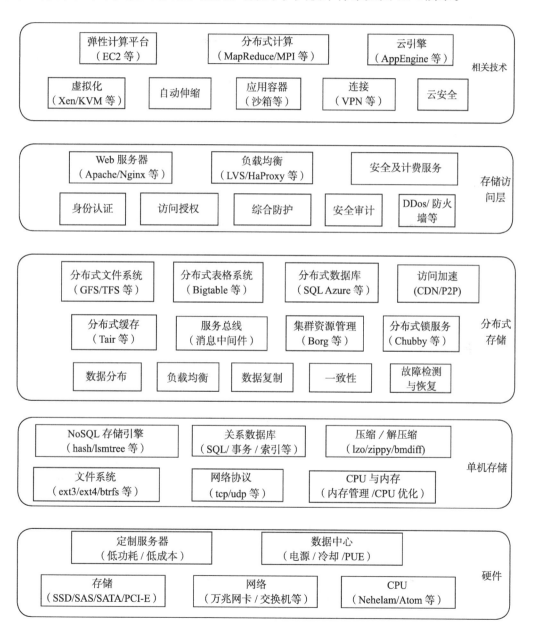

图 12-8　云存储技术体系

262 <font>第四篇 专 题 篇</font>

云存储技术体系结构分为四层：硬件层、单机存储层、分布式存储层、存储访问层，下面分别介绍。

（1）硬件层

硬件层包括存储、网络以及 CPU。在存储方面，除了传统的 SAS 或者 SATA 磁盘，SSD 技术发展迅猛；在网络方面，千兆网卡已经普及，万兆网卡离我们越来越近，Google 这样的互联网巨头已经开始尝试通过软件自定义交换机；在 CPU 层面，Intel x86 架构成为主流，低功耗逐步成为研究热点。为了降低成本和能耗，云存储服务提供商往往会定制服务器，甚至自建数据中心，需要考虑电源、冷却、PUE（Power Usage Efficiency，能源使用效率）等各种问题。

（2）单机存储层

云存储系统的底层大多为定制的 Linux 操作系统，服务提供商需要在文件系统、网络协议以及 CPU 和内存使用上对 Linux 系统进行大量的定制化工作。单机存储系统大致分为两类：传统的关系数据库以及 NoSQL 存储系统。关系数据库支持二维的关系模式，并提供关系数据库查询语言 SQL，支持事务，索引等操作，使用比较方便。NoSQL 存储系统则百花齐放，常见的 NoSQL 系统包括仅支持根据主键进行 CRUD（Create，Read，Update，Delete）操作的键值（Key-Value）存储系统，也有基于传统的 B 树或者 LSM 树（Log-Structured Merge Tree）的存储系统。

（3）分布式存储层

分布式存储层是云存储技术的核心，也是最难实现的部分。分布式存储系统需要能够将数据均匀地分散到多个存储节点上，另外，为了保证高可靠性和高可用性，需要将数据复制到多个存储节点并保证一致性。当存储节点出现故障时，需要能够自动检测到节点故障并将服务迁移到其他正常工作的节点。分布式存储层依赖一些基础服务，常见的包括分布式锁服务（例如 Google Chubby 系统），以及集群资源管理服务（例如 Google Borg 系统）。另外，分布式存储层包含分布式缓存以及服务总线，分布式缓存用于提高访问性能，服务总线用于云平台应用逻辑解耦。云存储系统既存储无结构化数据，又存储半结构化以及结构化数据，分别对应分布式文件系统、分布式表格系统以及分布式数据库，而 CDN 以及 P2P 技术将云存储系统中的热点数据缓存到离用户较近的边缘节点或者临近的其他用户的客户端，从而起到访问加速的作用，并且节省云存储服务提供商的网络带宽成本。

（4）存储访问层

云存储系统通过存储访问层被个人用户的终端设备直接访问，或者被云存储平台中托管的应用程序访问。云存储访问层的功能包括：Web 服务、负载均衡、安全服务以及计费。云存储系统对外提供统一的访问接口，常见的接口是 REST 或者 SOAP 这样的

Web 服务，需要通过 Apache 或者 Nginx 这样的 Web 服务器进行协议转化，Web 服务器前端经常使用 LVS（Linux Virtual Server）、HaProxy 这样的软件或者专业的负载均衡设备（如 F5 负载均衡器）进行负载均衡。存储访问层需要提供安全和计费服务，安全服务包括身份认证、访问授权、综合防护、安全审计、DDos 攻击预防 / 防火墙等。

用户的应用程序可能会托管在应用运行平台中，应用场景大致分为三类：

❑ **弹性计算平台**。典型的弹性计算平台为 Amazon EC2 以及 Microsoft 的各种虚拟机实例，底层涉及的技术包括虚拟机、自动伸缩。弹性计算平台通过虚拟机自身的机制来保证云安全，比如虚拟机安全隔离、虚拟机防火墙。基于虚拟机的弹性计算平台的优势在于兼容性，支持各种编程语言和平台。

❑ **云引擎**。典型的云引擎为 Google App Engine，底层设计的涉及的技术主要是应用容器（比如 Java Tomcat、Jetty，Python Runtime）以及应用容器自动伸缩。当应用的负载过高时，自动增加应用的运行容器数；反之，自动减少应用的运行容器数。云引擎通过应用容器的沙箱机制来保证安全性，App Engine 的沙箱环境通过限制每个请求的执行时间来防止多租户之间干扰，另外，限制应用程序对网络、文件进行一些危险操作。云引擎与云存储服务提供商结合较好，但是对于每种不同的编程语言都需要定制相应的应用容器，对编程语言和平台支持比较有限。

❑ **分布式计算**。云平台往往会支持分布式计算，通过后台的计算实例执行耗时较长的计算任务。MapReduce 是最为常见的分布式计算模型，云平台一般都支持开源的 Hadoop MapReduce 计算框架。除了 MapReduce 之外，还有很多针对特定应用场景的计算模型，例如 MPI（Message Passing Interface）、BSP（Bulk Synchronous Parallel）等。

12.7 云存储安全

云存储的一些特性和现有的 IT 模式有很大的差异，特别是数据和应用都存储和运行在不可控的云平台，而不是传统的企业数据中心内。安全是云存储的前提，如果用户数据的私密性得不到保证，用户的宝贵数据随时可能丢失，那么，云存储只能是"空中楼阁"。

首先需要承认，云存储在安全方面确实面临着更多的挑战，也不可能强行要求用户将所有的数据、服务和应用都依托于互联网"云"里。安全问题主要体现在如下几个方面。

❑ 在信任边界方面有了巨大的变化。在现有的 IT 模式下，所有的 IT 资源都处于企业 IT 部门的监控之下，理论上都是可以信任的。但在云存储环境中，数据存放在企业无法监管的云存储平台中，这些数据对企业而言暂时很难被充分信任。

□ 更多利益相关方。过去只有企业的 IT 部分参与到 IT 运营中，但是在云存储环境中，云存储服务提供商也会参与其中。

□ 云存储服务暴露在互联网上。和过去大多数企业 IT 服务只运行在企业的内部网不同的是，公有云存储服务暴露在互联网上。虽然它会配备一定的安全和认证方面的措施，但是需要面对 DDos 等攻击的可能性。

□ 多租户共享的引入。云存储运行平台通过虚拟机或者特定的应用运行容器实现多租户共享，但是这些技术都做不到尽善尽美，多个用户可能互相干扰，这也为云存储的安全性带来了一定的隐患。

□ 数据存储。传统模式下，个人用户将数据存储在本地磁盘，U 盘等持久化介质中，而云存储的数据存放在个人用户无法接触到的数据中心中，用户的隐私存在一定的风险。

然而，云存储的安全问题并不像想象中那么严重，云存储服务提供商有专门的安全团队，制定了完善的安全方案，对任何应用和数据的访问和使用都会被记录在案，也会对数据进行备份和加密。云存储服务提供商一般为大型互联网企业，技术实力强，能够保证数据的高可靠和高可用性。另外，安全是云存储的前提，当云存储平台出现非常重大的安全问题，将极有可能使其在市场上处于崩溃的境地，正因如此，云存储服务提供商一定会非常重视安全问题。

传统的 IT 模式在安全方面也不是固若金汤。例如，个人用户往往没有数据备份意识，很多用户的关键数据只存储一份在 PC 机或者手机中，也不进行加密，如果 PC 机或者手机丢失，个人数据将泄漏，个人隐私也受到威胁。企业数据中心也不一定是安全的，很多企业没有专门的安全团队，一些关键的数据，比如用户的银行卡号信息，可能被内部用户盗窃以牟取私利，2011 年某专业面向程序员的网站也出现过密码泄露事件。可以这么说，很多用户甚至包括企业用户要么没有安全意识，要么缺乏安全方面的知识或者不愿意花太多的时间处理安全问题，与其让用户数据自生自灭，不如交给专业的云存储安全团队管理。

云存储安全包括两个层面：非技术层面以及技术层面。非技术层面主要指政策、法律以及监管等。正如我们愿意将钱存到银行或者身份证信息登记到公安系统一样，只要对安全问题足够重视并制定相应的法律法规和监管措施，非技术层面的问题是会逐步解决的。在技术层面，云存储安全包括如下几个方面。

（1）用户安全

用户安全主要包括两个方面：用户认证以及访问授权。用户认证用于确保用户的合法性，访问授权用于确保每个用户只能访问他们得到授权的应用和数据。另外，用户安全模块还会对用户的操作进行日志记录以检测每个用户的行为，以发现用户任何触及安全底线的行为。以 Amazon 云平台 AWS 为例，新用户注册时，Amazon 会分配给每个用户分配一个 Access Key ID 和一个 Secure Access Key，Access Key ID 用于确定请求的发送者，而 Secure Access Key 则参与数字签名过程，用来证明发送服务请求的账户的合法性。用户请求 AWS 服务时将通过 HMAC 函数对 Secure Access Key 生成数字签名，当服务端接收到用户请求后通过用户的 Access Key ID 查找服务器端保存的数字签名，然而和用户发送的数字签名做比对，相同则通过验证，反之拒绝请求。在访问授权方面，一个 AWS 账户可以创建多个用户，允许同一个账户下的不同用户具有不同的访问权限。AWS 可以设置每个账户的访问控制策略（Policy），每个策略都是一个四元组 <用户，资源，操作，Allow/Deny>，表示是否允许用户对某个资源执行某些操作。例如，<Bob, s3:::bucket_xyz, ListBucket，Allow>，表示允许用户 Bob 对 S3 中名为 bucket_xyz 的桶执行 ListBucket 操作。

（2）网络安全

网络安全包括安全通信、网络防火墙、入侵检测、DDoS 攻击缓解等。云存储通过 SSL（Secure Sockets Layer，安全套接层）、TLS（Transport Layer Security，传输层安全）、VPN（Virtual Private Network，虚拟专用网络）和 IPSec（Internet Protocol Security，因特网协议安全性）等安全技术来确保通信的私密性和完整性。另外，通过网络防火墙过滤非法的网络访问，并且支持入侵和 DDoS 攻击的侦测。例如，Amazon 的 AWS 平台默认情况下防火墙会禁止任何流入的流量，用户需要明确开启端口才能接收流入的流量，并且还会依据其协议和源地址来对部分流量进行屏蔽，另外，AWS 内部的主机防火墙系统不允许那些以非本地 IP 和 MAC 作为源地址的网络流量，从而防止应用程序发送带有欺骗性的网络流量。最后，需要检测和分析整个网络的流量来确保网络安全运行，发现流量异常时及时报警。

（3）多租户隔离

云存储的应用运行在虚拟机或者特定的应用容器中，需要确保多个应用之间互相不会产生干扰，也需要防止应用破坏系统。以 Amazon EC2 和 Google App Engine 为例，EC2 底层采用 Xen 来管理多个实例。通过 Xen 的半虚拟化技术，能在多个虚拟机和虚拟机管理程序之间对 CPU、网络、内存和硬盘等资源进行有效隔离，虚拟机之间互相不影响；而 App Engine 通过安全沙箱的机制限制了应用程序对网络或者文件进行危险操作，也限制了单个请求的时间和最多允许使用的资源从而防止影响其他应用。

（4）存储安全

存储安全主要包括数据备份以及数据安全。为了避免由于硬件或者软件故障导致数据丢失，需要将数据复制到多个存储节点，另外，为了防止数据中心整体出现故障的情况，云存储系统设计时需要将复制到多个数据中心进行容灾。为了保证数据安全，需要对数据加密，比如，用户在上传数据之前先使用密钥对其进行加密，并在使用时再解密。这样能够确保即使数据被窃取，也不会被非法分子所利用。另外，还可以通过数据校验来确保数据的完整性，当数据被用户删除之后，云存储系统需要确保很快删除所有的副本，从而防止非法访问。

总而言之，安全是云存储的核心问题，但不必对此过分担心，前途是光明的，道路是曲折的，随着专业的云存储服务提供商对系统不断的优化，云存储比现有的 IT 模式反而会更加安全。

第13章 大 数 据

随着云时代的来临，大数据（Big Data）也吸引了越来越多的关注。2012年7月，阿里巴巴数据公司成立并设立了一个全新的岗位：首席数据官（Chief Data Officer，CDO），由此可见数据在未来的价值。这也意味着与"大数据存储、计算和价值提取"相关的技术岗位将会得更加重要。

为了从大数据中提取有价值的信息，首先需要将大数据存储并沉淀下来，除此之外，还需要使用合适的大数据计算框架和大数据处理算法来理解数据的价值。提到大数据，首先想到的就是MapReduce，很多人甚至将大数据与MapReduce画等号。然而，MapReduce并不是大数据的全部。虽然MapReduce解决了海量数据离线分析问题，但是，随着应用对数据的实时性要求越来越高，流式计算系统和实时分析系统得到越来越广泛的应用。

本章首先介绍大数据的概念以及大数据计算平台，接着介绍MapReduce离线处理系统，最后，介绍流式计算系统和实时分析系统。

13.1　大数据的概念

大数据本身产生的背景是什么？主要有几点：一、数据的爆发式的增长，有一个趋势叫新摩尔定律。根据IDC作出的预测，数据一直都在以每年50%的速度增长，也就是说每两年增加一倍，这意味着人类在最近两年产生的数据量相当于之前产生的全部数据量。二、大数据表现为社会化趋势。社交网络兴起，大量的UGC内容（User Generated Content，即用户生成内容）、音频、文本信息、视频、图片等非结构化数据出现了。三、物联网的数据量更大，加上移动互联网能更准确、更快地收集用户信息，比如位置、生活信息等数据。

以往大数据通常用来形容一个公司创造的大量非结构化和半结构化数据，而现在提及"大数据"，通常是指解决问题的一种方法，即通过收集、整理生活中方方面面的数据，并对其进行分析挖掘，进而从中获得有价值信息，最终衍化出一种新的商业模式。简而言之，从各种各样类型的数据，包括非结构化数据、半结构化数据以及结构化数据中，快速获取有价值信息的能力，就是大数据技术。

虽然大数据目前在国内还处于初级阶段，但是商业价值已经显现出来。首先，手中据有数据的公司站在金矿上，基于数据交易即可产生很好的效益；其次，基于数据挖掘会有很多商业模式诞生。比如侧重数据分析，帮企业做内部数据挖掘；或者侧重优化，帮企业更精准找到用户，降低营销成本。未来，数据可能成为最大的交易商品。但数据量大并不能算是大数据，大数据的特征是数据量大、数据种类多、非标准化数据的价值最大化。因此，大数据的价值是通过数据共享、交叉复用后获取最大的数据价值。

大数据的特点可以用 4 个 V 来描述：

- Volume，传统的数据仓库技术处理 GB 到 TB 级别的数据，大数据技术处理的数据量往往超过 PB。数据容量增长的速度大大超过了硬件技术的发展速度，以至于引发了数据存储和处理的危机。

- Variety，数据类型多。原来的数据都可以用二维表结构存储在数据库中，如常用的 Excel 软件所处理的数据，称为结构化数据。但是现在更多互联网多媒体应用的出现，使诸如图片、声音和视频等非结构化数据占到了很大比重。

- Velocity，数据增长迅速。如果说大数据的特点是海量和非结构化，那也是不全面的。大数据带来的挑战还在于它的实时处理。

- Value，价值密度低。以连续不间断的监控视频为例，可能有用的数据仅仅有一两秒钟。

（1）大数据管理

一提到大数据，大部分人首先想到的就是 Hadoop。Hadoop 是 Google GFS 以及 MapReduce 系统的开源实现，用户可以在不了解分布式底层细节的情况下开发分布式程序。然而，大数据就是 Hadoop 么？Hadoop 只是大数据技术的一部分，它虽然提供了离线处理功能，但无法做到动态和实时的分析。为了解决实时性问题，流计算和实时分析系统应运而生。其中，流计算系统能够处理实时的数据流，实时分析系统主要采用传统的 MPP 技术（Massively Parallel Processing，大规模并行处理）从海量数据中实时提取有价值的汇总信息。

（2）大数据理解

大数据内部以及数据和数据之间关系的理解涉及数据挖掘、机器学习、多媒体理解等多个前沿领域的技术，例如相似项以及频繁项挖掘，分类与聚类，协同过滤，语音识别与图像处理等。这一块目前做得还不够深入，目前主要从体系结构、分布式处理、NOSQL 等思路出发解决性能问题，如何设计合理的算法、规则或者自动进化的系统理解大数据、对大数据去伪存真将会是今后大数据领域主要的挑战。

（3）大数据应用

大数据技术应用在互联网营销将产生直接的商业价值。大数据技术告诉广告商什么是正确的时间，谁是正确的用户，什么是应该发表的正确内容等，这正好切合了广告商的需求。另外，社交网络与移动互联网的兴起将大数据带入新的征程，社交网络产生了海量用户以及实时和完整的数据，移动互联网带来了地理位置以及更多个性化信息。互联网营销将在行为分析的基础上向个性化时代过渡，通过大数据技术深入挖掘每个用户，然后将这些分析后的数据推送给需要的品牌商家。

大数据技术还能应用在搜索引擎、推荐系统等用户类产品以改进用户体验。互联网技术归根结底就是云计算和大数据技术，云计算提供海量数据的存储和计算能力，并最大程度地降低分布式处理的成本，大数据技术进一步从海量数据中抽取数据的价值，从而诞生 Google 搜索引擎、Amazon 商品推荐系统这样的杀手级应用，形成一条大数据采集、处理、反馈的数据处理闭环。

13.2　MapReduce

提到大数据，大多数人首先想到的就是 MapReduce。MapReduce 使得普通程序员可以在不了解分布式底层细节的前提下开发分布式程序。使用者只需编写两个称为 Map 和 Reduce 的函数即可，MapReduce 框架会自动处理数据划分、多机并行执行、任务之间的协调，并且能够处理某个任务执行失败或者机器出现故障的情况。Map Reduce 的执行流程如图 13-1 所示。

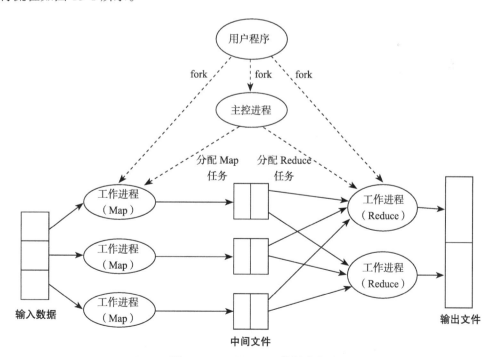

图 13-1　MapReduce 执行流程

MapReduce 框架包含三种角色：主控进程（Master）用于执行任务划分、调度、任务之间的协调等；Map 工作进程（Map Worker，简称 Map 进程）以及 Reduce 工作进程（Reduce Worker，简称 Reduce 进程）分别用于执行 Map 任务和 Reduce 任务。

MapReduce 任务执行流程如下：

1）首先从用户提交的程序 fork 出主控进程，主控进程启动后将切分任务并根据输入文件所在的位置和集群信息选择机器 fork 出 Map 或者 Reduce 进程；用户提交的程序可以根据不同的命令行参数执行不同的行为。

2）主控进程将切分好的任务分配给 Map 进程和 Reduce 进程执行，任务切分和任务分配可以并行执行。

3）Map 进程执行 Map 任务：读取相应的输入文件，根据指定的输入格式不断地读取 <key, value> 对并对每一个 <key, value> 对执行用户自定义的 Map 函数。

4）Map 进程执行用户定义的 Map 函数：不断地往本地内存缓冲区输出中间 <key, value> 对结果，等到缓冲区超过一定大小时写入到本地磁盘中。Map 进程根据分割（partition）函数将中间结果组织成 R 份，便于后续 Reduce 进程获取。

5）Map 任务执行完成时，Map 进程通过心跳向主控进程汇报，主控进程进一步将该信息通知 Reduce 进程。Reduce 进程向 Map 进程请求传输生成的中间结果数据。这个过程称为 Shuffle。当 Reduce 进程获取完所有的 Map 任务生成的中间结果时，需要进行排序操作。

6）Reduce 进程执行 Reduce 任务：对中间结果的每一个相同的 key 及 value 集合，执行用户自定义的 Reduce 函数。Reduce 函数的输出结果被写入到最终的输出结果，例如分布式文件系统 Google File System 或者分布式表格系统 Bigtable。

MapReduce 框架实现时主要做了两点优化：

❑ **本地化**：尽量将任务分配给离输入文件最近的 Map 进程，如同一台机器或者同一个机架。通过本地化策略，能够大大减少传输的数据量。

❑ **备份任务**：如果某个 Map 或者 Reduce 任务执行的时间较长，主控进程会生成一个该任务的备份并分配给另外一个空闲的 Map 或者 Reduce 进程。在大集群环境下，即使所有机器的配置相同，机器的负载不同也会导致处理能力相差很大，通过备份任务减少"拖后腿"的任务，从而降低整个作业的总体执行时间。

13.3 MapReduce 扩展

MapReduce 框架有效地解决了海量数据的离线批处理问题，在各大互联网公司得到广泛的应用。事实已经证明了 MapReduce 巨大的影响力，以至于引发了一系列的扩展和改进。这些扩展包括：

❑ Google Tenzing：基于 MapReduce 模型构建 SQL 执行引擎，使得数据分析人员可以直接通过 SQL 语言处理大数据。

❑ Microsoft Dryad：将 MapReduce 模型从一个简单的两步工作流扩展为任何函数集的组合，并通过一个有向无环图来表示函数之间的工作流。

❑ Google Pregel：用于图模型迭代计算，这种场景下 Pregel 的性能远远好于 MapReduce。

13.3.1 Google Tenzing

Google Tenzing 是一个构建在 MapReduce 之上的 SQL 执行引擎，支持 SQL 查询且能够扩展到成千上万台机器，极大地方便了数据分析人员。

1. 整体架构

Tenzing 系统有四个主要组件：分布式 Worker 池、查询服务器、客户端接口和元数据服务器，如图 13-2 所示。

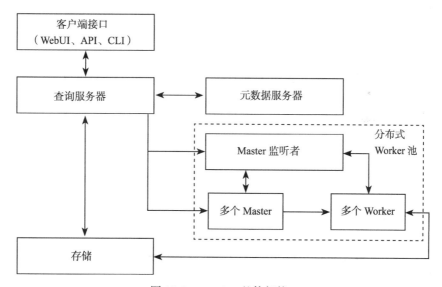

图 13-2　Tenzing 整体架构

❑ 查询服务器（Query Server）：作为连接客户端和 worker 池的中间桥梁而存在。查询服务器会解析客户端发送的查询请求，进行 SQL 优化，然后将执行计划发送给分布式 Worker 池执行。Tenzing 支持基于规则（rule-based optimizer）以及基于开销（cost-based optimizer）两种优化模式。

❑ 分布式 Worker 池：作为执行系统，它会根据查询服务器生成的执行计划运行

MapReduce 任务。为了降低查询延时，Tenzing 不是每次都重新生成新进程，而是让进程一直处于运行状态。Worker 池包含 master 和 worker 两种节点，其中，master 对应 MapReduce 框架中的 master 进程，worker 对应 MapReduce 框架中的 map 和 reduce 进程。另外，还有一个称为 master 监听者（master watcher）的守护进程，查询服务器通过 master 监听者获取 master 信息。

☐ 元数据服务器（Metadata Server）：存储和获取表格 schema、访问控制列表（Access Control List，ACL）等全局元数据。元数据服务器使用 Bigtable 作为持久化的后台存储。

☐ 客户端接口：Tenzing 提供三类客户端接口，包括 API、命令行客户端（CLI）以及 Web UI。

☐ 存储（Storage）：分布式 worker 池中的 master 和 worker 进程执行 MapReduce 任务时需要读写存储服务。另外，查询服务器会从存储服务获取执行结果。

2. 查询流程

1）用户通过 Web UI、CLI 或者 API 向查询服务器提交查询。

2）查询服务器将查询请求解析为一个中间语法树。

3）查询服务器从元数据服务器获取相应的元数据，然后创建一个更加完整的中间格式。

4）优化器扫描该中间格式进行各种优化，生成物理查询计划。

5）优化后的物理查询计划由一个或多个 MapReduce 作业组成。对于每个 MapReduce 作业，查询服务器通过 master 监听者找到一个可用的 master，master 将该作业划分为多个任务。

6）空闲的 worker 从 master 拉取已就绪的任务。Reduce 进程会将它们的结果写入到一个中间存储区域中。

7）查询服务器监控这些中间存储区域，收集中间结果，并流失地返回给客户端。

3. SQL 运算符映射到 MapReduce

查询服务器负责将用户的 SQL 操作转化为 MapReduce 作业，本节介绍各个 SQL 物理运算符对应的 MapReduce 实现。

（1）选择和投影

选择运算符 $\sigma_C(R)$ 的一种 MapReduce 实现如下。

Map 函数：对 R 中的每个元素 t，检测它是否满足条件 C。如果满足，则产生一个"键-值"对（t，t）。也就是说，键和值都是 t。

Reduce 函数：Reduce 的作用类似于恒等式，它仅仅将每个"键-值"对传递到输出部分。

投影运算的处理和选择运算类似，不同的是，投影运算可能会产生多个相同的元组，因此 Reduce 函数必须要剔除冗余元组。可以采用如下方式实现投影运算符 $\pi_S(R)$。

Map 函数：对 R 中的每个元组 t，通过剔除属性不在 S 中的字段得到元组 t'，输出一个"键－值"对（t'，t'）。

Reduce 函数：对任意 Map 任务产生的每个键 t'，将存在一个或多个"键－值"对（t'，t'），Reduce 函数将（t'，$[t', t', \cdots, t']$）转换为（t'，t'），以保证对该键 t' 只产生一个（t'，t'）对。

Tenzing 执行时会做一些优化，例如选择运算符下移到存储层；如果存储层支持列式存储，Tenzing 只扫描那些查询执行必须的列。

（2）分组和聚合

假定对关系 R（A，B，C）按照字段 A 分组，并计算每个分组中所有元组的字段 B 之和。可以采用如下方式实现 $\gamma_{A,SUM(B)}(R)$。

Map 函数：对于每个元组，生成"键－值"对（a，b）。

Reduce 函数：每个键 a 代表一个分组，对与键 a 相关的字段 B 的值的列表 $[b_1, b_2, ..., b_n]$ 执行 SUM 操作，输出结果为（a，SUM（$b_1, b_2, ..., b_n$））。

Tenzing 支持基于哈希的聚合操作，首先，放松底层 MapReduce 框架的限制，shuffle 时保证所有键相同的"键－值"对属于同一个 Reduce 任务，但是并不要求按照键有序排列。其次，Reduce 函数采用基于哈希的方法对数据分组并计算聚合结果。

（3）多表连接

大表连接是分布式数据库的难题，MapReduce 模型能够有效地解决这一类问题。常见的连接算法包括 Sort Merge Join、Hash Join 以及 Nested Loop Join。

假设需要将 R（A，B）和 S（B，C）进行自然连接运算，即寻找字段 B 相同的元组。可以通过 Sort Merge Join 实现如下：

Map 函数：对于 R 中的每个元组（a，b），生成"键－值"对（b，（R，a）），对 S 中的每个元组（b，c），生成"键－值"对（b，（S，c））。

Reduce 函数：每个键值 b 会与一系列对相关联，这些对要么来自（R，a），要么来自（S，c）。键 b 对应的输出结果是（b，[（a_1，b，c_1），（a_2，b，c_2），...]），也就是说，与 b 相关联的元组列表由来自 R 和 S 中的具有共同 b 值的元组组合而成。

如果两张表格都很大，且二者的大小比较接近，Join 字段也没有索引，Sort Merge Join 往往比较高效。然而，如果一张表格相比另外一张表格要大很多，Hash Join 往往更加合适。

假设 R（A，B）比 S（B，C）大很多，可以通过 Hash Join 实现自然连接。Tenzing

中一次 Hash Join 需要执行三个 MapReduce 任务。

MR1：将 R（A，B）按照字段 B 划分为 N 个哈希分区，记为 R_1，R_2，…，R_N；

MR2：将 S（B，C）按照字段 B 划分为 N 个哈希分区，记为 S_1，S_2，…，S_n；

MR3：每个哈希分区 $<R_i, S_i>$ 对应一个 Map 任务，这个 Map 任务会将 S_i 加载到内存中。对于 R_i 中的每个元组（a，b），生成（b，[（a，b，c_1），（a，b，c_2），…]），其中，（b，[c_1，c_2，…]）是 S_i 中存储的元组。Reduce 的作用类似于恒等式，输出每个传入的"键-值"对。

Sort Merge Join 和 Hash Join 适用于两张表格都不能够存放到内存中，且连接列没有索引的场景。如果 S（B，C）在 B 列有索引，可以通过 Remote Lookup Join 实现自然连接，如下：

Map 函数：对于 R 中的每个元组（a，b），通过索引查询 S（B，C）中所有列值为 b 的元组，生成（b，[（a，b，c_1），（a，b，c_2），…]）。

Reduce 函数：Reduce 的作用类似于恒等式，输出每个传入的"键-值"对。

如果 S（B，C）能够存放到内存中，那么，Map 进程在执行 map 任务的过程中会将 S（B，C）的所有元组缓存在本地，进一步优化执行效率。另外，同一个 Map 进程可能执行多个 map 任务，这些 map 任务共享一份 S（B，C）的所有元组缓存。

13.3.2　Microsoft Dryad

Microsoft Dryad 是微软研究院创建的研究项目，主要用来提供一个分布式并行计算平台。在 Dryad 平台上，每个 Dryad 工作流被表示为一个有向无环图。图中的每个节点表示一个要执行的程序，节点之间的边表示数据通道中数据的传输方式，其可能是文件、管道、共享内存、网络 RPC 等。Dryard 工作流如图 13-3 所示。

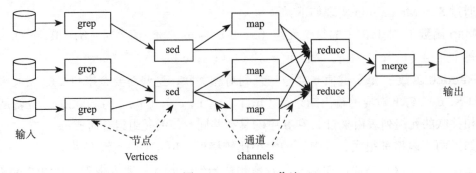

图 13-3　Dryad 工作流

每个节点（vertices）上都有一个处理程序在运行，并且通过数据通道（channels）

的方式在它们之间传输数据。类似于 Map 和 Reduce 函数，工作流中的 grep、sed、map、reduce、merge 等函数可以被很多节点执行，每个节点会被分配一部分输入。Dryad 的主控进程（Job Manager）负责将整个工作分割成多个任务，并分发给多个节点执行。每个节点执行完任务后通知主控进程，接着，主控进程会通知后续节点获取前一个节点的输出结果。等到后续节点的输入数据全部准备好后，才可以继续执行后续任务。

Dryad 与 MapReduce 具有的共同特性就是，只有任务完成之后才会将输出传递给接收任务。如果某个任务失败，其结果将不会传递给它在工作流中的任何后续任务。因此，主控进程可以在其他计算节点上重启该任务，同时不用担心会将结果重复传递给以前传过的任务。

相比多个 MapReduce 作业串联模型，Dryad 模型的优势在于不需要将每个 MapReduce 作业输出的临时结果存放在分布式文件系统中。如果先存储前一个 MapReduce 作业的结果，然后再启动新的 MapReduce 作业，那么，这种开销很难避免。

13.3.3　Google Pregel

Google Pregel 用于图模型迭代计算，图中的每个节点对应一个任务，每个图节点会产生输出消息给图中与它关联的后续节点，而每个节点会对从其他节点传入的输入消息进行处理。

Pregel 中将计算组织成"超步"（superstep）。在每个超步中，每个节点在上一步收到的所有消息将被处理，并且将处理完后的结果传递给后续节点。

Pregel 采用了 BSP（Bulk Sychronous Parallel，整体同步并行计算）模型。每个"超步"分为三个步骤：每个节点首先执行本地计算，接着将本地计算的结果发送给图中相邻的节点，最后执行一次栅栏同步，等待所有节点的前两步操作结束。Pregel 模型会在每个超步做一次迭代运算，当某次迭代生成的结果没有比上一次更好，说明结果已经收敛，可以终止迭代。

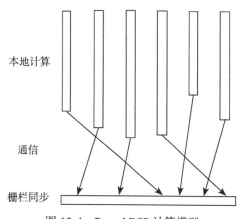

图 13-4　Pregel BSP 计算模型

假设有一个带边权重的图，我们的目标是对图中的每个节点计算到其他任一节点的最短路径长度。一开始，每个图节点 a 都保存了诸如（b，w）对的集合，这表示 a 到 b

的边权重为 w。

（1）超步

每个节点会将（a，b，w）传递给图中与它关联的后续节点。当节点 c 收到三元组（a，b，w）时，它会重新计算 c 到 b 的最短距离，如果 w + v < u（假设当前已知的 c 到 a 的最短距离为 v，c 到 b 的最短距离为 u），那么，更新 c 到 b 的最短距离为 w + v。最后，消息（c，b，w + v）会传递给后续节点。

（2）终止条件

当所有节点在执行某个超步时都没有更新到其他节点的最短距离时，说明已经计算出想要的结果，整个迭代过程可以结束。

Pregel 通过检查点（checkpoint）的方式进行容错处理。它在每执行完一个超步之后会记录整个计算的现场，即记录检查点情况。检查点中记录了这一轮迭代中每个任务的全部状态信息，一旦后续某个计算节点失效，Pregel 将从最近的检查点重启整个超步。尽管上述的容错策略会重做很多并未失效的任务，但是实现简单。考虑到服务器故障的概率不高，这种方法在大多数时候还是令人满意的。

13.4 流式计算

MapReduce 及其扩展解决了离线批处理问题，但是无法保证实时性。对于实时性要求高的场景，可以采用流式计算或者实时分析系统进行处理。

流式计算（Stream Processing）解决在线聚合（Online Aggregation）、在线过滤（Online Filter）等问题，流式计算同时具有存储系统和计算系统的特点，经常应用在一些类似反作弊、交易异常监控等场景。流式计算的操作算子和时间相关，处理最近一段时间窗口内的数据。

13.4.1 原理

流式计算强调的是数据流的实时性。MapReduce 系统主要解决的是对静态数据的批量处理，当 MapReduce 作业启动时，已经准备好了输入数据，比如保存在分布式文件系统上。而流式计算系统在启动时，输入数据一般并没有完全到位，而是经由外部数据流源源不断地流入。另外，流式计算并不像批处理系统那样，重视数据处理的总吞吐量，而是更加重视对数据处理的延迟。

MapReduce 及其扩展采用的是一种比较静态的模型，如果用它来做数据流的处理，首先需要将数据流缓存并分块，然后放入集群计算。如果 MapReduce 每次处理的数据量较小，缓存数据流的时间较短，但是，MapReduce 框架造成的额外开销将会占很大比重；如果 MapReduce 每次处理的数据量较大，缓存数据流的时间会很长，无法满足实时性的要求。

流式计算系统架构如图 13-5 所示。

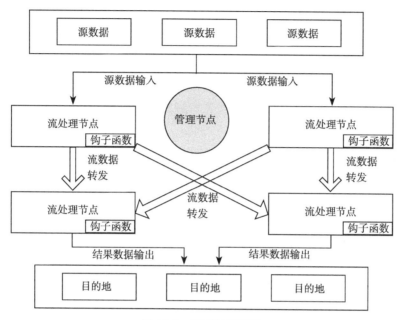

图 13-5　流式计算系统

源数据写入到流处理节点，流处理节点内部运行用户自定义的钩子函数对输入流进行处理，处理完后根据一定的规则转发给下游的流处理节点继续处理。另外，系统中往往还有管理节点，用来管理流处理节点的状态以及节点之间的路由规则。

典型钩子函数包括：

❑ 聚合函数：计算最近一段时间窗口内数据的聚合值，如 max、min、avg、sum、count 等。

❑ 过滤函数：过滤最近一段时间窗口内满足某些特性的数据，如过滤 1 秒钟内重复的点击。

如果考虑机器故障，问题变得复杂。上游的处理节点出现故障时，下游有两种选择：第一种选择是等待上游恢复服务，保证数据一致性；第二种选择是继续处理，优先保证可用性，等到上游恢复后再修复错误的计算结果。

流处理节点可以通过主备同步（Master/Slave）的方式容错，即将数据强同步到备机，如果主机出现故障，备机自动切换为主机继续提供服务。然而，这种方式的代价很高，且流式处理系统往往对错误有一定的容忍度，实际应用时经常选择其他代价更低的容错方式。

13.4.2　Yahoo S4

　　Yahoo S4 最初是 Yahoo 为了提高搜索广告有效点击率而开发的一个流式处理系统。S4 的主要设计目标是提供一种简单的编程接口来处理数据流，使得用户可以定制流式计算的操作算子。在容错设计上，S4 做得比较简单：一旦 S4 集群中的某个节点故障，会自动切换到另外一个备用节点，但是原节点的内存状态将丢失。这种方式虽然可能丢失一部分数据，但是成本较低。考虑到服务器故障的概率很低，能够很好地满足流式计算业务需求。

　　S4 中每个流处理节点称为一个处理节点（Processing Node，PN），其主要工作是监听事件，当事件到达时调用合适的处理单元（Processing Elements，PE）处理事件。如果 PE 有输出，则还需调用通信层接口进行事件的分发和输出，如图 13-6 所示。

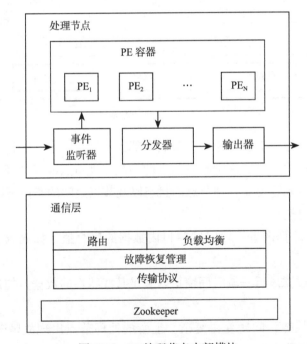

图 13-6　S4 处理节点内部模块

　　事件监听器（Event Listener）负责监听事件并转交给 PE 容器（Processing Element Container，PEC），由 PEC 交给合适的 PE 处理业务逻辑。配置文件中会配置 PE 原型（PE prototype），包括其功能、处理的事件类型（event type）、关心的 key 以及关心的 key 值。每个 PE 只负责处理自己所关心的事件，也就是说，只有当事件类型、key 类型和 key 值都匹配时，才会交由该 PE 进行计算处理。PE 处理完逻辑后根据其定义的输出方法可以输出事件，事件交由分发器（Dispatcher）与通信层（Communication Layer）进行交互并由输出器（Emitter）输出至下一个逻辑节点。输出器通过对事件的类型、key 类型、key 值计算哈希值，以路由到配置文件中指定的 PN。

通信层提供集群路由（Routing）、负载均衡（Load Balancing）、故障恢复管理（Failover Management）、逻辑节点到物理节点的映射（存放在 Zookeeper 上）。当检测到节点故障时，会切换到备用节点，并自动更新映射关系。通信层隐藏的映射使得 PN 发送消息时只需要关心逻辑节点而不用关心物理节点。

13.4.3　Twitter Storm

Twitter Storm 是目前广泛使用的流式计算系统，它创造性地引入了一种记录级容错的方法。如图 13-7 所示，Storm 系统中包含如下几种角色：

❑ Nimbus：负责资源分配、任务调度、监控状态。Nimbus 和 Supervisor 之间的所有协调工作都是通过一个 Zookeeper 集群来完成。

❑ Supervisor：负责接受 Nimbus 分配的任务，启动和停止属于自己管理的 Worker 进程。

❑ Worker：运行 spout/bolt 组件的进程。

❑ Spout：产生源数据流的组件。通常情况下 Spout 会从外部数据源中读取数据，然后转换为内部的数据格式。Spout 是一个主动的角色，其接口中有个 nextTuple() 函数，Storm 框架会不停地调用此函数，用户只要在其中生成源数据即可。

❑ Bolt：接受数据然后执行处理的组件。Bolt 可以执行过滤、函数操作、合并、写数据库等任何操作。Bolt 是一个被动的角色，其接口中有个 Execute(Tuple input) 函数，在接受到消息后会调用此函数，用户可以在其中执行自己想要的操作。

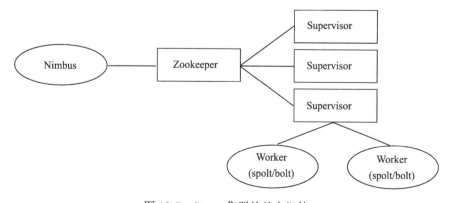

图 13-7　Storm 集群的基本组件

每个 Worker 上运行着 spolt 或者 bolt 组件，数据从 spolt 组件流入，经过一系列 bolt 组件的处理直到生成用户想要的结果。

Storm 中的一个记录称为 tuple，用户在 Spout 中生成一个新的源 tuple 时可以为其指定一个消息编号（message id），多个源 tuple 可以共用一个消息编号，表示这多个源 tuple 对用户来说是同一个消息单元。Storm 的记录级容错机制会告知用户由 spolt 发出的每个消息单元是否在指定时间内被完全处理了，从而允许 splot 重新发送出错的消息。如图 13-8，message1 绑定的源 tuple1 和 tuple2 经过了 bolt1 和 bolt2 的处理后生成两个新的 tuple（tuple3 和 tuple4），并最终都流向 bolt3。当这个过程全部完成时，message1 被完全处理了。Storm 中有一个系统级组件，叫做 acker。这个 acker 的任务就是追踪从 spout 中流出来的每一个 message 绑定的若干 tuple 的处理路径。bolt1、bolt2、bolt3 每次处理完成一个 tuple 都会通知 acker，acker 会判断 message1 是否被完全处理了，等到完全处理时通知生成 message1 的 spolt。这里存在两个问题：

1）如何判断 message1 是否被完全处理了？

acker 中保存了 message1 对应的校验值（64 位整数），初始为 0。每次发送或者接收一个 message1 绑定的 tuple 时都会将 tuple 的编号与校验值进行异或（XOR）运行，如果每个发送出去的 tuple 都被接收了，那么，message1 对应校验值一定是 0，从而认为 message1 被完全处理了。当然，这种方式有一定的误判率，然而考虑到每个 tuple 的编号为 64 位整数，这种概率很低。

2）系统中有很多 acker 实例，如何选择将 message1 发给哪个实例？

Storm 中采用一致性哈希算法来计算 message1 对应的 acker 实例。如果 acker 出现性能瓶颈，只需要往系统中加入新的 acker 实例即可。

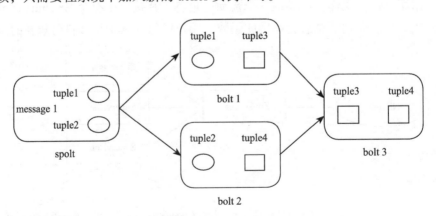

图 13-8　Storm 数据流示例

13.5　实时分析

海量数据离线分析对于 MapReduce 这样的批处理系统挑战并不大，如果要求实时，又分为两种情况：如果查询模式单一，那么，可以通过 MapReduce 预处理后将最终结果导入到在线系统提供实时查询；如果查询模式复杂，例如涉及多个列任意组合查询，那么，只能通过实时分析系统解决。实时分析系统融合了并行数据库和云计算这两类技术，能够从海量数据中快速分析出汇总结果。

13.5.1　MPP 架构

并行数据库往往采用 MPP（Massively Parallel Processing，大规模并行处理）架构。MPP 架构是一种不共享的结构，每个节点可以运行自己的操作系统、数据库等。每个节点内的 CPU 不能访问另一个节点的内存，节点之间的信息交互是通过节点互联网络实现的。

如图 13-9 所示，将数据分布到多个节点，每个节点扫描本地数据，并由 Merge 操作符执行结果汇总。

常见的数据分布算法有两种：

❏ 范围分区（Range partitioning）：按照范围划分数据。

❏ 哈希分区（Hashing）：根据哈希函数计算结果将每个元组分配给相应的节点。

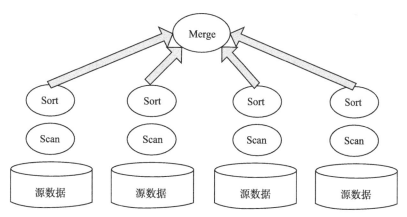

图 13-9　MPP Merge 操作符

Merge 操作符：系统中存在一个或者多个合并节点，它会发送命令给各个数据分片请求相应的数据，每个数据分片所在的节点扫描本地数据，排序后回复合并节点，由合并节点通过 merge 操作符执行数据汇总。Merge 操作符是一个统称，涉及的操作可能是 limit、order by、group by、join 等。这个过程相当于执行一个 Reduce 任务个数为 1 的

MapReduce 作业，不同的是，这里不需要考虑执行过程中服务器出现故障的情况。

如果 Merge 节点处理的数据量特别大，可以通过 Split 操作符将数据划分到多个节点，每个节点对一部分数据执行 group by、join 等操作后再合并最终结果。

如图 13-10，假如需要执行 "select * from A, B where A.x = B.y"，可以分别根据 A.x 和 B.x 的哈希值将表 A 和 B 划分为 A0、A1 以及 B0、B1。由两个节点分别对 A0、B0 以及 A1、B1 执行 join 操作后再合并 join 结果。

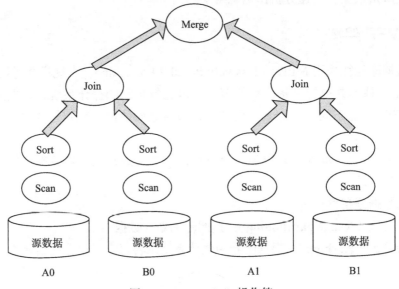

图 13-10　MPP Split 操作符

并行数据库的 SQL 查询和 MapReduce 计算有些类似，可以认为 MapReduce 模型是一种更高层次的抽象。由于考虑问题的角度不同，并行数据库处理的 SQL 查询执行时间通常很短，出现异常时整个操作重做即可，不需要像 MapReduce 实现那样引入一个主控节点管理计算节点，监控计算节点故障，启动备份任务等。

13.5.2　EMC Greenplum

Greenplum 是 EMC 公司研发的一款采用 MPP 架构的 OLAP 产品，底层基于开源的 PostgreSQL 数据库。

1. 整体架构

如图 13-11，Greenplum 系统主要包含两种角色：Master 服务器（Master Server）和 Segment 服务器（Segment Server）。在 Greenplum 中每个表都是分布在所有节点上的。Master 服务器首先对表的某个或多个列进行哈希运算，然后根据哈希结果将表的数据分布到 Segment 服务器中。整个过程中 Master 服务器不存放任何用户数据，只是对客户端进行访问控制和存储表分布逻辑的元数据。

Greenplum 支持两种访问方式：SQL 和 MapReduce。用户将 SQL 操作语句发送给 Master 服务器，由 Master 服务器执行词法分析、语法分析，生成查询计划，并将查询请求分发给多台 Segment 服务器。每个 Segment 服务器返回部分结果后，Master 服务器会进行聚合并将最终结果返回给用户。除了高效查询，Greenplum 还支持通过数据的并行装载，将外部数据并行装载到所有的 Segment 服务器。

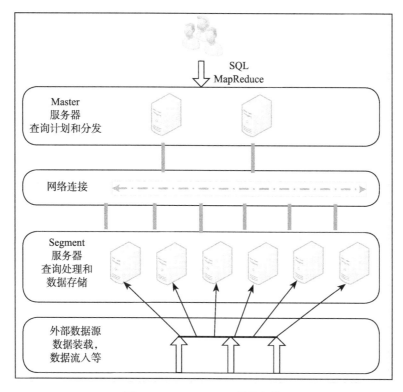

图 13-11 Greenplum 整体架构

2. 并行查询优化器

Greenplum 的并行查询优化器负责将用户的 SQL 或者 MapReduce 请求转化为物理执行计划。Greenplum 采用基于代价的查询优化算法（cost-based optimization），从各种可能的查询计划中选择一个代价最小的。Greenplum 优化器会考虑集群全局统计信息，例如数据分布，另外，除了考虑单机执行的 CPU、内存资源消耗，还需要考虑数据的网络传输开销。

Greenplum 除了生成传统关系数据库的物理运算符，包括表格扫描（Scan）、过滤（Filter）、聚集（Aggregation）、排序（Sort）、联表（Join），还会生成一些并行运算符，用来描述查询执行过程中如何在节点之间传输数据。

- 广播（Broadcast，N:N）：每个计算节点将目标数据发送给所有其他节点。
- 重新分布（Redistribute，N:N）：类似 MapReduce 中的 shuffle 过程，每个计算节点将目标数据重新哈希后分散到所有其他节点。
- 汇总（Gather，N:1）：所有的计算节点将目标数据发送给某个节点（一般为 Master 服务器）。

图 13-12 中有四张表格：订单信息表（orders），订单项表（lineitem），顾客信息表（customer）以及顾客国籍表（nation）。其中，orders 表记录了订单的基本信息，包括订单主键（o_orderkey）、顾客主键（o_custkey）和订单发生日期（o_orderdate）；lineitem 表记录了订单项信息，包括订单主键（l_orderkey）和订单金额（l_price）；customer 表记录了顾客的基本信息，包括顾客主键（c_custkey）和顾客国籍主键（c_nationkey）；nation 表记录了顾客的国籍信息，包括国籍主键（n_nationkey）和国籍名称（n_name）。Orders 表和 lineitem 表通过订单主键关联，orders 表和 customer 表通过顾客主键关联，customer 表和 nation 通过国籍主键关联。左边的 SQL 语句查询订单发生日期在 1994 年 8 月 1 日开始三个月内的所有订单，按照顾客分组，计算每个分组的所有订单交易额，并按照交易额逆序排列。在右边的物理查询计划中，首先分别对 lineitem 和 orders，

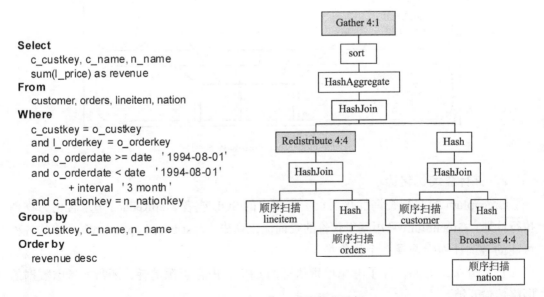

图 13-12　Greenplum 查询优化示例

custom 和 nation 执行联表操作，联表后生成的结果分别记为 Join_table1 和 Join_table2。接着，再对 Join_table1 和 Join_table2 执行联表操作。其中，custom 和 nation 联表时会将 nation 表格的数据广播（Broadcast）到所有的计算节点（共 4 个）；Join_table1 和 Join_table2 联表时会将 Join_table1 按照 Join 列（o_custkey）哈希后重新分布（Redistribute）到所有的计算节点。最后，每个计算节点都有一部分 Join_table1 和 Join_table2 的数据，且 Join 列（o_custkey 以及 c_custkey）相同的数据分布在同一个计算节点，每个计算节点分别执行 Hash Join、HashAggregate 以及 Sort 操作。最后，将每个计算节点上的部分结果汇总（Gather）到 Master 服务器，整个 SQL 语句执行完成。

13.5.3　HP Vertica

Vertica 是 Michael Stonebraker 的学术研究项目 C-Store 的商业版本，并最终被惠普公司收购。Vertica 在架构上与 OceanBase 有相似之处，这里介绍其中一些有趣的思想。

1. 混合存储模型

Vertica 的数据包含两个部分：ROS（Read-Optimized Storage）以及 WOS（Write-Optimized Storage），WOS 的数据在内存中且不排序和加索引，ROS 的数据在磁盘中有序且压缩存储。后台的 "TUPLE MOVER" 会不断地将数据从 WOS 读出并往 ROS 更新（同时完成排序和索引）。Vertica 的这种设计和 OceanBase 很相似，ROS 对应 OceanBase 中的 ChunkServer，WOS 对应 OceanBase 中的 UpdateServer。由于后台采用 "BULK" 的方式批量更新，性能非常好。

2. 多映射（Projections）存储

Vertica 没有采用传统关系数据库的 B 树索引，而是冗余存储一张表格的多个视图，定义为映射。

每个映射包含表格的部分列，可以分别对不同的映射定义不同的排序主键。如图 13-13 所示，系统中有一张表格逻辑上包含 5 列 <A，B，C，D，E>，物理存储成三个映射，分别为：Projection1（A，B，C，主键为 <A，B>），Projection2（A，B，C，主键为 <B，A>）和 Projection3（B，D，E，主键为 <B>）。

a）"select A, B, C from table where A = 1" => 查询 Projection1

b）"select A, B, C from table where B = 1" => 查询 Projection2

c）"select B, D from table where B = 1" => 查询 Projection3

Vertica 通常维护多个不同排序的有重叠的映射，尽量使得每个查询的数据只来自一个映射，以提高查询性能。为了支持任意列查询，需要保证每个列至少在一个映射中出现。

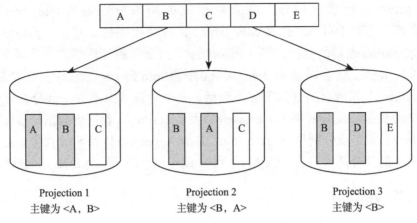

图 13-13　vertica projections 示例

3. 列式存储

Vertica 中的每一列数据独立存储在磁盘中的连续块上。查询数据时，Vertica 只需要读取那些需要的列，而不是被选择的行的所有的列数据。

4. 压缩技术

Vertica 根据数据类型、基数（可能的取值个数）、排序自动对数据进行压缩，从而最小化每列占用的空间。常用的压缩算法包括：

❑ Run Length Encoding：列类型为整数，基数较小且有序；

❑ 位图索引：列类型为整数，基数较小；

❑ 按块字典压缩：列类型为字符串且基数较小；

❑ LZ 通用压缩算法：其他列值特征不明显的场景。

基于列的压缩由于同样的数据类型和相同的取值范围，通常会大幅度提高压缩效果。另外，vertica 还支持直接在压缩后的数据上做运算。

13.5.4　Google Dremel

Google Dremel 是 Google 的实时分析系统，可以扩展到上千台机器规模，处理 PB 级别的数据。Dremel 还是 Google Bigquery 服务的底层存储和查询引擎。相比传统的并行数据库，Dremel 的优势在于可扩展性，磁盘的顺序读取速度在 100MB/s 上下，而 Dremel 能够在 1 秒内处理 1TB 的数据，即使压缩率为 10：1，也至少需要 1000 个磁盘并发读。

1. 系统架构

Dremel 系统融合了并行数据库和 Web 搜索技术。首先，它借鉴了 Web 搜索中的

"查询树"的概念,将一个巨大复杂的查询,分割成大量较小的查询,使其能并发地在大量节点上执行。其次,和并行数据库类似,Dremel 提供了一个 SQL-like 的接口,且支持列式存储。

如图 13-14 所示,Dremel 采用**多层**并层级向上汇报的方式实现数据运算后的汇聚,即:

❑ 叶子节点执行查询后得到部分结果向上层中间节点汇报;

❑ 中间节点再向上层中间节点汇报(此层可以重复几次或零次);

❑ 中间节点向根节点汇报最终结果。

Dremel 要求数据在向上层汇报中,是可以聚集的,也就是说,在逐级上报的过程中数据量不断变小,最终的结果不会很大,确保在一台机器能够承受的范围。

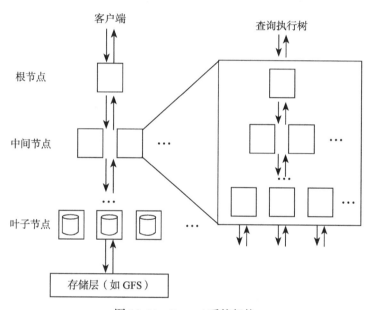

图 13-14　Dremel 系统架构

2. Dremel 与 MapReduce 的比较

MapReduce 的输出结果直接由 reduce 任务写入到分布式文件系统,因此,只要 reduce 任务个数足够多,输出结果可以很大;而 Dremel 中的最终数据汇聚到一个根节点,因此一般要求最终的结果集比较小,例如 GB 级别以下。

Dremel 的优势在于实时性,只要服务器个数足够多,大部分情况下能够在 3 秒以内处理完成 TB 级别数据。

参 考 资 料

硬件基础

[1] David A. Patterson. Latency Lags Latency. Communications of the ACM, 2004.

[2] Jeff Dean. Building Software Systems at Google and Lessons Learned, 2010.

[3] LA Barroso, U Hölzle. The Datacenter as a Computer: An Introduction to the Design of Warehouse-scale Machines. Synthesis Lectures on Computer Architecture, 2009.

存储系统

[4] Justin Sheehy, David Smith. Bitcask: A Log-Structured Hash Table for Fast Key/Value Data, 2010.

[5] Oracle. Mysql InnoDB Storage Engine. http://dev.mysql.com/doc/refman/5.0/en/innodb-storage-engine.html

[6] Google. Leveldb: A fast and lightweight key/value database library. http://code.google.com/p/leveldb/

[7] Song Jiang, Xiaodong Zhang. LIRS: An Efficient Low Inter-reference Recency Set Replacement Policy to Improve Buffer Cache Performance. ACM SIGMETRICS Performance Evaluation Review, 2002.

[8] Oracle. All About Oracle's Touch-Count Data Block Buffer Algorithm.

[9] Hector Garcia-Molina, Jeffrey D Ullman, Jennifer Widom. 数据库系统实现 [M]. 杨冬青，等译 . 北京：机械工业出版社，2010.

[10] J Gray, A Reuter. Transaction Processing, 1993.

[11] O Rodeh. B-trees, shadowing, and clones. ACM Transactions on Storage, 2008.

[12] PA Bernstein, N Goodman. Multiversion Concurrency Control – Theory and Algorithms. ACM Transactions on Database Systems, 1983.

[13] Jacob Ziv and Abraham Lempel; A Universal Algorithm for Sequential Data Compression，IEEE Transactions on Information Theory, May 1977.

[14] Google. Snappy – A fast compressor/decompressor. http://code.google.com/p/snappy/

[15] J Bentley, D McIlroy. Data compression using long common strings. Data Compression Conference, 1999.

[16] M Welsh, D Culler, E Brewer. SEDA: An Architecture for Well-conditioned, Scalable Internet

Services. ACM SIGOPS Operating Systems Review, 2001.

分布式系统

[17] 杨传辉 . 分布式系统工程实践，2010.

[18] 刘杰 . 分布式系统原理，2012.

[19] AS Tanenbaum, M Van Steen. Distributed Systems: Principles and Paradigms, 2012.

[20] S Gilbert, N Lynch. Brewer's Conjecture and the Feasibility of Consistent, Available, Partition-tolerant Web Services. ACM SIGACT News, 2002.

[21] L Lamport. Time, Clocks, and the Ordering of Events in a Distributed System. Communications of the ACM, 1978.

[22] Werner Vogel, Amazon. Eventually Consistent. http://www.allthingsdistributed.com/2007/12/eventually_consistent.html

[23] I Stoica, R Morris, D Karger, MF Kaashoek . Chord: A Scalable Peer-to-Peer Lookup Service for Internet Applications. ACM SIGCOMM, 2001.

[24] J Gray, P Helland, P O'Neil, D Shasha. The Dangers of Replication and a Solution. ACM SIGMOD Record, 1996.

[25] J Maccormick, CA Thekkath, M Jager. Niobe: A Practical Replication Protocol. ACM Transactions on Storage, 2008.

[26] MJ Fischer, NA Lynch, MS Paterson. Impossibility of Distributed Consensus with one Faulty Process. Journal of the ACM (JACM), 1985.

[27] RC Burns, A Goel, DDE Long, RM Rees. Lease Based Safety Protocol for Distributed System with Multiple Networks. US Patent 6,775,703, 2004.

[28] Dan Pritchett, EBay. Base: An Acid Alternative. ACM Queue, 2008.

[29] P Helland. Life Beyond Distributed Transactions: An Apostate's Opinion. Proc. CIDR'07, 2007.

[30] L Lamport. The Part-time Parliament. ACM Transactions on Computer Systems (TOCS), 1998.

[31] L Lamport. Paxos Made Simple. ACM SIGACT News, 2001.

[32] D Mazieres. Paxos Made Practical, 2007.

[33] T Chandra, R Griesemer, J Redstone. Paxos Made Live. An Engineering Perspective, 2007.

[34] BM Oki, BH Liskov. Viewstamped Replication: A New Primary Copy Method to Support Highly-Available Distributed Systems. Proceedings of the seventh annual ACM Symposium, 1988.

[35] J Gray，L Lamport. Consensus on Transaction Commit. ACM Transactions on Database Systems (TODS), 2006.

[36] J MacCormick, N Murphy, M Najork, CA Thekkath. Boxwood: Abstractions as the Foundation for

Storage Infrastructure.OSDI, 2004.

分布式文件系统

[37] M Burrows. The Chubby Lock Service for Loosely-coupled Distributed Systems. OSDI, 2006.

[38] S Ghemawat, H Gobioff, ST Leung. The Google File System. SOSP, 2003.

[39] Taobao. Taobao File System. http://code.taobao.org/p/tfs/src/

[40] D Beaver, S Kumar, HC Li, J Sobel, P Vajgel. Finding a Needle in Haystack: Facebook's Photo Storage. OSDI, 2010.

[41] Taobao. 淘宝图片存储与 CDN 系统 . http://wenku.baidu.com/view/a561852acfc789eb172dc864.html

[42] JS Plank. A tutorial on Reed-Solomon coding for fault-tolerance in RAID-like systems. Software Practice and Experience, 1997.

分布式键值系统

[43] G DeCandia, D Hastorun, M Jampani. Dynamo: Amazon's Highly Available Key-value Store. SOSP, 2007.

[44] AK Fischman, AH Vermeulen. Keymap Service Architecture for A Distributed Storage System. US Patent 7,647,329, 2010.

[45] R Van Renesse, Y Minsky, M Hayden. A Gossip-style Failure Detection Service, 2009.

[46] Taobao. Tair: A Distributed, High Performance Key/Value Storage System. http://code.taobao.org/p/tair/src/

[47] Memcached: A Distributed Memory Object Caching System. http://memcached.org/

[48] A Lakshman, P Malik. Cassandra: A Decentralized Structured Storage System. Operating Systems Review, 2010.

[49] I Stoica, R Morris, D Karger, MF Kaashoek. Chord: A Scalable Peer-to-peer Lookup Service for Internet Applications. SIGCOMM, 2001.

[50] A Rowstron, P Druschel. Pastry: Scalable, Decentralized Object Location and Routing for Large-scale Peer-to-peer Systems. Middleware, 2001.

分布式表格系统

[51] F Chang, J Dean, S Ghemawat, etc. Bigtable: A Distributed Storage System for Structured Data. OSDI, 2006.

[52] J Baker, C Bond, JC Corbett, etc. Megastore: Providing Scalable, Highly Available Storage for Interactive Services, 2011.

[53] P Bhatotia, A Wieder, etc. Percolator: Large-scale Incremental Data Processing with Change Propagation. HotCloud, 2011.

[54] B Calder, J Wang, etc. Windows Azure Storage: A Highly Available Cloud Storage Service with Strong Consistency, 2011.

[55] BF Cooper, R Ramakrishnan, etc. PNUTS: Yahoo!'s Hosted Data Serving Platform, 2008.

[56] S Sivasubramanian. Amazon DynamoDB: A Seamlessly Scalable Non-relational Database Service. SIGMOD, 2012.

分布式数据库

[57] Philip A. Bernstein, etc. Adapting Microsoft SQL Server for Cloud Computing. ICDE, 2011.

[58] Baron Scbwartz, etc. High Performance MySQL. O'REILLY.

[59] Jonathan Lewis. Oracle Core: Essential Internals for DBAs and Developers.

[60] JC Corbett, J Dean, etc. Spanner: Google's Globally-Distributed Storage. OSDI, 2012.

OceanBase

[61] Alibaba Inc. OceanBase: A Scalable Distributed RDBMS. http://oceanbase.taobao.org/

[62] 阳振坤. 分布式数据库与 OceanBase. http://blog.sina.com.cn/kern0612

[63] 杨传辉. NOSQL 与 OceanBase. http://www.nosqlnotes.net/

云存储

[64] NIST. NIST Definition of Cloud Computing.

[65] M Armbrust, A Fox, etc. Above the Clouds: A Berkeley View of Cloud Computing, UC Berkeley, RAD Laboratory, 2009.

[66] Amazon. Amazon Relational Database Service (Amazon RDS). http://aws.amazon.com/rds/

[67] Amazon. Amazon Elastic Compute Cloud (Amazon EC2). http://aws.amazon.com/ec2/

[68] Amazon. Amazon DynamoDB. http://aws.amazon.com/dynamodb/

[69] Amazon. Amazon CloudFront. http://aws.amazon.com/cloudfront/

[70] Amazon. Amazon Simple Storage. http://aws.amazon.com/s3/

[71] Microsoft. Windows Azure. http://www.windowsazure.com/

[72] Google. Google App Engine. https://developers.google.com/appengine/

[73] Google. Google Cloud SQL. https://developers.google.com/cloud-sql/?hl=zh-CN

[74] 刘鹏. 云计算（第二版）[M]. 北京：电子工业出版社，2010.

[75] 吴朱华. 云计算核心技术剖析 [M]. 北京：人民邮电出版社，2011.

离线分析

[76] J Dean, S Ghemawat. MapReduce: Simplified Data Processing on Large Clusters. OSDI, 2004.

[77] B Chattopadhyay, L Lin, etc. Tenzing: A SQL Implementation on the MapReduce Framework, PVLDB, 2011.

[78] G Malewicz, MH Austern, etc. Pregel: A System for Large-scale Graph Processing, 2010.

[79] Apache. Apache Hadoop. http://hadoop.apache.org/

[80] Apache. Apache HIVE. http://hive.apache.org/

[81] AC Arpaci-Dusseau, RH Arpaci-Dusseau. NowSort: High-Performance Sorting on Networks of Workstations. SIGMOD, 1997.

[82] M Isard, M Budiu, Y Yu, A Birrell, D Fetterly. Dryad: Distributed Data-Parallel Programs from Sequential Building Blocks. SOSP, 2007.

[83] R Pike, S Dorward, R Griesemer, S Quinlan. Interpreting the data: Parallel Analysis with Sawzall. Scientific Programming, 2005.

OLAP

[84] D DeWitt, J Gray. Parallel Database Systems: The Future of High Performance Database Systems. Communications of the ACM, 1992.

[85] EMC. Greenplum White Paper. http://www.emc.com/collateral/hardware/white-papers/h8072-greenplum-database-wp.pdf

[86] Oracle. Exadata White Paper. http://www.oracle.com/technetwork/database/exadata/exadata-technical-whitepaper-134575.pdf

[87] S Melnik, A Gubarev, JJ Long, G Romer. Dremel: Interactive Analysis of Web-scale Datasets, 2010.

[88] A Hall, O Bachmann, etc. PowerDrill: Processing A Trillion Cells Per Mouse Click. VLDB, 2012.

[89] HP. Vertica White Paper. http://www.vertica.com/wp-content/uploads/2011/01/VerticaArchitectureWhitePaper.pdf

[90] M Stonebraker, DJ Abadi, A Batkin, X Chen. C-Store: A Column-oriented DBMS, 2005.

流式计算

[91] DJ Abadi, Y Ahmad, M Balazinska, U Cetintemel. The Design of the Borealis Stream Processing Engine, 2005.

[92] M Balazinska, H Balakrishnan, S Madden. Availability-Consistency Trade-offs in a Fault-Tolerant Stream Processing System, 2004.

[93] L Neumeyer, B Robbins, A Nair. S4: Distributed Stream Computing Platform. Data Mining Workshops, 2010.

[94] Twitter. Storm: Distributed and Fault-tolerant Realtime Computation. http://storm-project.net/.

[95] MuleSoft. Mule MQ. http://www.mulesoft.org/

[96] Apache. Active MQ. http://activemq.apache.org/

其他

[97] J Dean. Designs, Lessons and Advice from Building Large Distributed Systems, 2009.

[98] Anand Rajaraman, Jeffrey David Ullman. 大数据：互联网大规模数据挖掘与分布式处理 [M]. 王斌译. 北京：人民邮电出版社，2012.

[99] James Hamilton. On Designing and Deploying Internet-scale Services. Proceedings of USENIX LISA, 2007.

推荐阅读

数据库系统内幕

作者：[美] 亚历克斯·彼得罗夫（Alex Petrov） 译者：黄鹏程 傅宇 张晨

定价：119.00元 书号：978-7-111-65516-9

本书对于和任何数据库系统技术打交道的人来说都是必读之书，尤其是那些需要决定使用什么系统的人。

本书旨在指导开发者理解现代数据库和存储引擎背后的内部概念，包含从众多书籍、论文、博客和多个开源数据库源代码中精心选取的相关材料。本书深入介绍了数据存储、数据构建块、分布式系统和数据集群，并且指出了现代数据库之间最重要的区别在于决定存储结构和数据分布的子系统。本书分为两部分：第一部分讨论节点本地的进程，并关注数据库系统的核心组件——存储引擎，以及最重要的一个特有元素；第二部分探讨如何将多个节点组织到一个数据库集群中。本书主要面向数据库开发人员，以及使用数据库系统构建软件的人员，如软件开发人员、运维工程师、架构师和工程技术经理。